工业和信息化
精品系列教材

JavaScript+Vue.js

Web 开发

项目教程

微课版

夏道春 姜华 李爱菊◎主编

吴婷婷 王延亮 陈琳◎副主编

人民邮电出版社

北 京

图书在版编目（CIP）数据

JavaScript+Vue.js Web 开发项目教程：微课版 / 夏道春，姜华，李爱菊主编. -- 北京：人民邮电出版社，2025. --（工业和信息化精品系列教材）. -- ISBN 978 -7-115-67209-4

Ⅰ. TP312.8；TP393.092.2

中国国家版本馆 CIP 数据核字第 20256FC037 号

内 容 提 要

随着 Web 前端技术的发展，JavaScript 应用越来越广泛，各种框架技术（如 Vue.js）更新速度快，应用广泛。本书从 JavaScript、Node.js 的基础知识逐步展开，进而深入探讨 Vue.js，包括 Vue 基础、组件开发、过渡与动画、Vite、Vue Router、Pinia 以及 Element Plus 的应用。全书共分为 5 个项目，每个项目均遵循项目驱动的教学模式，通过实际项目中的案例来深入解析所涉及的知识点，确保理论与实践紧密结合。

本书适合作为应用型本科、职业本科、高职高专院校相关专业网页设计与制作课程的教材，也可作为网页设计行业从业人员的参考读物。

◆ 主　　编　夏道春　姜　华　李爱菊
　　副 主 编　吴婷婷　王延亮　陈　琳
　　责任编辑　马小霞
　　责任印制　王　郁　焦志炜

◆ 人民邮电出版社出版发行　　北京市丰台区成寿寺路 11 号
　　邮编　100164　　电子邮件　315@ptpress.com.cn
　　网址　https://www.ptpress.com.cn
　　三河市君旺印务有限公司印刷

◆ 开本：787×1092　1/16
　　印张：15.25　　　　　　　　　　2025 年 8 月第 1 版
　　字数：433 千字　　　　　　　　　2025 年 8 月河北第 1 次印刷

定价：59.80 元

读者服务热线：(010)81055256　印装质量热线：(010)81055316
反盗版热线：(010)81055315

前　言

党的二十大报告指出"必须坚持科技是第一生产力、人才是第一资源、创新是第一动力"。随着信息技术的飞速发展，前端开发技术日新月异，对从业人员的技能要求也不断提高。对于前端开发而言，理论知识固然重要，但真正的技能提升往往来自实战经验的积累。本书对接 Web 前端开发行业需求，通过一系列精心设计的项目案例，引导读者从理论到实践，逐步掌握 JavaScript 的高级编程技巧与 Vue.js 框架的精髓，为培养符合现代企业需求的高素质技能人才贡献力量。

本书在内容编排上遵循学生的认知规律，基于"前后端环境搭建→前端网页结构设计→添加网页交互与状态管理"的前端开发工作过程，以真实网站项目、典型工作任务为载体，设计 5 个项目、15 个子任务。本书采用行动导向、任务驱动的理念设计教学活动，依据"项目目标→效果展示→任务概述→知识储备→任务实施→项目实现→项目小结→课后习题"的逻辑主线组织教学内容。在"任务实施"环节，引导读者主动探索涉及的知识储备内容，力求让读者在完成任务的过程中掌握前端开发所需的技能；在"项目实现"环节，重点培养读者的编码能力和项目实施能力，特别注重培养读者的家国情怀、工匠精神、技术自信等素养，落实立德树人的根本任务。

本书以智慧公寓为主题，全书分为 5 个项目。其中，项目 1 为搭建智慧公寓网站首页，主要介绍 JavaScript 的环境搭建、基础语法、流程控制与数组、DOM、事件等内容；项目 2 为智慧公寓管理系统的服务器端数据处理，主要介绍 Node.js 开发环境搭建、模块化开发、Postman、Axios 与 Express 框架等内容；项目 3 为智慧公寓管理系统的登录与注册页面，主要介绍 Vue 开发环境的搭建、Vue 基础语法、组件基础、过渡与动画等内容；项目 4 为智慧公寓管理系统的前端技术栈，主要介绍单文件组件、Vite 构建工具、Element Plus 组件库、Vue Router 路由管理及 Pinia 状态管理的应用等内容；项目 5 为智慧公寓管理系统的设计与实现，综合运用 JavaScript、Node.js 与 Vue.js 的基础知识构建完整的网站系统，帮助读者积累项目开发经验。

本书的参考学时为 48～64 学时，建议采用理论实践一体化的教学模式。各项目的参考学时见下面的学时分配表。

学时分配表

项　　目	课 程 内 容	学　　时
项目 1	搭建智慧公寓网站首页	8～12
项目 2	智慧公寓管理系统的服务器端数据处理	10～14
项目 3	智慧公寓管理系统的登录与注册页面	10～14
项目 4	智慧公寓管理系统的前端技术栈	10～12
项目 5	智慧公寓管理系统的设计与实现	10～12
学时总计		48～64

本书配套有丰富的数字化资源，包括课程源代码、微课视频、PPT 课件和习题等。

本书由山东科技职业学院夏道春、姜华，山东交通职业学院李爱菊担任主编；山东科技职业学院吴婷婷、王延亮、陈琳担任副主编。夏道春负责本书的统稿与全面审订工作。本书编写分工如下：项目 1 由姜华编写，项目 2 由夏道春编写，项目 3 由李爱菊编写，项目 4 由吴婷婷、陈琳共同编写，项目 5 由王延亮、夏道春共同编写。各位作者均承担了本书的数字化教学资源建设工作。同时，华为公司、山东桥通天下网络科技有限公司的工程师完成了本书的项目案例编写工作，并对本书综合实训项目智慧公寓管理系统的实施提出了许多宝贵意见，在此一并表示衷心的感谢。

由于编者的水平有限，本书难免存在疏漏和不足之处，敬请广大读者批评、指正。

编者
2025 年 1 月

目　　录

项目1
搭建智慧公寓网站首页

01

在智能化时代，智慧公寓的概念逐渐深入人心，成为现代城市生活的新风尚。智慧公寓为用户提供了便捷、安全、舒适的居住环境。作为这一领域的开发者，掌握用 JavaScript 这样的前端开发语言来搭建智慧公寓网站首页，无疑是实现智能化交互，提升用户体验的关键一步。通过完成本项目，我们不仅能够掌握 JavaScript 开发环境搭建、JavaScript 基础语法、浏览器对象模型（Browser Object Model，BOM）、文档对象模型（Document Object Model，DOM）、事件处理等知识，还能进一步理解技术创新对于推动社会进步、服务人民生活的重大意义。

项目目标

本项目旨在通过系统化地学习与实践，帮助我们掌握 JavaScript 开发的基础知识与关键技能，同时注重培养 Web 开发所需的综合素质。

知识目标

- 了解 JavaScript 的概念、起源、组成与特点。
- 掌握变量与常量的定义、变量的声明与赋值。
- 掌握数据类型的分类与检测方法。
- 掌握 JavaScript 中的流程控制。
- 掌握 DOM 的概念并能够获取元素集合、内容与属性。
- 了解事件的概念、对象与分类。

1-1 项目目标

技能目标

- 能够安装并使用 JavaScript 开发工具。
- 能够正确引入 JavaScript 代码。
- 会使用 JavaScript 常用输入与输出语句。
- 能够定义并使用 JavaScript 内置函数与自定义函数。
- 能够利用 window 对象实现窗体特效。
- 能够注册并监听事件。
- 能够熟练使用选择结构与循环结构。
- 能够定义、访问数组，实现数组的基本操作。
- 能够利用 DOM 制作网页动态效果。

素质目标

- 培养学生形成对编程语言和前端开发技术的全面认识。
- 培养学生的算法思维，提升编程效率和代码质量。
- 培养学生具备团队合作精神，通过课堂中的合作学习和项目实践，提高团队协作能力和沟通

能力。

● 强化学生的团队合作精神，通过丰富的课堂合作学习和实战项目实践，促进学生间的相互协作与有效沟通，显著提升其团队协作与人际交往能力。

效果展示

本项目需要实现一个智慧公寓网站的首页效果，首页内包含导航栏渲染、可自动轮播与手动轮播的 Banner（通栏标题）图、动态展示的时间以及可显示与隐藏的二级菜单。这些功能的设计和实现也反映出现代社会对于信息化、智能化的需求。智慧公寓网站首页效果如图 1-1 所示。

图 1-1　智慧公寓网站首页效果

任务 1.1　搭建 JavaScript 开发环境与渲染首页信息

【任务概述】

本任务要求构建一个智慧公寓首页的结构布局，并以此作为掌握前端开发基本技能与实践应用的起点。我们要熟悉并能成功安装 Visual Studio Code（VSCode）这一强大的前端开发利器，还要能够利用它创建第一个 JavaScript 程序，体验从代码编写到页面效果展现的全过程。

需要通过超文本标记语言（HyperText Markup Language，HTML）与 JavaScript 实现智慧公寓首页的结构布局，使用外链式引入 JavaScript 代码，并通过 JavaScript 的输出语句渲染页面内容与提示信息，具体页面效果如图 1-2 所示。

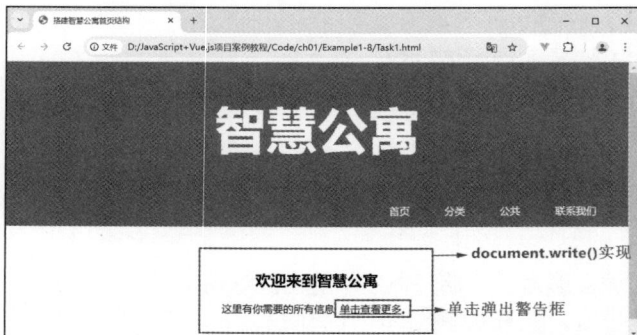

图 1-2　智慧公寓首页的页面效果

【知识储备】

1.1.1　初识 JavaScript

1-2 知识储备

　　JavaScript 是一种轻量级、解释型的 Web 开发语言，是可以与 HTML 文件相融合的一种脚本语言。JavaScript 获得了各种浏览器的支持，如谷歌、火狐、Microsoft Edge 等，是目前广泛应用的编程语言之一，可以呈现网页内容的交互式数据行为。

1. JavaScript 概述

　　JavaScript 作为 Web 开发领域的翘楚，是一种功能丰富且强大的编程语言。JavaScript 专长于构建高度交互性的 Web 页面，为用户提供沉浸式的在线体验。与许多其他编程语言不同，JavaScript 不需要烦琐的编译过程，而是可以直接嵌入 HTML 页面中，由浏览器实时解析并执行。这一特性使得 JavaScript 在快速响应和实时更新方面独具优势，为 Web 应用的动态性和灵活性注入了强大动力。

2. JavaScript 的起源

　　1991 年 8 月 6 日，欧洲核子研究中心的杰出科学家蒂姆·伯纳斯·李（Tim Berners Lee）推出了世界上首个可正式访问的网站，这一创举标志着人类正式迈入互联网时代。

　　1994 年 12 月，网景通信公司（Netscape Communications Corporation，简称网景公司）发布了网景导航者（Netscape Navigator）1.0 浏览器。该浏览器迅速成为市场上最热门的商业浏览器。网景导航者 1.0 浏览器的功能相对单一，仅限于浏览网页，无法实现与访问者之间的互动。因此，网景公司迫切地需要一种网页脚本语言，以打破这一局限，实现与访问者之间的无缝互动。

　　1995 年，网景公司聘请布兰登·艾奇（Brendan Eich）开发了 JavaScript 语言。由于设计时间太短，该语言的一些细节还不够完善，但 JavaScript 语言的雏形就此诞生。

　　需要明确的是，尽管 JavaScript 和 Java 在名称上相似，但它们在本质上是两种截然不同的编程语言。这一命名上的接近并非偶然，而是源于网景公司与 Sun 公司（Java 语言的创始者和拥有者）之间的合作协议。根据这一协议，Sun 公司允许网景公司将其新开发的脚本语言命名为 JavaScript。这样的命名策略不仅能够使网景公司借助 Java 语言已有的知名度和影响力，同时也为 Sun 公司带来了将其技术影响力扩展至浏览器领域的契机。因此，尽管二者名称相近，但 JavaScript 和 Java 在功能、用途和语法等方面均存在显著差异。

　　1996 年，网景公司正式在网景导航者 2.0 浏览器中内置了 JavaScript 语言，这一举措极大地推动了 JavaScript 的普及和应用。随后，微软公司也开发了一款与 JavaScript 相似的 JScript 语言，并将其内置于 Internet Explorer 3.0 浏览器中，与网景导航者展开了激烈的市场竞争。随着市场竞争的加剧，网景公司逐渐面临丧失 JavaScript 语言的主导权的局面。为了推动 JavaScript 的标准化和普及，网景公司将 JavaScript 语言提交至欧洲计算机制造商协会（European Computer Manufacturers Association，ECMA），期望 ECMA 能够牵头制定 ECMAScript 标准，使 JavaScript 成为一项国际认可的标准语言。经过不懈努力，JavaScript 成功主导了万维网联盟（World Wide Web Conscrtium，W3C）的官方标准，这标志着 JavaScript 标准走向了国际舞台，进一步巩固了其在 Web 开发领域的重要地位。

3．JavaScript 的组成

JavaScript 由 3 部分组成，分别为 ECMAScript、DOM 和 BOM，如图 1-3 所示。

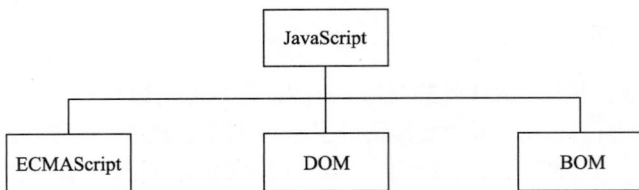

```
            ┌──────────────┐
            │  JavaScript  │
            └──────────────┘
          ┌────────┼──────────┐
┌──────────────┐ ┌───────┐ ┌───────┐
│  ECMAScript  │ │  DOM  │ │  BOM  │
└──────────────┘ └───────┘ └───────┘
```

图 1-3　JavaScript 的组成

（1）ECMAScript 是 JavaScript 的核心部分，描述了该语言的语法和基本对象。ECMAScript 标准主要规定了 JavaScript 由语法、变量和数据类型、关键字和保留字、操作符、控制语句以及对象等组成。2009 年，ECMAScript 5.0 版正式发布。

（2）DOM 是网页文档操作标准，描述了处理网页内容的方法和接口。DOM 使程序和脚本能够动态地访问和更新文档的内容、结构和样式。

（3）BOM 是客户端和浏览器窗口的操作基础，描述了与浏览器进行交互的方法和接口，如弹出新的浏览器窗口，获取浏览器信息等。

4．JavaScript 的特点

JavaScript 是一种解释型语言，具有可跨平台、支持面向对象、开源与免费的特点，下面分别进行介绍。

（1）解释型语言。解释型语言的程序不需要在运行前进行编译，只需在运行程序时编译即可。解释型语言的优点是可移植性较好，只要具备解释环境，即可在不同的操作系统上运行程序；但解释型语言的缺点是需要解释环境，运行起来比编译型语言慢，占用资源多，代码效率低。

（2）可跨平台。JavaScript 最初是为浏览器设计的，但现在其也可以在其他环境中运行，如 Node.js 环境下的服务器端编程。这种跨平台性使得 JavaScript 的应用范围更加广泛。

（3）面向对象。面向对象是软件开发领域的核心编程思想之一，而 JavaScript 正是通过运用这种思想来实现高效编程的。许多卓越的框架（如 jQuery）的诞生，都离不开面向对象编程的精髓。面向对象编程不仅让 JavaScript 开发变得更加快捷和高效，而且显著降低了开发成本。通过封装数据和方法为对象，JavaScript 能够更好地组织代码结构，提升代码的可读性和可维护性。

（4）开源与免费。JavaScript 是一种开源语言，其源代码可以免费获取和修改。这使得 JavaScript 拥有庞大的开发者社区和丰富的资源库，为开发者提供了强大的支持。

综上所述，JavaScript 的特点使其在 Web 开发领域具有广泛的应用前景和强大的生命力。无论是前端开发、后端开发还是全栈开发，JavaScript 都是一个不可或缺的重要工具。

1.1.2　JavaScript 开发工具

常言道"工欲善其事，必先利其器"，因此开发工具的使用十分重要，一个好的开发工具能让开发人员在开发过程中更加得心应手。目前市场上主流的 Web 前端开发工具有 WebStorm、VSCode、Sublime Text、HBuilderX、Dreamweaver 等，本书选用的开发工具是 VSCode。

1．VSCode 概述

VSCode 是微软公司开发的一个轻量级代码编辑器，其功能非常强大，界面简洁明晰，操作方便快捷，设计十分人性化。VSCode 支持常见的语法提示、代码高亮、Git 等功能，具有开源、

免费、跨平台、插件扩展丰富、运行速度快、占用内存少、开发效率高等特点，在网页开发中常被使用，非常灵活方便。VSCode 官方页面如图 1-4 所示。

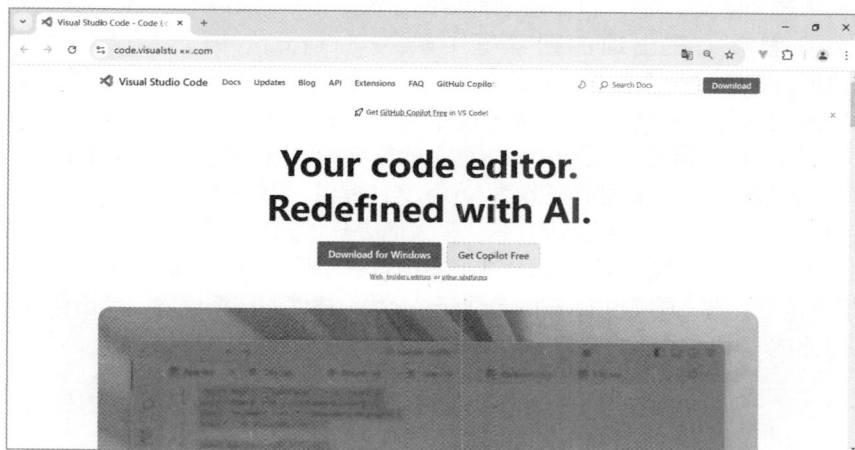

图 1-4　VSCode 官方页面

2. VSCode 的安装

在使用 VSCode 工具之前，需要先安装该工具及其插件。

（1）安装 VSCode

① 打开 VSCode 官方页面（见图 1-4），单击"Download for Windows"按钮，进入下载页面，可自行选择 64bit 或 32bit 进行下载。

② 下载完成后的文件名为 VSCodeUserSetup-x64-1.67.0.exe，运行该文件，进入 VSCode 的安装界面，根据向导提示，连续单击"下一步"按钮，即可完成 VSCode 的安装（可根据自身开发需求修改部分选项），安装完成界面如图 1-5 所示。

图 1-5　安装完成界面

（2）安装 VSCode 插件

VSCode 作为编程集成开发环境（Integrated Development Environment，IDE），可以方便地在其中安装一些插件进行功能扩展。VSCode 插件可美化代码格式，提供语法检查功能，提高代码开发效率。接下来详细介绍开发中常用的 3 个 VSCode 插件的安装。

① 安装 Chinese 插件。VSCode 默认以英文界面呈现，为了满足不同开发者的需求，其允许用户将默认语言更改为中文。安装 Chinese 插件的步骤如下：启动 VSCode，按 Ctrl+Shift+P 组合键，打开命令面板，在出现的搜索框中输入"config"并选择"Configure Display Language"选项，将出现一个包含多种语言选项的列表，从中选择"中文（简体）"即可。完成选择后，VSCode 会弹出一个提示框，询问是否确定更改显示语言并重启编辑器。此时，只需单击"ReStart"按钮，重新启动 VSCode，界面上的文字即可自动转换为中文格式。

② 安装 Vetur 插件。Vetur 插件不仅为 Vue 文件提供了语法高亮功能，还兼容多种主流前端开发脚本和工具，如 Sass、TypeScript 等，极大地提升了开发效率。安装 Vetur 插件的步骤如下：单击 VSCode 左侧的"扩展"菜单，在上方搜索框中输入"Vetur"，查找该插件，单击搜索到的 Vetur 插件信息，在 VSCode 右侧会显示 Vetur 插件的详细信息，单击详细信息中的"安装"按钮，即可完成 Vetur 插件的安装，如图 1-6 所示。

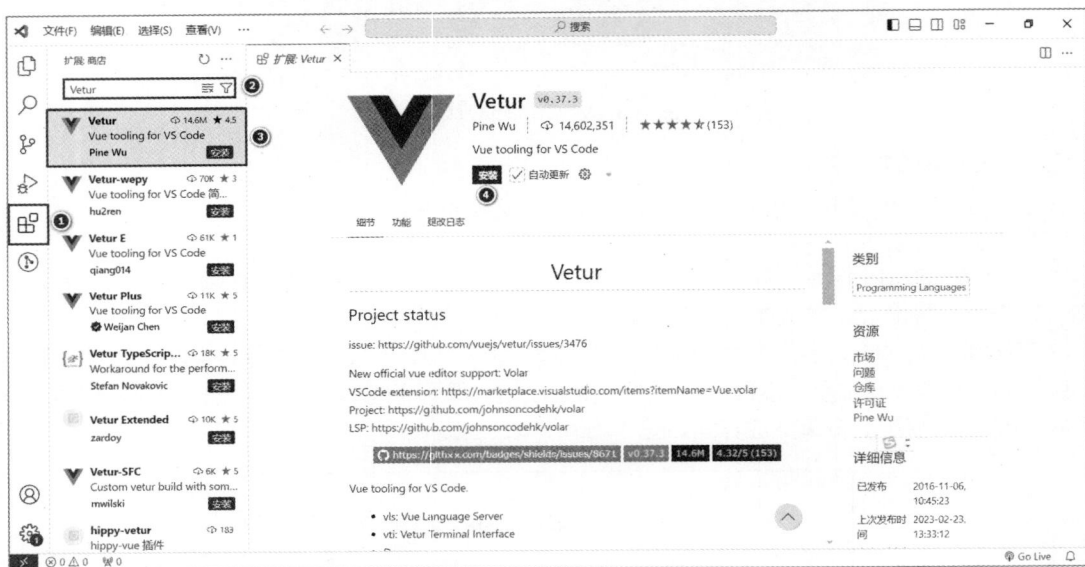

图 1-6　安装 Vetur 插件

③ 安装 Code Runner 插件。Code Runner 插件可以使我们在 VSCode 中以一种快捷方式运行各类代码、代码片段。Code Runner 插件的安装步骤与 Vetur 插件的相同，在搜索框中输入"Code Runner"，即可查找到该插件并进行安装。Code Runner 插件安装完成后，在代码编辑窗口中右击，在弹出的快捷菜单中选择"Run Code"命令，即可运行代码；或在代码编辑窗口中按 Ctrl+Alt+N 组合键，也可运行代码。

3. VSCode 的使用

使用 VSCode 创建项目前，需要先创建一个项目文件夹，用于保存项目所需的文件。

在本地创建一个名为"ch01"的文件夹，其打开方法如下：选择"文件"→"打开文件夹..."选项，在弹出的对话框中选择 ch01 文件夹，即可在 VSCode 中打开该文件夹。在侧边栏的 ch01 空文件夹内新建一个 HTML 文件，命名为"index.html"，并在编辑栏内输入"!"（在英文状态下），如图 1-7 所示。

图 1-7　新建文件

按住 Tab 键，系统即可生成基础的 HTML 文件，如图 1-8 所示。

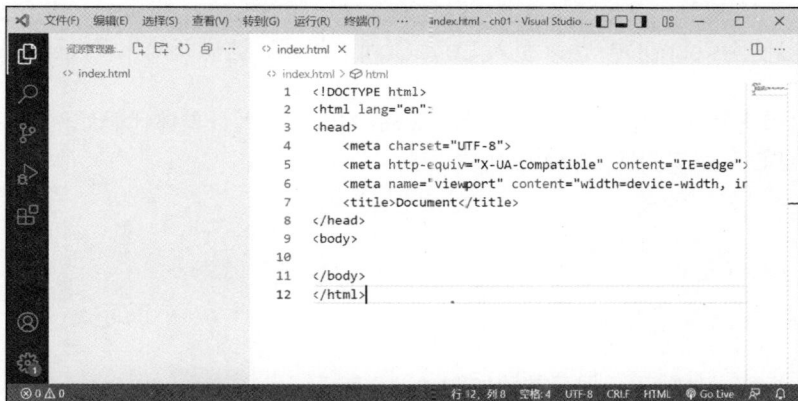

图 1-8　生成 HTML 文件

1.1.3　JavaScript 代码的 3 种引入方式

在网页中编写 JavaScript 代码时，需要先引入 JavaScript 代码。JavaScript 代码有 3 种引入方式，分别是行内式引入、内嵌式引入和外链式引入。下面分别对其进行介绍。

1. 行内式引入

在 HTML 中，JavaScript 代码的行内式引入指的是将 JavaScript 代码作为 HTML 标签的属性来使用。这种方式非常简捷，适用于一些简单的交互和响应行为。需要注意的是，由于行内式引入将 JavaScript 代码与 HTML 标签混合在一起，可能会降低代码的可读性和可维护性。

接下来通过案例演示 JavaScript 代码的行内式引入。单击超链接时，弹出一个警告框，提示用户"野火烧不尽，春风吹又生!"，具体代码如例 1-1 所示。

【例 1-1】通过行内式引入 JavaScript 代码。

```
<body>
    <a href="javascript:alert('野火烧不尽,春风吹又生!')">click</a>
</body>
```

7

在浏览器中运行上述代码，显示效果如图 1-9 所示。

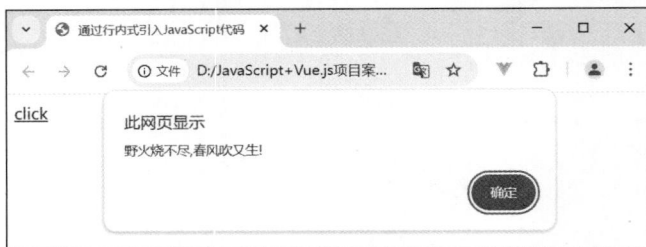

图1-9　通过行内式引入 JavaScript 代码的显示效果

2. 内嵌式引入

内嵌式引入 JavaScript 代码是一种将 JavaScript 代码直接嵌入 HTML 文档的<script>标签内部的方法。通常，<script>标签会被放置在 HTML 文档的<head></head>或<body></body>标签之中。<script>标签具有一个 type 属性，其主要作用是告知浏览器该脚本的类型。然而，在 HTML5 标准中，"text/javascript"是该属性的默认值，因此在实际编写 HTML5 文档时可以省略 type 属性，直接使用<script>标签来引入 JavaScript 代码，这样既简化了代码，又提高了代码的可读性。

接下来通过重构例 1-1 演示 JavaScript 代码的内嵌式引入，具体代码如例 1-2 所示。

【例 1-2】通过内嵌式引入 JavaScript 代码。

```
<body>
<script>
    alert("离离原上草,一岁一枯荣!")
</script>
</body>
```

在浏览器中运行上述代码，显示效果如图 1-10 所示。

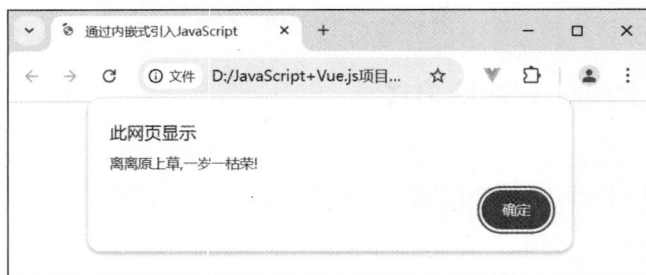

图1-10　通过内嵌式引入 JavaScript 代码的显示效果

3. 外链式引入

JavaScript 的外链式引入是一种将 JavaScript 代码保存在单独的".js"文件中，并通过 HTML 文档中的<script>标签的 src 属性引入这些文件的方法。外链式引入方法有助于实现结构、样式、代码的分离，使得 HTML、层叠样式表（Cascading Style Sheets，CSS）和 JavaScript 代码分别负责处理页面结构、样式和行为，提高了代码的可读性、可维护性和可重用性。

接下来通过重构例 1-1 演示 JavaScript 代码的外链式引入。需要创建一个 Example1-3.html 文件，并在该文件中引入 Example1-3.js 文件，具体代码如例 1-3 所示。

【例 1-3】通过外链式引入 JavaScript 代码。

```
//Example1-3.html
<body>
<script src="Example1-3.js"></script>
</body>
```

Example1-3.js 文件的具体内容如下所示。

```
alert("离离原上草,一岁一枯荣!")
```

使用外链式引入 JavaScript 代码时,其程序运行结果与例 1-2 相同,此处不再赘述。

1.1.4 JavaScript 常用的输入与输出语句

在日常 Web 开发中,JavaScript 提供了一系列便捷的输入与输出语句,旨在简化数据的获取与展示过程。JavaScript 常用的输入语句有 prompt( ),常用的输出语句有 alert( )、document.write( )、console.log( )等,接下来将详细介绍上述输入与输出语句。

1. 输入语句

prompt( )是 JavaScript 的一个输入语句,用于弹出一个带有提示信息的输入框,提示用户输入一段文本。接下来通过案例演示如何使用 prompt( )语句,具体代码如例 1-4 所示。

【例 1-4】使用 prompt( )语句。

```
<body>
<script>
    prompt("请输入公寓管理员账户名称: ")
</script>
</body>
```

在浏览器中运行上述代码,将在页面中弹出一个输入框并提示用户"请输入公寓管理员账户名称:",显示效果如图 1-11 所示。

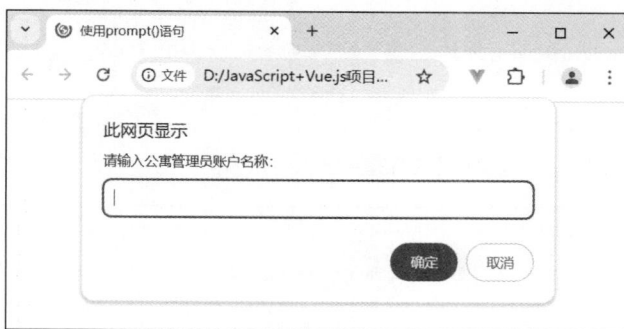

图 1-11　prompt( )语句的显示效果

2. 输出语句

（1）alert( )

在 JavaScript 中,alert( )语句主要用于在浏览器中弹出一个警告框,其中包含一条警告消息和一个"确定"按钮。alert( )语句通常在需要立即通知用户某种情况时调用,如显示错误信息、警告信息或简单的提示信息。接下来通过案例演示如何使用 alert( )语句,具体代码如例 1-5 所示。

【例 1-5】使用 alert( )语句。

```
<body>
<script>
    alert("这是一个警告框! ");
</script>
</body>
```

在浏览器中运行上述代码，将在页面中弹出一个提示信息为"这是一个警告框！"的警告框，显示效果如图 1-12 所示。

图 1-12　alert( )语句的显示效果

（2）document.write( )

document.write( )是 JavaScript 中一个常用的输出语句，用于将文本内容或 HTML 标签写入文档中，实现在 Web 页面加载时动态生成内容。

接下来通过案例演示如何使用 document.write( )语句。用 document.write( )语句向文档写入一个<h1>标签，该标签包含文本"爆竹声中一岁除,春风送暖入屠苏!"，具体代码如例 1-6 所示。

【例 1-6】使用 document.write( )语句。

```
<body>
<script>
    document.write("<h1>爆竹声中一岁除,春风送暖入屠苏!</h1>");
</script>
</body>
```

在浏览器中运行上述代码，显示效果如图 1-13 所示。

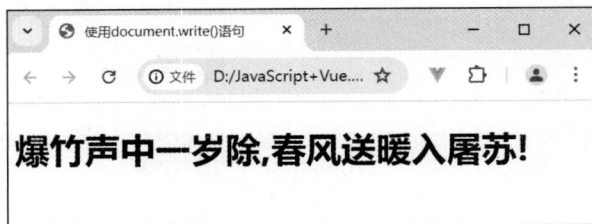

图 1-13　document.write( )语句的显示效果

（3）console.log( )

console.log( )是 JavaScript 中一个非常有用的调试工具，其允许用户在浏览器的控制台中输出信息，非常有助于调试代码、跟踪程序执行流程以及了解变量的当前状态。接下来通过

console.log( )语句在控制台中输出"这是一个 console.log( )语句！"，具体代码如例 1-7 所示。

【例 1-7】使用 console.log( )语句。

```
<body>
<script>
    console.log("这是一个console.log()语句！");
</script>
</body>
```

在浏览器中运行上述代码，按 F12 键或 Ctrl+Shift+I 组合键，即可打开浏览器的开发者工具进行代码调试，显示效果如图 1-14 所示。

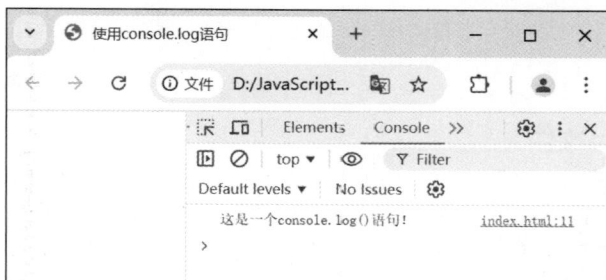

图 1-14　console.log( )语句的显示效果

JavaScript 控制台调试是前端开发中至关重要的一部分，其允许用户在浏览器的控制台中直接与 JavaScript 代码进行交互。掌握有效的调试方法和技巧，能够更高效地识别和修复错误代码，提升代码质量，提高开发效率，并增强解决问题的能力。

【任务实施】

要实现本任务，需要在 ch01 文件夹中创建一个 Example1-8 文件夹，并在该文件夹中依次创建 Task1.html 文件与 Task1.js 文件。

1-3 任务实施

1. 创建 HTML 文件

使用 VSCode 创建一个名为"Task1.html"的文件，在该文件中使用 HTML5 标签搭建首页的基本结构，具体代码如例 1-8 所示。

【例 1-8】搭建智慧公寓首页结构。

Task1.html 文件的部分示例代码如下。

```
<!DOCTYPE html>
<html lang="en">
<head>
<meta charset="UTF-8">
<meta name="viewport" content="width=device-width, initial-scale=1.0">
<title>首页</title>
<style>
//省略CSS代码
</style>
</head>
```

```
<body>
<div class="header">
  <h1>智慧公寓</h1>
  <ul class="nav">
    <li><a href="#">首页</a></li>
    <li><a href="#">分类</a></li>
    <li><a href="#">公共</a></li>
    <li><a href="#">联系我们</a></li>
  </ul>
</div>
<script src="./Task1.js"></script>
</body>
</html>
```

2. 创建 JavaScript 文件

使用 VSCode 创建一个名为"Task1.js"的文件，通过外链式在 Task1.html 文件中引入该文件。在该文件中使用 document.write( )语句动态渲染<div>标签及其子元素，并使用 alert( )语句实现用户单击"单击查看更多"超链接时弹出警告框。

Task1.js 文件的示例代码如下。

```
document.write('
<div class="content"><h2>欢迎来到智慧公寓</h2>
<p>这里有你需要的所有信息,<a href="javascript:alert('智慧公寓提示信息')">单击查看更多</a>。</p>
</div>')
```

3. 在浏览器中运行程序

完成 HTML 结构、CSS 样式和 JavaScript 代码的编写后，在浏览器中运行 Task1.html 文件。单击"单击查看更多"超链接，会在页面中弹出提示信息为"智慧公寓提示信息"的警告框，显示效果如图 1-15 所示。

图 1-15　警告框的显示效果

任务 1.2　使用 JavaScript 基础语法实现动态显示时间

【任务概述】

在 Web 开发中，时间显示是许多网页不可或缺的一部分。无论是为了提升用户体验，还是为了保持信息的时效性，动态展示当前时间都是一个既实用又吸引人的功能。本任务的目标是创建一个能够实时更新并显示当前时间的网页。本任务不仅涉及 JavaScript 基础知识，还涉及日期处理、字符串格式化以及页面动态内容的更新等多个方面。具体来说，就是运用 JavaScript 内置的日期函数来精确获取当前的时间信息，巧妙地使用三元运算符来确保时间显示的格式统一且美观，通过 document.write( )语句将时间内容写入页面，并利用 window.setInterval( )方法实现时间的每秒自动更新。

动态显示时间的页面效果如图 1-16 所示。

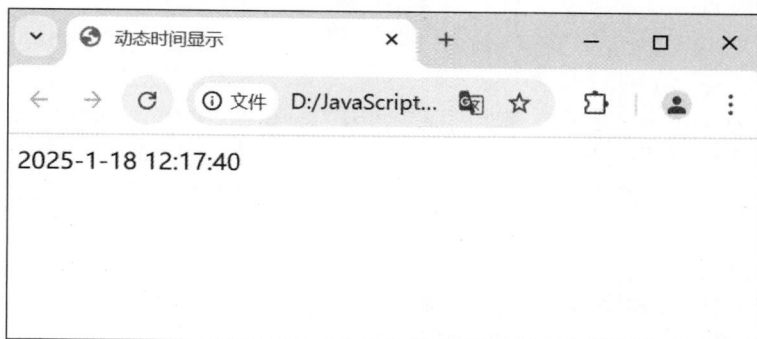

图 1-16　动态显示时间的页面效果

【知识储备】

1.2.1　变量和常量

在 JavaScript 编程中，变量和常量是构成程序逻辑的基础元素。变量和常量用于存储数据，这些数据可以是数字、字符串、布尔值或更复杂的数据结构，如对象或数组。理解如何正确使用变量和常量，对于编写高效、可维护的 JavaScript 代码至关重要。

1. 变量

JavaScript 变量用于保存值或表达式，接下来介绍如何声明变量，并介绍变量的命名规则。
（1）声明变量的语法格式
变量是存储数据的容器，在 JavaScript 中声明变量的语法格式如下。

```
var a;                      //声明变量但未初始化赋值
var aa='Hello World!';      //声明变量且初始化赋值
let b='Hello JavaScript!';  //声明变量且初始化赋值
```

var 命令与 let 命令均可用于声明变量，a、aa 和 b 表示自定义的变量名，"Hello World!"和"Hello JavaScript!"表示赋予变量的初始值。上述代码中，使用 var 命令声明的变量 a 并未被赋

予初始值，因此变量 a 的默认值被设定为 undefined。

需要注意，使用 ECMAScript 6（ES6）新增的 let 命令声明变量时，其用法与 var 命令类似，但使用 let 命令声明的变量具有块级作用域，不存在变量提升机制，不可在同一作用域下重复声明同名变量。

接下来演示如何使用 var 与 let 命令声明变量，具体代码如例 1-9 所示。

【例 1-9】使用 var 命令与 let 命令声明变量。

```html
<body>
<script>
    var a='新面貌';
    console.log(a);      //在控制台中输出"新面貌"字符串
    console.log(b);      //输出undefined。因为var命令存在变量提升，所以此处代码未报错
    var b='新时代';
    console.log(c);      //报错:Cannot access 'b' before initialization
    let c='新风尚';
</script>
</body>
```

上述代码中，在变量 b、变量 c 声明前提前调用了变量 b、变量 c。使用 var 命令声明的变量 b 存在变量提升机制，其调用结果未报错，并返回 undefined。使用 let 命令声明的变量 c 报错，这表明 let 命令不具有变量提升机制。变量 a 在变量声明后才调用，因此会在控制台中输出"新面貌"字符串。

（2）变量的命名规则

在 JavaScript 中为变量命名时，需要遵循以下规则。

① 变量名不能是 JavaScript 的关键字或保留字。

② 第一个字符可以是任意字母、下划线（ _ ）、美元符（ $ ）。

③ 第二个字符及后面的字符，除了字母、下划线（ _ ）和美元符（ $ ）外，还可以用数字 0~9。

④ 中文也可以作为合法的变量名，但在变量命名中应尽量避免使用。

JavaScript 常见关键字如表 1-1 所示。

表 1-1　JavaScript 常见关键字

break	case	catch	continue	default
delete	Do	else	finally	for
function	if	in	instance	try
return	swith	this	throw	new
typeof	var	void	while	with

JavaScript 常见保留字如表 1-2 所示。

表 1-2　JavaScript 常见保留字

abstract	boolean	byte	char	class
const	debugger	double	enum	export
extends	final	float	goto	implements
import	int	interface	long	native
package	private	synchronized	public	short

续表

static	super	protected	throws	transient
volatile				

2. 常量

在 JavaScript 编程中，常量是那些一旦赋值就不能被重新修改的数据。常量主要用于为程序提供固定和精确的值，如配置选项、数字或其他固定参数。

常量会确保数据在程序中保持不变，这有助于减少错误和提高代码的可维护性。使用常量可以避免意外地修改程序中的重要数据，从而增强程序的健壮性和可靠性。

在 JavaScript 中，常量的声明通常使用 const 命令。与变量不同，使用 const 命令声明的常量不可改变，且必须在声明的同时对常量进行初始化赋值。

在 JavaScript 中声明常量的语法格式如下所示。

```
const a=10;
```

需要注意，JavaScript 中常量的命名规则与变量的命名规则相同，此处不再赘述。

1.2.2 数据类型

在 JavaScript 语言中，变量的值被划分为不同的类别，这些类别被称为数据类型。

1. 数据类型分类

JavaScript 中的数据类型可以分为两大类，即基本数据类型和引用数据类型。其中，基本数据类型包括数字型（number）、布尔型（boolean）、字符串型（string）、undefined 与 null，引用数据类型是指对象（object）类型。引用数据类型将在后续内容中进行介绍，本节将重点介绍基本数据类型。

（1）数字型

在 JavaScript 中，number 类型用于表示数字类型的数据，其能够存储数字。数字可分为整型（int）和浮点型（float），其中整型专门用于精确表示没有小数部分的整数；浮点型则用于表示带有小数部分的数字，即可以包含小数点的数值。

在 JavaScript 中，定义变量并分别为其赋予整型和浮点型数值，示例代码如下所示。

```
var foo=123;          //数字类型的整型
var bar=3.14;         //数字类型的浮点型
```

（2）布尔型

在 JavaScript 中，boolean 类型用于表示布尔类型。布尔值只有两个可选值：真值（true）和假值（false），表示事物的"真"和"假"。其示例代码如下所示。

```
var foo1=true;        //为变量foo1赋一个布尔类型的值true
var foo2=false;       //为变量foo2赋一个布尔类型的值false
```

需要注意的是，JavaScript 中严格遵循大小写，因此 true 和 false 值只有全部为小写时才表示布尔型。

（3）字符串型

字符串由零个或者多个字符构成，字符包括字母、数字、标点符号和空格，是 JavaScript 用来表示文本的数据类型。字符串必须放在单引号(')或者双引号(")中，字符串的引号必须用半角字符，且字符串必须写在一行中。其示例代码如下所示。

```
var foo1='hello';        //字符串类型
var foo2="123";          //字符串类型
```

需要注意，在字符串中，双引号内可以包含单引号字符串，单引号内也可以包含双引号字符串。但双引号内出现双引号字符串，单引号内出现单引号字符串时，需要使用转义字符"\"进行转义。接下来通过案例演示字符串中引号的多种使用方法，具体代码如例 1-10 所示。

【例 1-10】使用字符串引号。

```
<body>
    <script>
        var name = '';                      //字符串内容为空
        var hometown = '山东';              //字符串内容为"山东"
        var hobby = " ";                    //字符串内容为空
        var poetry = "会当凌绝顶，一览众山小"; //字符串内容为"会当凌绝顶，一览众山小"
        var wisdom1 = '子曰:"逝者如斯夫，不舍昼夜。"';
                                            //字符串内容为"子曰:"逝者如斯夫，不舍昼夜。""
        var wisdom2 = "子曰:'温故而知新，可以为师矣。'";
                                            //字符串内容为"子曰:'温故而知新，可以为师矣。'"
        var introduce1 = 'I\'m Jenny.'      //字符串内容为"I'm Jenny"
        var introduce2 = "I\"Jenny";        //字符串内容为I"Jenny
    </script>
</body>
```

在上述代码中，单引号中嵌套单引号，单引号中的"\"会被转义为一个单引号字符；双引号中嵌套双引号，双引号中的"\"会被转义为一个双引号字符。

除此之外，ES6 引入了模板字面量，以模板字面量的方式对字符串操作进行了增强，如新增了多行字符串、字符串占位符等。

模板字面量的基础用法是使用反引号"`"替换字符串的单引号和双引号，占位符由左侧的"${"及右侧的"}"组成，中间可放置变量或表达式。接下来演示模板字面量与字符串占位符的组合使用方法，示例代码如下所示。

```
let name="德州",price="50",detail=`一只${name}扒鸡的价格为:${price}`
console.log(detail);
//输出结果：一只德州扒鸡的价格为:50
```

（4）undefined

undefined 表示该值未定义或者未初始化，或者赋予一个不存在的属性值。如果只是声明了变量，并未对其赋值，则其默认值为 undefined。在 JavaScript 中，声明一个 undefined 类型的变量的语法格式如下所示。

```
var a;//未定义类型
```

（5）null

null 类型表示空类型，表示当前为空值。如果试图引用一个没有定义的变量，则返回一个 null，null 不等同于空字符串。null 与 undefined 的区别是，null 表示一个变量被赋予了一个空值，undefined 则表示该变量尚未被赋值。

在 JavaScript 中，声明一个 null 类型的变量的语法格式如下所示。

```
var a=null;//空类型
```

2．数据类型检测

在开发中当不确定一个变量或值是什么类型的数据，需要进行数据类型检测时，可以使用 JavaScript 提供的 typeof 操作符，typeof 操作符将以字符串形式返回检测结果。

使用 typeof 操作符进行数据类型检测的语法格式如下所示。

```
typeof 需要进行数据类型检测的数据;
typeof (需要进行数据类型检测的数据1,需要进行数据类型检测的数据2,…);
```

接下来通过案例演示使用 typeof 操作符检测数据类型，具体代码如例 1-11 所示。

【例 1-11】使用 typeof 检测数据类型。

```
<script>
    console.log(typeof 123);              //number
    console.log(typeof '123');            //string
    console.log(typeof true);             //boolean
    console.log(typeof undefined);        //undefined
    console.log(typeof null);             //object
</script>
```

在浏览器中运行上述代码，按 F12 键打开控制台，切换至"Console"选项卡，数据类型检测的显示效果如图 1-17 所示。

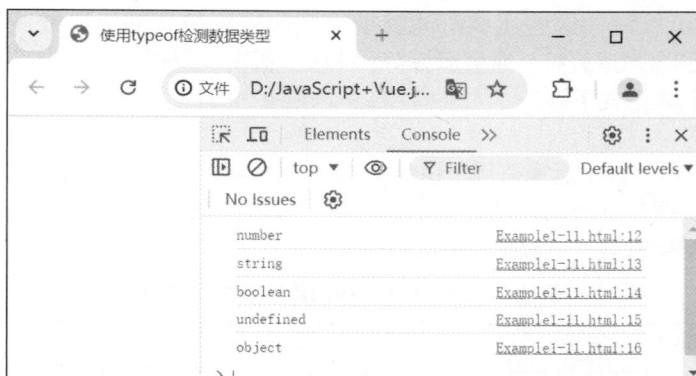

图 1-17　数据类型检测的显示效果

在上述代码中，使用 typeof 检测 null 的数据类型，其返回值为 object 而不是 null，这是 JavaScript 的一个历史遗留问题。在早期的 JavaScript 实现中，null 被视为一个特殊的对象值，因此 typeof null 才会返回 object。

1.2.3　表达式与运算符

表达式与运算符是构建程序逻辑的基石，它们如同数学中的公式与符号，不仅承载着数据的处理与变换，还定义了程序如何根据条件做出决策。

1．表达式

表达式是一个可以被求值并产生一个值的 JavaScript 短语。直接嵌入程序中的常量是最简单的表达式。变量名也是一个简单的表达式，它的值取决于用户赋予它的具体数值或对象。复杂表达式由简单表达式构成。

（1）主表达式

最简单的表达式称为主表达式（Primay Expression），即那些独立存在，不再包含更简单表达式的表达式。JavaScript 中的主表达式包括常量或字面量值、某些语言关键字和变量引用，语法格式如下所示。

```
a                        //表达式a
3.14                     //表达式3.14
'JavaScript'             //表达式'JavaScript'
true                     //表达式true
null                     //表达式null
```

（2）复杂表达式

复杂表达式由简单表达式及运算符构成，主要包括赋值表达式、算术表达式、字符串表达式等，语法格式如下所示。

```
1+1                          //算术表达式
let sum=1+1;                 //赋值表达式：将表达式1+1的值赋给变量sum
let greeting="Hello,"+"world!";//字符串表达式
```

2. 运算符

在程序开发过程中，经常需要对存储在变量中的数据执行各种运算操作。为此，JavaScript 提供了丰富多样的运算符，这些运算符能够指导程序执行特定的运算或逻辑操作。下面介绍 JavaScript 中常用的算术运算符、赋值运算符、比较运算符、逻辑运算符与三元运算符（Ternary Operator，也称三元表达式）等。

（1）算术运算符

在 JavaScript 中，算术运算符用于执行基本的数学运算，如加法、减法、乘法、除法等。这些运算符对于处理数值数据非常有用，无论是在进行基本的数学计算，还是在执行更复杂的算法时。JavaScript 中常用的算术运算符如表 1-3 所示。

表 1-3　JavaScript 中常用的算术运算符

运算符	描述	示例	结果
+	加	1+1	2
−	减	2−1	1
*	乘	2*3	6
/	除	8/2	4
%	求余	5%7	5
**	幂运算（ES7 的新特性）	3**4	81
++	自增（前置）	a=3; b=++a	a=4; b=4
++	自增（后置）	a=1; b=a++	a=2; b=1
−−	自减（前置）	a=2; b=−−a	a=1; b=1
−−	自减（后置）	a=2; b=a−−	a=1; b=2

在表 1-3 中，自增运算符（++）和自减运算符（−−）是对数值进行加 1 或减 1 的操作，会改变原始数值的大小。对于自增和自减运算符，需要注意，当运算符放在变量之后时，会先返回变量操作前的值，再进行自增或自减操作；当运算符放在变量之前时，会先进行自增或自减操作，再返回变量操作后的值。

接下来通过案例演示算术运算符的自增与自减操作，具体代码如例 1-12 所示。

【例 1-12】使用算术运算符实现自增与自减操作。

```
<script>
    var a = 1;var aa=a++;
    var b = 1;var bb=++b;
    var c = 1;var cc=c--;
    var d = 1;var dd=--d;
    console.log(aa,a);      //输出结果:1 2
    console.log(bb,b);      //输出结果:2 2
    console.log(cc,c);      //输出结果:1 0
    console.log(dd,d);      //输出结果:0 0
</script>
```

在上述代码中，以变量 a 为例进行解释。变量 a 使用了后缀形式的自增运算符，变量 a 的值首先被赋给变量 aa，系统将变量 aa 返回输出到控制台，因此变量 aa 的输出结果为 1；随后，变量 a 的值增加 1，变为 2，因此变量 a 的输出结果为 2。

（2）赋值运算符

JavaScript 中的赋值运算符分为简单赋值运算符和复合赋值运算符两种。下面分别进行介绍。

① 简单赋值运算符：将赋值运算符（＝）右边表达式的值保存到左边的变量中，语法格式如下所示。

```
var a=1;//简单赋值运算符
```

② 复合赋值运算符：结合了赋值和算术运算或位运算的功能，如+=、-=、*=、/=、%=等都是常见的复合赋值运算符。复合赋值运算符的语法格式如下所示。

```
var a=1;
a += 4;//复合赋值运算符,等价于a=a+4;
```

（3）比较运算符

比较运算符用于比较两个值，返回一个布尔值，表示是否满足比较条件，满足条件则返回 true，不满足条件则返回 false。JavaScript 中常用的比较运算符如表 1-4 所示。

表 1-4　JavaScript 中常用的比较运算符

运算符	描述	示例	结果
==	等于	2==1	false
===	等值等类型	2===2	true
!=	不等于	2!==2	false
!==	不等于值或不等于类型	2!=1	true
>	大于	2>1	true
<	小于	2<1	false
>=	大于或等于	2>=1	true
<=	小于或等于	2<=1	false

当使用运算符"=="和"!="比较不同类型的数据时，JavaScript 会自动执行类型转换，将参与比较的数据转换为相同的数据类型后再进行比较。然而，对于运算符"==="和"!=="，它们在比较不同类型的数据时并不会执行自动类型转换，而是直接比较数据的值和类型是否完全相等。

接下来通过案例演示如何使用比较运算符，具体代码如例 1-13 所示。

【例 1-13】使用比较运算符。

```
<script>
    console.log(1 >= 1);        //输出结果:true
    console.log(1 == '1');      //输出结果:true
    console.log(1 === '1');     //输出结果:false
</script>
```

上述示例代码中，第一条输出语句比较数字 1 是否大于或等于数字 1，输出结果为 true；第二条输出语句比较字符串"1"是否等于数字 1，首先将字符串"1"转换为数字 1，再进行比较，输出结果为 true；第三条输出语句比较数字 1 和字符串"1"是否全等，"==="符号左右两边数据的类型不同，因此输出结果为 false。

（4）逻辑运算符

逻辑运算符常用于对布尔型数据进行操作，当操作数都是布尔值时，返回值也是布尔值；当操作数不是布尔值时，运算符"&&"和"!"的返回值就是一个特定的操作数的值。JavaScript 中常用的逻辑运算符如表 1-5 所示。

表 1-5 JavaScript 中常用的逻辑运算符

运算符	描述	示例	结果
&&	与	a&&b	如果 a 的值为 true，则输出 b 的值；如果 a 的值为 false，则输出 a 的值
||	或	a||b	如果 a 的值为 true，则输出 a 的值；如果 a 的值为 false，则输出 b 的值
!	非	!a	若 a 的值为 true，则结果为 false，否则相反

在使用逻辑运算符时，是按照从左到右的顺序进行求值，因此运算时可能会出现"短路"的情况，具体如下所示。

① 当使用"&&"连接两个表达式时，如果左边表达式的值为 false，则右边表达式不会执行，逻辑运算结果为 false。

② 当使用"||"连接两个表达式时，如果左边表达式的值为 true，则右边表达式不会执行，逻辑运算结果为 true。

接下来通过案例演示逻辑运算符的使用，具体代码如例 1-14 所示。

【例 1-14】使用逻辑运算符。

```
<script>
    console.log(1 && 2);        //输出结果:2
    console.log(2<1 && 1<2);    //输出结果:false
    console.log(1 || 2);        //输出结果:1
    console.log(1>1 || 2>3);    //输出结果:false
    console.log(!(2 > 1));      //输出结果:false
    console.log(!(2 < 1));      //输出结果:true
</script>
```

上述示例代码中，"1&&2"的左表达式"1"转换为布尔值为 true，因此输出右表达式"2"的值，输出结果为 2；"2<1&&1<2"中，左表达式"2<1"转换为布尔值为 false，因此输出左表达式"2<1"的值，结果为 false；"1||2"的左表达式"1"转换为布尔值为 true，因此输出左表达式"1"的值，输出结果为 1；"1>1||2>3"的左表达式"1>1"转换为布尔值为 false，因此输

出右表达式 "2>3" 的值，输出结果为 false；"!(2>1)" 相当于 "!true"，输出结果为 false；"!(2<1)" 相当于 "!false"，输出结果为 true。

（5）三元运算符

三元运算符是编程中用于根据条件判断来执行不同操作的简捷方式。在 JavaScript 中，三元运算符需要使用问号 "?" 和冒号 ":" 来连接表达式，语法格式如下所示。

```
条件表达式 ? 表达式1 : 表达式2
```

三元运算符的执行流程如下：首先计算条件表达式，然后根据条件表达式的值为 true 还是 false 来决定返回表达式 1 还是表达式 2 的结果，示例代码如下所示。

```
let score = 85;
let message =(score >= 60) ? "及格" : "不及格";
console.log(message);//输出结果:及格
```

上述代码中定义了一个变量 score，使用三元运算符根据 score 的值来设置 message 变量的内容。如果 score 大于或等于 60，message 将被设置为 "及格"；否则，其将被设置为 "不及格"。最后，使用 console.log( ) 语句输出 message 的值。

1.2.4 函数

函数用于封装一段完成特定功能的代码，相当于将包含一条或多条语句的代码块 "包裹" 起来，用户在使用时只需关心参数和返回值，就能完成特定的功能。对于开发人员来说，利用函数实现某个功能时，可以把精力放在要实现的具体功能上，而不用研究函数内的代码是如何工作的。函数的优势在于可以提高代码的复用性，降低程序维护的难度。JavaScript 中的函数分为内置函数（也称系统函数）和自定义函数。

1. 内置函数

JavaScript 的内置函数是可以直接使用的函数，如 Math.random( )、getDate( )、getMonth( )等。JavaScript 中常用的内置函数主要有数学函数、字符串函数以及日期函数等。

（1）数学函数

JavaScript 提供了丰富的数学函数，用于执行各种数学运算和操作。JavaScript 中常用的数学函数如表 1-6 所示。

表 1-6　JavaScript 中常用的数学函数

函数	说明
Math.abs(x)	返回 x 的绝对值
Math.max(value1,value2,…)	返回传入的零个或多个参数中的最大值
Math.min(value1,value2,…)	返回传入的零个或多个参数中的最小值
Math.random( )	返回一个 0（包括）~1（不包括）的伪随机数
Math.round(x)	返回最接近 x 的整数（四舍五入）
Math.floor(x)	返回小于或等于 x 的最大整数（向下取整）
Math.ceil(x)	返回大于或等于 x 的最小整数（向上取整）

这些内置的数学函数大大简化了 JavaScript 中的数学计算任务，使用户能够更高效地处理数值数据。

接下来通过案例演示 JavaScript 内置的数学函数的使用方法。使用 Math.max( )函数和

Math.min( )函数计算一组数"1,3,8,55"的最大值和最小值，具体代码如例 1-15 所示。

【例 1-15】使用数学函数计算最大值与最小值。

```
<script>
    console.log(Math.max(1,3,8,55));    //输出结果: 55
    console.log(Math.min(1,3,8,55));    //输出结果: 1
</script>
```

在上述示例代码中，利用 Math.max( )函数计算出"1,3,8,55"中的最大值为 55，利用 Math.min( )函数计算出"1,3,8,55"中的最小值为 1。

（2）字符串函数

JavaScript 提供了丰富的字符串函数，用于处理字符串数据。JavaScript 中常用的字符串函数如表 1-7 所示。

表 1-7　JavaScript 中常用的字符串函数

函数	说明
charAt(index)	返回指定位置的字符
concat(str1,str2,str3，…)	连接一个或多个字符串
indexOf(searchValue[,fromIndex])	获取 searchValue 在字符串中首次出现的索引，如果找不到则返回-1。可选参数 fromIndex 表示从指定索引开始向后搜索，默认为 0
lastIndexOf(searchValue[,fromIndex])	获取 searchValue 在字符串中最后一次出现的索引，如果找不到则返回-1。可选参数 fromIndex 表示从指定索引开始向前搜索，默认为最后一个字符的索引
slice(startIndex[,endIndex])	截取从 startIndex 索引到 endIndex 索引之间的一个子字符串，若省略 endIndex，则表示从 startIndex 索引开始截取到字符串末尾
substring(startIndex[,endIndex])	截取从 startIndex 到 endIndex 之间的一个子字符串，基本和 slice( )函数的作用相同，但其不接收负值
substr(startIndex[,length])	截取从 startIndex 开始的长度为 length 的子字符串，若省略 length，则表示从 startIndex 开始截取到字符串末尾
split([separator|,limit])	使用 separator（分隔符）将字符串分割成数组，limit 用于限制数量

这些字符串函数为 JavaScript 中的字符串处理提供了极大的便利，使用户能够轻松地执行各种字符串操作。

接下来通过案例演示 concat( )函数的使用方法。使用 concat( )函数连接字符串"Java"和"Script"，具体代码如例 1-16 所示。

【例 1-16】使用 concat( )函数连接字符串。

```
<script>
    var str = 'Java';
    var str1 = 'Script';
    console.log(str.concat(str1)); //输出结果: JavaScript
</script>
```

上述示例代码中定义了变量 str 与 str1，用于保存字符串"Java"与"Script"，使用 concat( )函数连接 str 和 str1 并在控制台输出，输出结果为"JavaScript"。

（3）日期函数

JavaScript 中内置的日期函数主要分为获取日期和时间的函数与设置日期和时间的函数。

JavaScript 中常用的获取日期和时间的函数与设置日期和时间的函数分别如表 1-8 和表 1-9 所示。

表 1-8　JavaScript 中常用的获取日期和时间的函数

函数	说明
newDate( )	创建一个表示当前日期和时间的 Date 对象
getDate( )	获取月份中的某一天，范围为 1~31
getMonth( )	获取月份，范围为 0~11（0 表示 1 月，1 表示 2 月，以此类推）
getFullYear( )	获取表示年份的 4 位数字，如 2024
getHours( )	获取小时数，范围为 0~23
getMinutes	获取分钟数，范围为 0~59
getSeconds	获取秒数，范围为 0~59

表 1-9　JavaScript 中常用的设置日期和时间的函数

函数	说明
setFullYear(value)	设置年份
setMonth(value)	设置月份
setDate(value)	设置月份中的某一天
setHours(value)	设置小时数
setMinutes(value)	设置分钟数
setSeconds(value)	设置秒数
setTime(value)	通过从 1970-01-0100:00:00 开始计时的毫秒数来设置时间

JavaScript 的日期函数提供了一套强大的工具，使用户能够轻松地创建、获取、设置、比较和格式化日期和时间。接下来通过案例演示如何使用 JavaScript 内置的日期函数设置和获取日期，并将获取到的日期渲染到页面中，具体代码如例 1-17 所示。

【例 1-17】使用日期函数获取日期。

```
<script>
    var date = new Date( );
    date.setDate(6);//设置月份中的第6天
    var year = date.getFullYear( );
    var month = date.getMonth( );
    var day = date.getDate( );
    document.write(year + '年' + (month + 1) + '月' + day + '日');
</script>
```

在浏览器中运行上述代码，显示效果如图 1-18 所示。

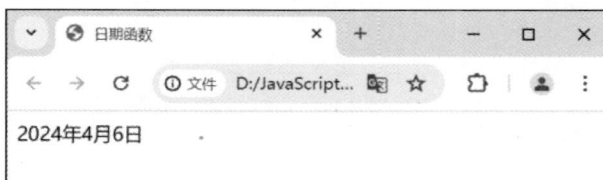

图 1-18　日期函数的显示效果

2．自定义函数

在开发功能复杂的模块时，往往需要反复编写大量的代码，这无疑增加了开发的工作量和复杂度。为了优化这一过程，可以利用自定义函数来封装重复的代码片段。每当需要执行这些代码时，只需简单地调用相应函数即可。

（1）自定义函数的语法格式

在 JavaScript 中自定义函数的语法格式如下所示。

```
function  函数名([参数1,参数2,…]){
    函数体
}
```

在上述语法格式中，函数由 function 关键字、函数名、参数和函数体 4 部分组成。其中，function 关键字是定义函数的关键字；函数名中可以包含字母、数字、下划线（ _ ）和美元符号（$），但不能以数字开头，也不能是 JavaScript 的保留关键字；参数是外界传递给函数的值，此时的参数称为形参，是可选的，多个参数之间使用"，"分隔；函数体是花括号"{ }"包裹的代码块，其中包含实现函数功能的所有代码。

（2）调用自定义函数

当函数定义完成后，要想在程序中发挥函数的作用，就需要调用该函数。函数的调用非常简单，方法为"函数名( )"，其中小括号中可以传入参数。调用自定义函数的语法格式如下所示。

```
函数名称([参数1,参数2,…])
```

在上述语法格式中，参数表示传递给函数的值，也称为实参，"[参数 1,参数 2,…]"表示实参列表，实参个数可以是零个或多个。通常情况下，函数的实参列表与形参列表的顺序对应。当函数体内不需要参数调用时，可以不传参。若在调用函数后需要返回函数的结果，则在函数体中可以使用 return 关键字，该返回结果称为返回值。

接下来通过案例演示如何自定义函数并在程序中调用，具体代码如例 1-18 所示。

【例 1-18】自定义一个函数并调用。

```
<script>
    function sayHello( ) {
        return "Hello!";
    }
    document.write(sayHello( )); //调用函数，输出结果: Hello!
</script>
```

在浏览器中运行上述代码，显示效果如图 1-19 所示。

图 1-19　调用自定义函数的显示效果

（3）传递参数

在实际开发中，当需要向函数体内传递参数时，需要在定义函数时设置相应的形参，用于接收用户调用函数时传递的实参，示例代码如下。

```
function sum(a,b){
    return a+b;
}
sum(1,2);//调用函数，输出结果：3
```

上述示例代码中定义了一个名为 sum 的函数，该函数接收两个参数 a 和 b。调用 sum( )函数时向其传入了两个参数，即 1 和 2。sum( )函数内部的形参 a 将被赋值为 1，形参 b 将被赋值为 2。当 sum( )函数执行 return a+b 时，其最终返回结果为 1+2，即 3。

（4）匿名函数

匿名函数指的是没有名字的函数，即在定义函数时省略函数名。使用 JavaScript 中的匿名函数可以有效避免函数名的冲突问题。下面介绍匿名函数的定义与调用。

① 定义匿名函数。

利用函数表达式实现匿名函数，语法格式如下所示。

```
var myFunction=function( ){
    console.log("这是一个匿名函数");//函数体
};
```

在上述语法格式中，function( ){…}部分就是一个匿名函数。虽然其被赋值给了变量 myFunction，但函数本身是没有名字的。

② 调用匿名函数。

将匿名函数赋值给变量后，可以通过"变量名( )"方式进行调用；也可以将匿名函数作为回调函数传递给其他函数；还可以定义为立即执行函数表达式（Immediately Invoked Function Expression，IIFE），即定义后立即执行。

在 JavaScript 中调用匿名函数的语法格式如下所示。

```
//方法一："变量名( )"调用
myFunction( )
//方法二：作为回调函数进行调用
setTimeout(function( ){
    console.log("作为回调函数调用的匿名函数");
},1000);
//定义为立即执行函数表达式进行调用
(function( ){
    console.log("立即执行的匿名函数");
})( );
```

1.2.5 BOM

BOM 为 JavaScript 提供了独立于内容而与浏览器窗口进行交互的对象。BOM 主要用于管理窗口与窗口之间的通信，其核心对象是 window。BOM 没有统一标准，每个浏览器都有自己的对 BOM 的实现方式，因此 BOM 的浏览器的兼容性较差。

在浏览器中，window 对象有双重身份，其既是浏览器窗口的一个接口，又是全局对象。这意味着在全局作用域中声明的所有变量、函数和对象都将自动成为 window 对象的成员。

作为 BOM 的核心对象，window 对象提供了很多方法和属性，用于控制浏览器窗口并与之交互。window 对象的常用方法和属性如表 1-10 所示。

表 1-10 window 对象的常用方法和属性

分类	名称	说明
方法	alert(message)	显示一个带有指定消息和 OK 按钮的警告框
	confirm(message)	弹出带有一段消息以及确认按钮和取消按钮的对话框
	open(URL,name,features,replace)	打开一个新的浏览器窗口或标签页，并加载指定的统一资源定位符（Uniform Resource Locator，URL）
	close( )	关闭当前窗口
	setTimeout(func,delay)	在指定的延迟（以毫秒为单位）后执行函数
	setInterval(func,delay)	每隔指定的延迟（以毫秒为单位）执行函数
	clearTimeout(id)	取消由 setTimeout( ) 函数设置的定时器
	clearInterval(id)	取消由 setInterval( ) 函数设置的定时器
属性	name	设置或获取窗口的名称
	opener	获取创建了此窗口的 window 对象
	parent	获取当前窗口的父窗口的 window 对象
	self	获取当前窗口的 window 对象，等价于 window 属性
	top	获取顶层窗口的 window 对象（页面中有多个框架时）

window 对象还包含许多其他常用方法和属性，如 scrollBy( )、scrollTo( )等滚动条方法及 document、location、navigator、history 和 screen 等 window 对象的属性，此处不再对其进行详细介绍。

需要注意的是，由于 window 对象是全局作用域的一部分，可以直接访问它的方法和属性，而不必通过"window."前缀。例如，可以直接调用 alert( )方法而非 window.alert( )方法。

接下来通过案例演示如何使用 window 对象的 setTimeout( )方法和 alert( )方法实现一个简单的延迟弹出警告框的功能，具体代码如例 1-19 所示。

【例 1-19】调用 window 对象的方法。

```
<script>
    (function delayedAlert( ){
        //使用setTimeout( )方法设置一个延迟执行的函数
        setTimeout(function ( ){//匿名函数
            //在延迟结束后，使用alert( )方法弹出一个警告框
            alert("弹出警告框! ");
        }, 2000); //延迟时间为2000毫秒（2秒）
    })( )//函数自动执行
</script>
```

上述代码中包含一个立即执行函数表达式。立即执行函数表达式是 JavaScript 中一种常见的模式，用于创建一个新的函数作用域，并立即执行该函数。这种模式有助于避免变量污染全局作用域，并且可以在函数内部封装一些逻辑，使代码更加模块化。

上述代码在浏览器中加载时，会立即执行 delayedAlert( )函数，该函数设置一个 2 秒的延迟，并在延迟结束后弹出一个警告框，警告框内容为"弹出警告框!"，显示效果如图 1-20 所示。

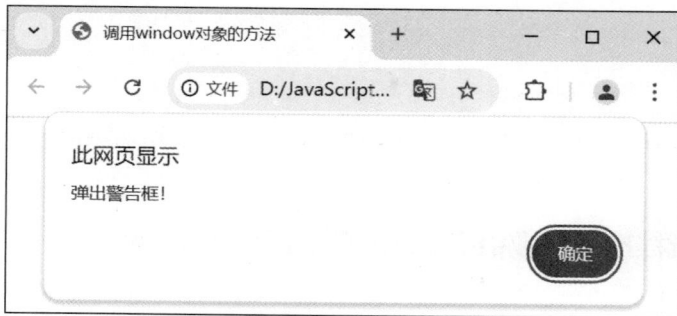

图 1-20　调用 window 对象的方法的显示效果

【任务实施】

要实现本任务，需要在 ch01 文件夹中创建一个 Example1-20 文件夹，并在该文件夹中使用 VSCode 创建一个 Task2.html 文件，具体代码如例 1-20 所示。

【例 1-20】实现动态显示时间。

Task2.html 文件的示例代码如下所示。

```
<!DOCTYPE html>
<html lang="en">
<head>
  <meta charset="UTF-8">
  <title>动态时间显示</title>
</head>
<body></body>
<script>
  function showTime( ) {
    var date = new Date( );
    var day = date.getDate( );
    var month = date.getMonth( ) + 1;
    var year = date.getFullYear( );
    var hours = date.getHours( );
    var minutes = date.getMinutes( );
    var seconds = date.getSeconds( );
    //使用三元运算符，确保时间格式化为两位数
    hours = hours < 10 ? "0" + hours : hours;
    minutes = minutes < 10 ? "0" + minutes : minutes;
    seconds = seconds < 10 ? "0" + seconds : seconds;
    var time = year + "-" + month + "-" + day + " " + hours + ":" + minutes + ":" +
      seconds;
    document.write(time + '<br>') ;//将时间写入页面，并添加换行标签
    document.close( );               //关闭文档输出流
  }
  showTime( );
```

1-5　任务实施

27

```
        setInterval(showTime, 1000);      //每隔1秒更新一次当前时间
    </script>
</html>
```

在浏览器中运行 Task2.html 文件，页面中渲染的当前时间将会每隔 1 秒刷新一次，实现时间的动态显示。

任务 1.3　使用流程控制与数组实现自动轮播 Banner 图

【任务概述】

在构建精美网页界面时，Banner 图无疑是一个强有力的工具。Banner 图能够以动态方式展示多张图片，吸引用户的注意并传递丰富的信息。本任务实现一个能够自动轮播的 Banner 图，要求通过数组管理图片资源，同时利用定时器方法和 if 语句控制图片轮播的逻辑，确保图片在轮播到最后一张后能够无缝衔接回第一张图片，形成一个完美的循环。

整个 Banner 图由 3 张图片构成，每次轮播都从第一张图片开始到第三张图片结束，当第三张图片完成轮播后，重新从第一张图片开始轮播，具体效果如图 1-21 所示。

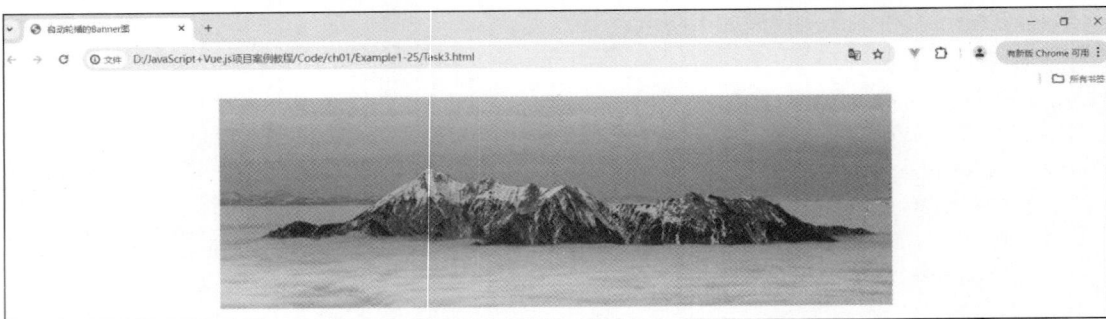

图 1-21　自动轮播 Banner 图的效果

1-6 知识储备

【知识储备】

1.3.1　流程控制

在 JavaScript 中，流程控制语句主要分为 3 类，即顺序结构、选择结构和循环结构。顺序结构遵循程序的自然执行顺序，即从上到下、从左到右依次执行；选择结构则根据特定的逻辑条件来决定执行路径，其中包括 if 判断和 switch 判断两种主要形式；循环结构则根据代码中的逻辑条件来判断是否应重复执行某段代码，主要包括 for 循环和 while 循环。由于顺序结构比较简单，因此本节不过多介绍。本节将讲解选择结构、循环结构，以及在循环结构中常用的跳转语句。

1. 选择结构

在 JavaScript 中，选择结构（也称条件语句）是基于特定条件执行不同代码块的工具。这些条件语句帮助程序根据运行时的情况做出决策，实现更灵活的逻辑控制。JavaScript 中的条件语句主要分为 if 语句、if…else 语句、if…else if…else 语句和 switch 语句 4 类。

下面将分别介绍这 4 种选择结构的语句。

（1）if 语句

if 语句也称为单分支语句，当只有一个条件需要判断时，可以使用 if 语句。如果条件表达式的值为 true，则执行紧随其后的代码块 1；否则，跳过该代码块。

if 语句的语法格式如下所示。

```
if( 条件表达式 ){
    代码块 1;
}
代码块 2;
```

（2）if…else 语句

if…else 语句也称为双分支语句，当指定的条件表达式的值为 true 时，执行代码块 1；当条件表达式的值为 false 时，执行代码块 2。

if…else 语句的语法格式如下所示。

```
if( 条件表达式 ){
    代码块 1;
}
else{
    代码块 2;
}
```

（3）if…else if…else 语句

if…else if…else 语句也称为多分支语句，其有多个条件，需要进行多次判断。

if…else if…else 语句的语法格式如下所示。

```
if (条件表达式 1) {
    代码段 1
} else if (条件表达式 2) {
    代码段 2
}
......
else if (条件表达式 n) {
    代码段 n
} else {
    代码段 n+1
}
```

在上述语法格式中，如果条件表达式 1 的值为 true，则执行代码段 1；如果条件表达式 1 的值为 false，但条件表达式 2 的值为 true，则执行代码段 2，以此类推。如果所有条件表达式的值都为 false，则执行 else 部分的代码段。

接下来通过案例演示 if 语句、if…else 语句与 if…else if…else 语句的使用方法，具体代码如例 1-21 所示。

【例 1-21】使用 if 语句、if…else 语句与 if…else if…else 语句。

```
<script>
    function evaluateAge(age) {
        //使用if语句检查年龄是否小于0
```

```
        if (age < 0) {
            console.log("年龄不能是负数，请输入有效的年龄。");
        } else if (age >= 0 && age <= 12) { //检查年龄是否在0～12岁
            console.log("儿童");
        } else if (age > 12 && age < 18) { //检查年龄是否在12～18岁
            console.log("青少年");
        } else if (age >= 18 && age < 65) { //检查年龄是否在18～65岁
            console.log("成年");
        } else { //使用else语句作为默认情况，即年龄大于或等于65岁
            console.log("老年人");
        }
    }
    console.log("测试一个10岁的孩子：");
    evaluateAge(10);
    console.log("测试一个-5岁的无效年龄：");
    evaluateAge(-5);
</script>
```

在浏览器中运行上述代码，控制台的显示效果如图 1-22 所示。

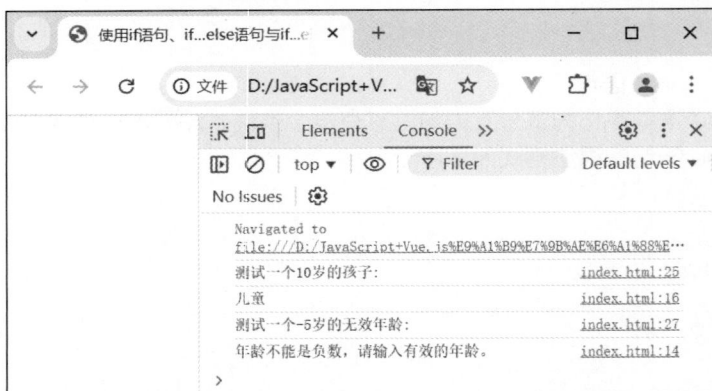

图 1-22　if 语句、if…else 语句与 if…else if…else 语句的显示效果

（4）switch 语句

switch 语句是基于不同的条件执行不同的代码块。switch 语句通常与 case 语句一起使用，每个 case 语句代表一个要测试的值。如果 switch 表达式的值与某个 case 的值匹配，则执行该 case 后的代码，直到遇到 break 语句或 switch 语句结束；如果没有找到匹配的 case 的值，则会执行可选的 default 代码块。

switch 语句的语法格式如下所示。

```
switch ( 表达式 ) {
    case 值 1:
        代码段 1;
        break;
    case 值 2
        代码段 2;
```

```
        break;
    ......
    default:
        代码段 n;
}
```

接下来通过案例演示 switch 语句的使用方法。使用 switch 语句判断变量 day 的值并执行相应的输出语句。以星期一为例，当 day 的值为"Monday"时，则输出"今天是星期一"；若没有与 day 变量的值相等的 case 值，则输出"无效信息"。其具体代码如例 1-22 所示。

【例 1-22】使用 switch 语句判断变量值并输出语句。

```
<script>
    function evaluateDay(day) {
        switch (day) {
            case 'Monday':
                console.log("今天是星期一");
                break;
            case 'Tuesday':
                console.log("今天是星期二");
                break;
            case 'Wednesday':
                console.log("今天是星期三");
                break;
            case 'Thursday':
                console.log("今天是星期四");
                break;
            case 'Friday':
                console.log("今天是星期五");
                break;
            case 'Saturday':
                console.log("今天是星期六");
                break;
            case 'Sunday':
                console.log("今天是星期天");
                break;
            default:
                console.log("无效信息");
        }
    }
    console.log("测试星期五: ");
    evaluateDay('Friday');
    console.log("测试无效的日期: ");
    evaluateDay('InvalidDay');
</script>
```

需要注意的是，在 switch 语句中如果忘记写 break 语句，程序会继续执行下一个 case 语句的代码。因此，建议在每个 case 语句的末尾加上 break 语句。

在浏览器中运行上述代码，控制台的显示效果如图 1-23 所示。

图 1-23　switch 语句的显示效果

2. 循环结构

循环结构作为编程中用于实现功能重复执行的重要构造，其核心在于通过循环语句来组织代码的执行流程。在循环结构中，循环体承载着被重复执行的代码块，而终止条件则负责判断循环是否应当继续。只有当终止条件不满足时，循环体中的代码才会不断被重复执行，从而完成指定的功能或任务。JavaScript 中有多种循环语句，如 for 语句、while 语句，接下来对这两种循环语句和常用的跳转语句进行介绍。

（1）for 语句

JavaScript 中的 for 语句是一种常用的循环结构，用于在指定次数内重复执行一段代码。for 语句提供了一种灵活的方式来控制循环的开始、结束以及每次循环迭代时的行为。

for 语句的语法格式如下所示。

```
for (初始化变量；条件表达式；操作表达式) {
    循环体
}
```

在上述语法格式中，初始化变量指的是用于设置循环变量（通常是计数器）的初始值。该表达式只会在循环开始时执行一次，通常使用 var 关键字声明变量并赋初始值。条件表达式用于确定循环是否继续执行。每次循环迭代开始时都会检查该条件，如果条件为 true，则执行循环体；如果条件为 false，则跳出循环。操作表达式通常是在每次循环最后执行的代码，通常用于更新循环变量（计数器）的值或进行其他操作。

接下来通过案例演示 for 语句的使用。使用 for 语句循环打印数字 1～10，具体代码如例 1-23 所示。

【例 1-23】使用 for 语句循环打印数字 1～10。

```
<body>
    <script>
        for (let i = 1; i <= 10; i++) {
            document.write(i)
            if(i<10){
                document.write("、")
```

```
            }
        }
    </script>
</body>
```

在上述代码中，i 是循环变量，初始值为 1；条件"i<=10"确保循环在 i 的值大于 10 之前继续执行；"i++"是最终表达式，用于在每次循环迭代后将 i 的值增加 1。循环体中的输出语句会在每次迭代时执行，在页面输出当前的 i 值。

在浏览器中运行上述代码，控制台的显示效果如图 1-24 所示。

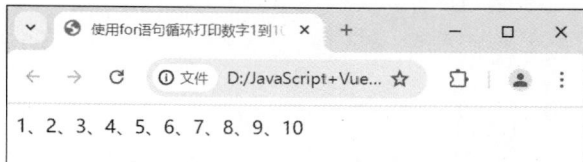

图1-24　for 语句的显示效果

（2）while 语句

while 语句和 for 语句都能够实现循环，两种语句也可以相互转换，但在不能确定循环次数的情况下，while 语句更适用。这是因为 while 语句依赖于一个条件表达式，只要该条件表达式的值为 true，循环就会继续执行。

while 语句的语法格式如下所示。

```
while (条件表达式) {
    循环体
}
```

在上述语法格式中，若条件表达式的值为 true，则循环执行循环体，直到条件表达式的值为 false 时才结束循环。

接下来使用 while 语句重构 for 语句中的案例，具体代码如下所示。

```
let i = 1;
while (i <= 10) {
    document.write(i);
    if (i < 10) {
        document.write("、");
    }
    i++;
}
//输出结果: 1、2、3、4、5、6、7、8、9、10
```

（3）跳转语句

循环语句一般会根据设置好的循环终止条件停止执行。在循环的执行过程中，若需要跳出本次循环或跳出整个循环，就需要用到跳转语句。常用的跳转语句有 break 语句和 continue 语句。这些语句用于在循环结构中改变执行流程，实现特定的控制逻辑。

break 语句用于立即退出包含它的最内层循环或标签语句。在 for 语句或 while 语句中，如果遇到 break 语句，循环会立即终止，程序继续执行紧接在循环之后的代码。

continue 语句用于跳过当前循环的剩余部分，并开始下一次迭代。在 for 语句或 while 语句中，如果遇到 continue 语句，当前循环的剩余部分将不会被执行，并且会立即开始下一次循环迭代。

接下来通过案例演示跳转语句的使用，理解 break 语句与 continue 语句的不同，具体代码如例 1-24 所示。

【例 1-24】在循环结构中区分 break 语句与 continue 语句。

```
<script>
    const numbers = [1, 2, 3, 4, 5, 'six', 7, 8, 9];
    document.write('break:');
    for (let i = 0; i < numbers.length; i++) {
        if (typeof numbers[i] !== 'number') {
            break;//遇到非数字时退出循环
        }
        document.write(+numbers[i]+' ');
    }
    document.write('<br>')
    document.write('continue:');
    for (let i = 0; i < numbers.length; i++) {
        if (typeof numbers[i] !== 'number') {
            continue; //跳过非数字元素，继续下一次循环
        }
        document.write(numbers[i]+' ');
    }
</script>
```

输出结果如下：

```
break:1 2 3 4 5
continue:1 2 3 4 5 7 8 9
```

在上述代码中，当遇到非数字元素'six'时，break 语句会立即终止整个循环。因此，循环不会继续执行，后续的数组元素（7,8,9）不会被检查或输出；当遇到数组中的字符串'six'时，continue 语句会跳过当前循环的剩余部分，并立即开始下一次循环迭代，因此非数字元素'six'不会被输出。

1.3.2 数组

数组是一种线性数据结构，用于存储一系列相同类型的元素。这些元素按照特定的顺序进行排列，并且可以通过索引（元素的位置）来访问它们。

1. 定义与访问数组

在 JavaScript 中，定义数组有两种方式，一种是通过 new Array( )方式定义数组，另一种是直接使用数组字面量"[ ]"定义数组。

（1）new Array( )方式

在 JavaScript 中，使用 new Array( )方式定义数组的语法格式如下所示。

```
var arr1 = new Array( );
var arr2 = new Array(2);              //包含2个空元素的数组
var arr3 = new Array('今天', '明天');    //含有2个元素
```

在上述语法格式中，第一行代码中的 new Array( )用于创建一个空数组；第二行代码用于创建含有 2 个空元素的数组；第三行代码用于创建含有 2 个元素的数组，元素的类型为字符串型，元素的索引依次为 0、1。

（2）数组字面量方式

在 JavaScript 中，使用数组字面量方式定义数组的语法格式如下所示。

```
var empty = [];                    //[]相当于 new Array( )
var arr4 = ['读书', '运动', '画画']; //含有3个元素
```

在上述语法格式中，第一行代码使用"[ ]"创建了一个空数组，相当于使用 new Array( )创建的空数组；第二行代码用于创建包含 3 个元素的数组，其索引依次为 0、1、2。

（3）访问数组

数组创建完成后，若想要查看数组中某个具体的元素，可以通过"数组名[索引]"方式。

在 JavaScript 中，访问数组的语法格式如下所示。

```
var arr = ['A', 'B', 22.48, true];
console.log(arr);                  //访问并输出整个数组
console.log(arr[0]);               //访问并输出数组中的第一个元素
console.log(arr[2]);               //访问并输出数组中的第三个元素
```

2. 数组基本操作

除了访问数组元素外，还可以对数组进行各种基本操作，如获取数组长度、添加数组元素、删除数组元素、遍历数组等。数组提供了一系列属性与方法用于实现上述操作。

（1）获取数组长度

通过"数组名.length"可以获取数组长度，语法格式如下所示。

```
var arr1 = [78, 88, 98];
console.log(arr1.length);          //输出结果: 3
```

（2）添加数组元素

在 JavaScript 中，可以使用 push( )方法在数组末尾添加元素，使用 unshift( )方法在数组开头添加元素，也可以使用数组索引来添加元素，语法格式如下所示。

```
var array = [1, 2, 7];
array.push(4);
array.unshift(0);
array[5]=8;                        //该方式也可用于修改数组元素值
console.log(array);                //输出结果: [0,1,2,7,4,8]
```

在上述语法格式中，push( )与 unshift( )方法均会返回添加新元素后的数组长度，且 push( )与 unshift( )方法会改变原数组。

（3）删除数组元素

在 JavaScript 中，可以使用 pop( )方法删除数组末尾的元素，使用 shift( )方法删除数组开头的元素，使用 splice( )方法删除任意位置的元素，语法格式如下所示。

```
array.pop( )
array.shift( );
array.splice(startIndex,deleteCount,item);
```

在上述语法格式中，pop( )方法删除数组末尾的元素，并返回被删除的元素；shift( )方法删除

数组开头的元素，并返回被删除的元素；splice( )方法从 startIndex 开始，删除 deleteCount 个元素。需要注意，splice( )方法的第三个参数为可选参数，即要添加到数组的新元素。splice( )方法会改变原数组。

（4）遍历数组

数组中还专门提供了一个遍历数组的 forEach( )方法，其与 for 语句相似，但只针对数组进行操作。

```
array.forEach(function(value, index, array) {
    函数体
});
```

forEach( )方法会依次遍历数组中的每个元素，并接收一个回调函数作为参数。该回调函数有 3 个参数，即当前元素的值、当前元素的索引和正在操作的数组本身。使用 forEach( )方法遍历数组的示例代码如下所示。

```
var arr = ['a','b','c'];
arr.forEach(function(val,i){
console.log(val);
});
//输出结果：a,b,c
```

【任务实施】

1-7 任务实施

要实现本任务，需要在 ch01 文件夹中创建一个 Example1-25 文件夹，并在该文件夹中依次创建 Task3.html 与 Task3.js 文件。

1. 创建 HTML 文件

使用 VSCode 创建一个 Task3.html 文件，在该文件中实现自动轮播 Banner 图的基本结构，具体代码如例 1-25 所示。

【例 1-25】实现自动轮播的 Banner 图。

Task3.html 文件的示例代码如下所示。

```
<!DOCTYPE html>
<html lang="en">
<head>
    <meta charset="UTF-8">
    <meta name="viewport" content="width=device-width, initial-scale=1.0">
    <title>自动轮播的Banner图</title>
    <style>
    //省略CSS代码
    </style>
</head>
<body>
    <div id="banner">
        <img id="banner-image" src="" alt="Banner loading...">
    </div>
</body>
```

```
<script src="./Task3.js"></script>
</html>
```

2. 创建 JavaScript 文件

使用 VSCode 创建 Task3.js 文件，通过外链式在 Task3.html 文件中引入该文件。
Task3.js 文件的示例代码如下所示。

```
//图片数组
var images = [
    './images/01.jpg',
    './images/02.jpg',
    './images/03.jpg'
];
var bannerImage = document.getElementById('banner-image');
var currentIndex = 0;
function startBannerRotation( ) {
    var intervalId = setInterval(function( ) {
      currentIndex++; //更新索引
      if (currentIndex >= images.length) {
        currentIndex = 0;
      }
      bannerImage.src = images[currentIndex];
    }, 3000);
    return intervalId;
}
//开始轮播
var rotationInterval = startBannerRotation( );
//监听窗口卸载事件，清除定时器
window.addEventListener('unload', function( ) {
  clearInterval(rotationInterval);
});
```

上述代码中定义了 images 数组，用于存储图片路径，并使用 document.getElementById( ) 方法获取 html 结构中的图片元素。定义并初始化 currentIndex 变量，用于记录当前显示的图片索引。定义 startBannerRotation( )函数，在该函数内使用 setInterval( )方法设置一个每 3 秒执行一次的定时器。在定时器的回调函数中，递增 currentIndex 变量值，通过 if 语句检查 currentIndex 是否超出 images 数组的长度。如果超出，则将 currentIndex 重置为 0，实现循环播放的效果。随后将 bannerImage 对象的 src 属性设置为新索引对应的图片路径，从而更新页面上正在显示的图片。

任务 1.4 使用 DOM 与事件实现二级菜单的显示与隐藏

【任务概述】

在构建用户友好的网页界面时，使用动态交互元素往往能显著提升用户体验。本任务将深入探讨一个常见的交互需求——实现一个能够根据一级菜单项的状态动态显示与隐藏的二级菜单。这一功能不仅能让网页导航更加直观和便捷，还能有效提升用户的信息获取效率。为实现这一功能，需要利用 DOM 提供的强大工具，如获取元素集合的方法和事件监听机制，为每个一级菜单项添加鼠标移入与移出的事件监听，并根据这些事件动态地控制其下二级菜单的显示与隐藏。通过实践，我们不仅能加深对 DOM 操作的理解，还能掌握实现复杂交互效果的关键技术。

当鼠标悬浮在指定的一级菜单项上时，对应的二级菜单将会显示；反之，对应的二级菜单将会隐藏，具体页面效果如图 1-25 所示。

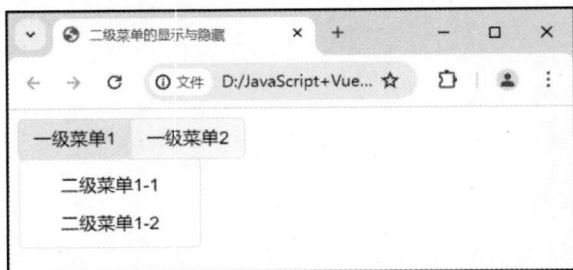

图 1-25　二级菜单的显示与隐藏效果

【知识储备】

1.4.1　DOM

在 Web 开发中，DOM 将网页的每一个部分，无论是结构、样式还是内容，都抽象成了可编程的对象和接口。通过 DOM，我们能够动态地访问、修改页面的内容、结构和样式，实现与用户的丰富互动。

1. DOM 简介

DOM 是 HTML 和可扩展标记语言（Extensible Markup Language，XML）文档的编程接口，实现了文档内容的结构化、层次化展现。通过 DOM，程序和脚本可以获取元素以及操作元素内容等。JavaScript 与 DOM 的紧密结合，为创建富有动态性和交互性的网页提供了可能，使得网页体验更为丰富和灵活。

DOM 将整个文档视作一个层次分明的树形结构，这棵结构化的树称为 DOM 树。在 DOM 中，网页上组织页面（或文档）的各种对象，如元素、属性和文本，都被逻辑地组织在这棵树形结构中。一个简单的 DOM 树示例如图 1-26 所示。

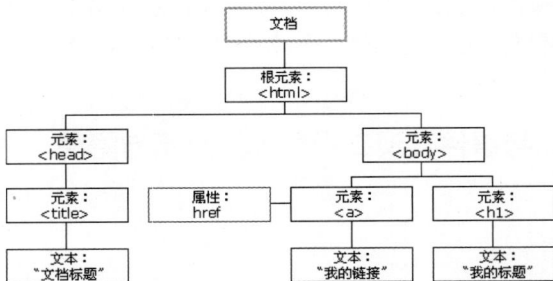

图 1-26　简单的 DOM 树示例

文档表示文档节点，在程序中可以通过 document 对象来访问。根元素在网页中对应的标签是<html>，其有两个子元素，这两个子元素分别对应<head>标签和<body>标签。如果一个标签内包含文本，则文本属于文本节点，标签上的属性是属性节点。

2. 获取元素集合

在 Web 开发中经常需要处理一组具有相同特征或属性的 HTML 元素，这些元素可能具有相同的类名、标签名或满足其他特定的选择条件。为了更高效地操作这些元素集合，DOM 提供了一系列方法来帮助我们快速获取这些元素，包括通过 id 属性、标签名、name 属性、类名、CSS 选择器等来获取元素集合。

在 JavaScript 中，DOM 常用的获取元素的方法如表 1-11 所示。

表 1-11　DOM 常用的获取元素的方法

方法	说明
getElementById( )	用于根据元素的 id 属性获取该元素的引用。每个元素的 id 是唯一的，因此该方法通常返回单个元素。如果找到了指定的元素，则返回该元素的引用；如果未找到指定的元素，则返回 null
getElementsByTagName( )	用于返回带有指定标签名的所有元素的集合，这些元素按照它们在文档中的顺序排列。如果传递给该方法的字符串是"*"，那么其将返回文档中所有元素的列表
getElementsByName( )	用于返回文档中所有具有指定 name 属性的元素的集合。该方法常用于获取表单元素，如<input>标签
getElementsByClassName( )	用于返回文档中所有具有指定类名的元素的集合，可以根据元素的类名使用该方法来获取元素
querySelector( )	用于返回文档中匹配指定 CSS 选择器的第一个 Element 元素。如果没有找到匹配的元素，则返回 null
querySelectorAll( )	用于返回文档中匹配指定 CSS 选择器的所有 Element 元素的 NodeList（类数组对象），包括元素节点和文本节点。如果没有找到匹配的元素，则返回一个空的 NodeList

表 1-11 中，DOM 常用的获取元素方法的语法格式如下所示。

```
document.getElementById("id属性值");
document.getElementsByTagName("标签名");
document.getElementsByName("name属性值");
document.getElementsByClassName("类名");
document.querySelector("CSS选择器");
document.querySelectorAll("CSS选择器");
```

接下来通过案例演示如何使用获取元素方法在 DOM 中获取元素，具体代码如例 1-26 所示。

【例 1-26】使用获取元素方法在 DOM 中获取元素。

```
<head>
    <style>
        .myClass { color: blue; }
    </style>
</head>
<body>
    <div id="myId">id名为myId的元素</div>
    <span>标签类型为span的元素</span>
```

```
<p name="myName">name属性值为myName的段落</p>
<p class="myClass">类名为myClass的段落</p>
<p class="myClass">类名为myClass的段落</p>
<p id="mySelector">id名为mySelector的段落</p>
<p class="mySelectorAll">类名为mySelectorAll的段落</p>
<p class="mySelectorAll">类名为mySelectorAll的段落</p>
<script>
    var elementById = document.getElementById("myId");
    console.log("getElementById方法: ", elementById);
    var elementsByTagName = document.getElementsByTagName("span");
    console.log("getElementsByTagName方法: ", elementsByTagName);
    var elementByName = document.getElementsByName("myName");
    console.log("getElementsByName方法: ", elementByName);
    var myClass = document.getElementsByClassName("myClass");
    console.log("getElementsByClassName方法: ", myClass);
    var elementByQuerySelector = document.querySelector("#mySelector");
    console.log("querySelector方法: ", elementByQuerySelector);
    var mySelectorAll = document.querySelectorAll(".mySelectorAll");
    console.log("querySelectorAll方法: ", mySelectorAll);
</script>
</body>
```

在浏览器中运行上述代码，显示效果如图 1-27 所示。

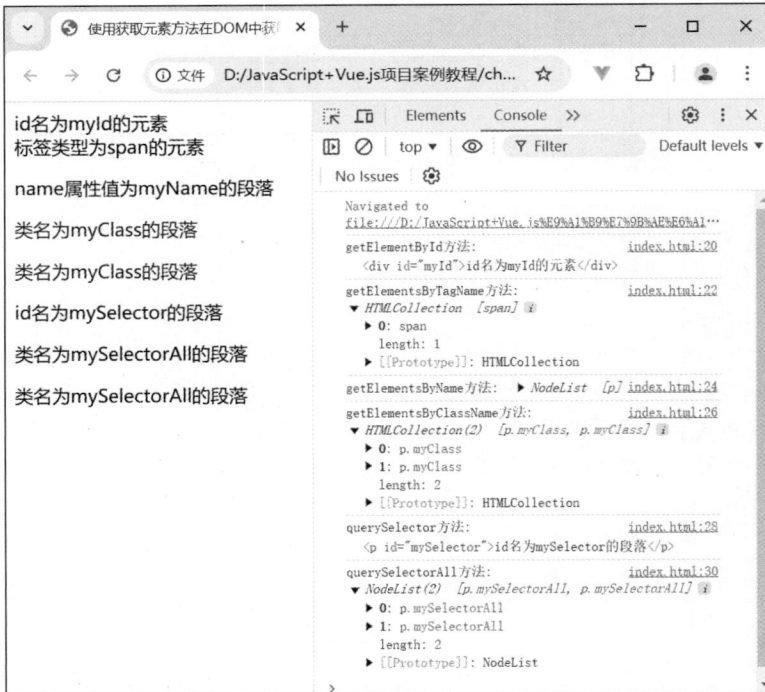

图 1-27　获取元素方法的显示效果

3. 元素内容、样式与属性操作

（1）元素内容操作

在 Web 开发中经常需要读取或修改 HTML 元素的内容。JavaScript 提供了 innerHTML、innerText 和 textContent 属性，用于读取或修改元素内容。

JavaScript 常用的元素内容操作属性如表 1-12 所示。

表 1-12　JavaScript 常用的元素内容操作属性

属性名	说明
innerHTML	用于设置或获取元素开始标签和结束标签之间的 HTML 内容，返回结果包含 HTML 标签，并保留空格和换行
innerText	当操作的元素内容只包含文本时，可以使用 innerText 属性设置或获取元素的文本内容。innerText 属性获取元素的文本内容时，会去除 HTML 标签和多余的空格、换行
textContent	用于设置或者获取元素中的文本内容，保留空格和换行；还可以设置和获取占位隐藏元素的文本内容。通过给元素的 visibility 样式属性设置 hidden 值，可实现占位隐藏

表 1-12 中，常用的元素内容操作属性的语法格式如下所示。

```
element.innerHTML='HTML内容';        //设置内容
console.log(element.innerHTML);      //获取内容
element.innerText='文本内容';        //设置内容
console.log(element.innerText);      //获取内容
element.textContent='文本内容';      //设置内容
console.log(element.textContent);    //获取内容
```

接下来通过案例演示如何使用 JavaScript 常用的元素内容操作属性，具体代码如例 1-27 所示。

【例 1-27】使用 JavaScript 常用的元素内容操作属性。

```
<body>
    <div id="divElement"></div>
    <span id="spanElement"></span>
    <p id="paragraphElement"></p>
</body>
<script>
    function contentControl( ) {
        //使用innerHTML属性设置元素的HTML内容
        var divElement = document.getElementById("divElement");
        divElement.innerHTML = "<p>这是一个段落。</p>";
        //使用innerText属性设置元素的纯文本内容
        var spanElement = document.getElementById("spanElement");
        spanElement.innerText = "这是纯文本内容。";
        //使用textContent属性设置元素的纯文本内容
        var paragraphElement = document.getElementById("paragraphElement");
        paragraphElement.textContent = "纯文本内容,但使用textContent设置。";
    }
    contentControl( );//调用contentControl函数
</script>
```

在浏览器中运行上述代码，显示效果如图 1-28 所示。

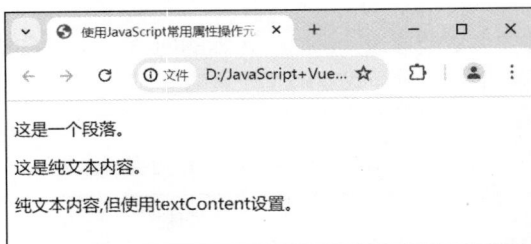

图 1-28　元素内容操作的显示效果

（2）元素样式操作

控制元素样式是提升页面美观性与交互性的关键步骤。通过调整元素样式，JavaScript 可以打造出丰富多彩的视觉效果，进而提升用户体验。JavaScript 提供了几种常用的控制元素样式的方法，如通过 style、className 和 classList 属性操作样式。

① 通过 style 属性操作样式。

在 JavaScript 中，可以通过直接修改元素的 style 属性来更改其样式，语法格式如下所示。

```
element.style.样式属性名='样式属性值';        //设置样式
console.log(element.style.样式属性名);        //获取样式
```

上述语法格式中，element 代表要操作的元素对象。需要注意的是，操作 style 属性时所使用的样式属性名与 CSS 中的样式名相对应，但书写方式略有不同。具体来说，CSS 样式名中的连字符 "-" 需要删除，并将连字符后的单词首字母大写。例如，CSS 中的 font-size 样式名，在 JavaScript 中对应的样式属性名应写作 fontSize。

② 通过 className 属性操作样式。

当需要为元素对象设置多种样式时，可以通过 className 属性操作样式。操作 className 属性时，首先需要在 CSS 中预先定义好各种样式类，利用类选择器为元素指定不同的样式规则；随后，通过 JavaScript 动态地更改元素的 className 属性，即可实现样式的切换。

在 JavaScript 中，可以通过 className 属性更改元素样式，语法格式如下所示。

```
element.className='类名';                    //设置类名
console.log(element.className);              //获取类名
```

③ 通过 classList 属性操作样式。

在使用 classList 属性之前，同样需要在 CSS 中首先预先定义好各种样式类，利用类选择器为元素指定不同的样式规则；然后利用 classList 提供的 add( )、remove( )、contains( )、toggle( )等方法来动态地操作元素的类列表。

classList 常用的属性和方法如表 1-13 所示。

表 1-13　classList **常用的属性和方法**

名称	说明
length	获取元素上类名的数量
add(class1,class2,…)	用于向元素添加一个或多个类名。可以向其传递一个或多个类名作为参数。如果元素已经包含某个类名，则再次添加它不会有任何效果
remove(class1,class2,…)	移除元素的一个或多个类名。可以向其传递一个或多个类名作为参数。如果元素不包含某个类名，则尝试移除它不会有任何效果

续表

名称	说明
toggle(class,true | false)	用于切换元素的类名。如果元素包含指定的类名，则该类名会被移除；如果不包含指定的类名，则该类名会被添加。第二个参数是可选参数，如果设置为 true，则无论元素是否包含该类名，其都会被添加；如果设置为 false，则该类名总会被移除
contains(class)	用于检查元素是否包含指定的类名，如果包含则返回 true，否则返回 false
item(index)	用于获取元素上位于指定索引位置的类名。索引是从 0 开始的。如果索引超出范围（小于 0 或者大于或等于 length），则返回 null

classList 常用的属性和方法的语法格式如下所示。

```
var element=document.getElementById("myElement");    //获取元素
element.classList.add("class1","class2");
element.classList.remove("class1");
element.classList.toggle("class1");                   //切换class1
element.classList.contains("class1")
```

（3）元素属性操作

在 Web 开发中，经常需要读取、修改或删除 HTML 元素的属性。这些属性提供了关于元素的额外信息，并可以用来控制元素的外观、行为或提供额外的元数据。以下是 JavaScript 中几种操作元素属性的常用方法。

① 取元素属性。

getAttribute( )方法用于获取指定属性的值。该方法接收一个参数 name，即要获取的属性的名称，并返回该属性的值；如果属性不存在，则返回 null。

getAttribute( )方法的语法格式如下所示。

```
var element=document.getElementById("myElement");
var attributeValue=element.getAttribute("myAttribute");
```

在上述语法格式中，myAttribute 是需要获取的属性名称，而 attributeValue 将会包含该属性的值。

② 设置元素属性。

setAttribute( )方法用于设置指定属性的值。该方法接收两个参数：name（属性名）和 value（属性值）。如果属性已经存在，则更新其值；如果属性不存在，则创建新属性并设置其值。

setAttribute( )方法的语法格式如下所示。

```
var element=document.getElementById("myElement");
element.setAttribute("myAttribute","newValue");
```

在上述语法格式中，myAttribute 是将要设置的属性名称，而 newValue 则是赋值给 myAttribute 属性的新值。

③ 删除元素属性。

removeAttribute( )方法用于删除指定的属性。该方法接收一个参数 name，即要删除的属性的名称。如果属性存在，则删除该属性及其值；如果属性不存在，则不执行任何操作。

removeAttribute( )方法的语法格式如下所示。

```
var element=document.getElementById("myElement");
element.removeAttribute("myAttribute");
```

在上述语法格式中，将实现从 myElement 元素中删除 myAttribute 属性。

④ 直接操作元素的 property 属性。

property 并不是一个属性名，而是一个统称，是指元素在 DOM 中作为对象拥有的属性，即内置属性。通常情况下，每个元素都具有内置属性。例如，img 元素具有如 src 和 title 等属性，用于指定图片的来源和显示标题；而 input 元素则具有 disabled、checked 和 selected 等属性，用于控制元素的可用状态、选中状态等。

在 JavaScript 中，直接操作元素的 property 属性的语法格式如下所示。

```
var link=document.getElementById("myLink");
link.href="https://example.com";      //设置链接的href属性
var img = document.querySelector('img');
img.src = 'images/selected.jpg';      //设置img元素对象的src属性
var input = document.querySelector('input');
input.value = '被单击了！';           //设置表单元素的value属性
```

1.4.2 事件基础

在编程中，事件就像生活中的各种信号，传递着重要的信息，引导着程序的行为。单击一个按钮，页面滚动到一个特定的位置，这些都是事件。事件是前端开发中至关重要的一环，其能够监听和响应用户的各种动作和交互。

1. 事件概述

事件是 JavaScript 中一种能够侦测到的行为表现，如鼠标在页面上单击、指针滑过特定区域等动作。每一种行为都对应着一种特定的事件，而每个事件又都关联着相应的事件处理程序（或称为回调函数）。这些事件处理程序由开发人员精心编写，旨在实现由特定事件触发的网页交互效果。

事件机制本质上是一种"触发-响应"模式。当某个行为发生时，相应的事件便会被触发，进而激活与之关联的事件处理程序。事件通常包含 3 个核心要素：事件源、事件类型以及事件处理程序。

① 事件源：触发事件的元素对象。以单击按钮为例，该按钮便是事件源。

② 事件类型：引发网页交互效果的具体行为动作。例如，当用户单击某个元素时，所触发的事件类型便是 click。

③ 事件处理程序：事件触发后，为了实现相应的网页交互效果而执行的代码。

实现一个交互效果通常遵循以下步骤：首先，确定事件源，即需要响应交互的元素；其次，明确事件类型，为选定的元素注册相应的事件监听；最后，分析事件触发后的逻辑，编写实现预期交互效果的事件处理程序。

2. 事件注册

在 JavaScript 中，通过事件属性可以为操作的元素对象注册（也称绑定）事件。事件属性的命名方式为"on 事件类型"，如 click 事件类型对应的事件属性被命名为 onclick。注册事件有两种方式，一种方式是在标签中以 HTML 属性的方式进行注册，另一种方式是在 JavaScript 中通过使用 DOM 元素的事件属性进行注册。

（1）HTML 属性方式

在 HTML 标签中直接使用事件属性来绑定事件处理函数，语法格式如下所示。

```
<button onclick="alert('按钮被点击了！')">单击按钮</button>
```

这种事件注册方式的缺点是 HTML 和 JavaScript 代码紧密耦合，不利于代码的维护和分离。

（2）DOM 元素的事件属性方式

使用 JavaScript 的 DOM 元素的事件属性来注册事件，语法格式如下所示。

```
var button = document.getElementById('myButton');
button.onclick = function( ) {
    alert('按钮被点击了! ');
};
```

上述方式可以实现较为简单的事件绑定，但无法为同一个事件绑定多个处理函数。当需要为同一个事件绑定多个处理函数时，应该使用 addEventListener( )方法。addEventListener( )方法将在事件监听中进行介绍。

接下来通过案例演示如何使用上述两种方式注册事件，具体代码如例 1-28 所示。

【例 1-28】使用两种方式注册事件。

```
<body>
<!-- 使用HTML属性注册事件 -->
<button id="btnByHtml" onclick="alert('使用HTML属性注册事件单击的按钮!')">HTML属性注册事件
  </button>
<!-- 使用JavaScript注册事件 -->
<button id="btnByJs">DOM元素的事件属性注册事件</button>
<script>
    function alertJS( ) {                                //定义函数
        var btnByJs = document.getElementById('btnByJs');//获取元素对象
        btnByJs.onclick = function( ) {                  //为指定元素绑定事件
            alert('使用DOM元素的事件属性注册事件单击的按钮!');
        };
    };
    alertJS( );//调用函数
</script>
</body>
```

在浏览器中运行上述代码，并单击"HTML 属性注册事件"按钮的页面显示效果如图 1-29 所示。

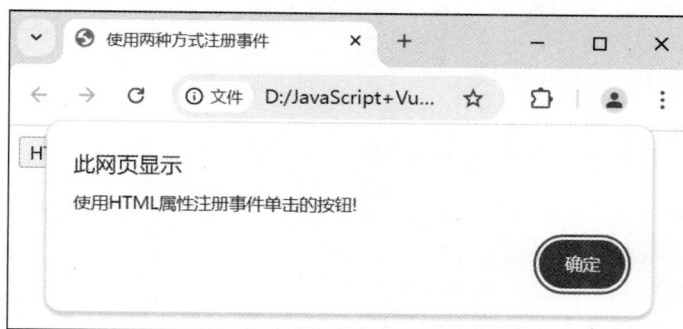

图1-29　单击"HTML 属性注册事件"按钮的页面显示效果

单击"DOM 元素的事件属性注册事件"按钮的页面显示效果如图 1-30 所示。

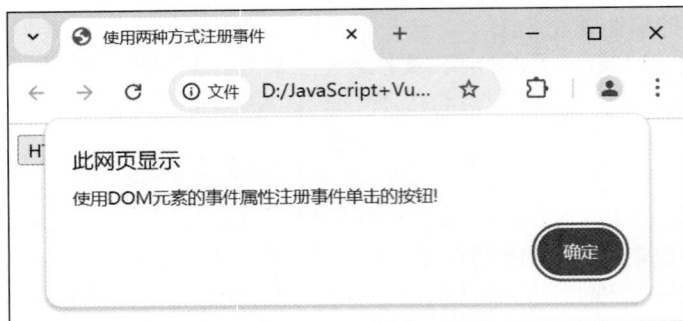

图1-30　单击"DOM 元素的事件属性注册事件"按钮的页面显示效果

3. 事件监听

通过事件属性的方式注册事件时，每个事件类型通常只能绑定一个处理函数。在 JavaScript 中，还可以通过事件监听机制为同一事件类型绑定多个处理函数。

在 JavaScript 中使用 addEventListener( )方法进行事件监听，语法格式如下所示。

```
element.addEventListener(eventName, eventHandler, useCapture);
```

在上述语法格式中，element 指的是需要添加事件监听器的 DOM 元素。eventName 是一个字符串，表示事件的名称，如 click、mouseover 等。eventHandler 指的是当事件被触发时调用的函数，即事件处理函数。useCapture 是可选参数，默认值为 false，表示在事件冒泡阶段完成事件处理；如果设置为 true，则表示在事件捕获阶段完成事件处理。

接下来通过案例演示如何使用事件监听为同一个事件绑定多个函数，具体代码如例 1-29 所示。

【例 1-29】使用事件监听为同一个事件绑定多个函数。

```
<body>
    <button id="myButton">事件源</button>
    <script>
        //获取按钮元素
        var button = document.getElementById('myButton');
        //第一个事件处理函数：在控制台输出消息
        function logMessage( ) {
            console.log('按钮被点击了,这是第一条消息。');
        }
        //第二个事件处理函数：弹出警告框
        function showAlert( ) {
            console.log('按钮被点击了,这是第二条消息！');
        }
        //为按钮添加单击事件监听器，绑定第一个处理函数
        button.addEventListener('click', logMessage);
        //为按钮添加单击事件监听器，绑定第二个处理函数
        button.addEventListener('click', showAlert);
    </script>
</body>
```

在浏览器中运行上述代码，并单击"事件源"按钮，页面显示效果如图 1-31 所示。

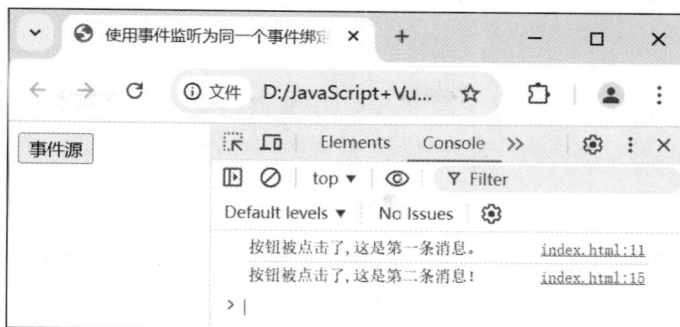

图 1-31　事件监听的显示效果

4．事件对象

当一个事件被触发时，与该事件紧密关联的一系列属性和数据的集合会被封装在一个对象中，该对象称为事件对象。例如，鼠标单击的事件对象中，包含鼠标指针的坐标等相关信息；键盘按键的事件对象中，包含被按按键的键值等相关信息。

在 JavaScript 中，当使用 addEventListener( )方法为 DOM 元素添加事件监听器时，addEventListener( )方法的 eventHandler 事件处理函数会接收一个参数，该参数就是事件对象，语法格式如下所示。

```
element.addEventListener('click', function(event) {
//event 就是事件对象
    console.log(event.type);   //输出 "click"
    console.log(event.target); //输出被单击的元素
})
```

通过事件对象的属性和方法可以获取触发事件的对象和事件类型等信息。事件对象的常用属性和方法如表 1-14 所示。

表 1-14　事件对象的常用属性和方法

名称	说明	兼容浏览器
e.target	获取触发事件的对象	新版浏览器
e.srcElement	获取触发事件的对象	早期版本 IE 浏览器
e.type	获取事件的类型	所有浏览器
e.stopPropagation( )	阻止事件冒泡	新版浏览器
e.cancelBubble	阻止事件冒泡	早期版本 IE 浏览器
e.preventDefault( )	阻止默认事件（默认行为）	新版浏览器
e.returnValue	阻止默认事件（默认行为）	早期版本 IE 浏览器

5．事件分类

作为 Web 开发中不可或缺的一部分，事件是构建交互性网页应用的关键所在。事件代表用户在浏览网页时与页面元素之间发生的各种交互行为，从简单的鼠标单击到复杂的键盘操作，从页面的加载到滚动，每一个动作都伴随着相应事件的触发。JavaScript 中的事件可以分为以下 7 类。

（1）用户界面事件

用户界面事件（user interface event）与 BOM 紧密相关，通常涉及浏览器窗口或标签页的变化。常见的用户界面事件包括窗口的加载（load）、卸载（unload）、调整大小（resize）、滚动

（scroll）等。

（2）焦点事件

常见的焦点事件（focus events）有 focus（元素获得焦点）和 blur（元素失去焦点）。当一个元素获得或失去焦点时，焦点事件会被触发。焦点事件在处理表单输入、下拉菜单等交互元素时非常有用。

（3）鼠标事件

常见的鼠标事件（mouse events）包括 click（单击）、mouseover（鼠标悬停）、mouseout（鼠标离开）、mousedown（鼠标按下）、mouseup（鼠标释放）等。鼠标事件在用户与页面上的元素进行鼠标交互时触发。

（4）滚轮事件

主要的滚轮事件（wheel events）是 wheel，其允许系统检测滚轮的滚动方向和速度。当用户滚动鼠标滚轮时，滚轮事件会被触发。

（5）输入事件

最常见的输入事件（input events）是 input，其会在文本内容发生变化时立即触发，而不需要等待用户完成输入或离开元素。当用户在<input>、<textarea>等表单元素中输入文本时，输入事件会被触发。

（6）键盘事件

常见的键盘事件（keyboard events）有 keydown、keyup 和 keypress，利用它们可以实现快捷键、文本编辑等功能。键盘事件在用户按下、释放或按住键盘上的键时触发。

（7）输入法事件

常见的输入法事件（composition events）有 compositionstart（输入法开始）、compositionupdate（输入法更新）和 compositionend（输入法结束）。输入法事件主要与处理多语言输入相关，特别是在使用如中文、日文等需要复杂输入法的语言时。

随着浏览器技术的日新月异，事件类型及其处理方式也在不断演进。鉴于篇幅所限，此处不再对事件类型进行详尽的阐述，后续将结合 Vue.js 框架，通过实际编程实践来深入探索事件的应用与魅力。

【任务实施】

要实现本任务，需要在 ch01 文件夹中创建一个 Example1-30 文件夹，并在该文件夹中依次创建 Task4.html、Task4.css 与 Task4.js 文件。

1-9 任务实施

1. 创建 HTML 文件

在 Task3.html 文件中使用 HTML5 标签的一级菜单与二级菜单的基本结构，具体代码如例 1-30 所示。

【例 1-30】实现二级菜单的显示与隐藏。

Task4.html 文件的示例代码如下所示。

```
<!DOCTYPE html>
<html lang="en">
<head>
<meta charset="UTF-8">
<title>二级菜单的显示与隐藏</title>
```

```
<link rel="stylesheet" href="./Task4.css">//引入CSS样式文件
</head>
<body>
    <div class="menu">
        <ul>
            <li>一级菜单1
                <ul class="submenu">
                    <li>二级菜单1-1</li>
                    <li>二级菜单1-2</li>
                </ul>
            </li>
            <li>一级菜单2
                <ul class="submenu">
                    <li>二级菜单2-1</li>
                    <li>二级菜单2-2</li>
                </ul>
            </li>
        </ul>
    </div>
<script src="./Task4.js"></script>
</body>
</html>
```

2. 创建 CSS 文件

使用 VSCode 创建 Task4.css 文件，通过外链式在 Task4.html 文件中引入该文件。
Task4.css 文件的示例代码如下所示。

```
.submenu {
    display: none; /* 默认情况下隐藏二级菜单 */
  }
/* 基础样式 */
.menu {
    width: 200px; /* 根据需要调整宽度 */
    height: 36px;
    background-color: #f8f9fa; /* 浅灰色背景 */
    border: 1px solid #ddd; /* 边框 */
    border-radius: 5px; /* 圆角 */
    font-family: Arial, sans-serif; /* 字体 */
  }
  .menu ul {
    width: 100%;
    height: 36px;
    list-style-type: none; /* 移除默认的列表样式 */
    padding: 0; /* 移除默认的内边距 */
    margin: 0; /* 移除默认的外边距 */
    height: 24px;
```

```css
  }
  .menu li {
    width: 50%;
    height: 36px;
    line-height:36px ;
    text-align: center;
    position: relative; /* 为了绝对定位子菜单 */
    cursor: pointer; /* 鼠标指针悬停时显示小手图标 */
    float: left;
  }
  .menu li:hover {
    background-color: #e9ecef; /* 鼠标指针悬停时的背景色 */
  }
  li .submenu {
    width: 160px;
    height: 70px;
    display: none; /* 默认隐藏子菜单 */
    position: absolute; /* 绝对定位子菜单 */
    top: 100%; /* 子菜单位于父级元素底部 */
    left: 0; /* 子菜单左对齐父级元素 */
    background-color: #fff; /* 白色背景 */
    border: 1px solid #ddd; /* 边框 */
    border-radius: 5px; /* 圆角 */
    padding: 5px 0; /* 内边距 */
    z-index: 1; /* 确保子菜单显示在其他元素之上 */
  }
  .submenu li {
    padding: 0 0;
    width: 100%;
    height: 50%;
  }
  .submenu li:hover {
    color: #a0bcd7; /*rgb(16, 92, 163)背景色 */
    background-color: white;
  }
```

3. 创建 JavaScript 文件

使用 VSCode 创建 Task4.js 文件，通过外链式在 Task4.html 文件中引入该文件。
Task4.js 文件的示例代码如下所示。

```javascript
//使用querySelectorAll( )方法获取一级菜单元素
document.querySelectorAll('.menu li').forEach(function (menuItem) {
menuItem.addEventListener('mouseenter', function ( ) {//添加mouseenter事件
  //找到二级菜单元素，并将其style.display属性值设置为block，从而显示二级菜单
  menuItem.querySelector('.submenu').style.display = 'block';
});
```

```
menuItem.addEventListener('mouseleave', function ( ) {//添加mouseleave事件
    //找到二级菜单元素，并将其style.display属性值设置为none，从而隐藏二级菜单
    menuItem.querySelector('.submenu').style.display = 'none';
  });
});
```

在上述代码中，首先使用 DOM 的 querySelectorAll( )方法获取全部一级菜单元素，并使用数组提供的 forEach( )方法对一级菜单元素进行遍历。随后，为每个一级菜单元素添加 mouseenter 事件与 mouseleave 事件，通过 DOM 的 querySelector( )方法获取当前一级菜单元素下的二级菜单元素，通过控制该二级菜单元素的 style.display 属性值来实现二级菜单的显示与隐藏。

项目实现

要实现本项目，需要在 ch01 文件夹中创建一个 Project1 文件夹，并在该文件夹中依次创建 index.html 与 index.js 文件。

1. 创建 HTML 文件

使用 VSCode 创建一个 index.html 文件，具体代码如例 1-31 所示。

1-10 项目实现

【例 1-31】实现智慧公寓网站首页。

index.html 文件中的主体代码结构如下所示。

```
<body>
  <div>
    <div class="top-title">
      <div class="title-left">
        <p>智慧公寓官网</p>
      </div>
      <div class="title-right">
        <p>|</p>
        <p>登录</p>
        <p>|</p>
        <p>注册</p>
        <p>|</p>
        <p>购物车</p>
      </div>
    </div>
    <div class="search-nav">
      <div class="nav-logo">
        <div class="logo">icon</div>
        <div class="nav-title">智慧公寓</div>
      </div>
      <div class="search-left">
        <p>上新专区</p>
        <p>热卖专区</p>
        <p>设施配备</p>
```

51

```html
      <p>关于我们</p>
    </div>
  </div>
  <div class="container">
  <div class="carousel">
    <div class="banner-container">
      <div class="carousel-inner">
        <img src="./images/01.jpg" alt="Image 1">
        <img src="./images/02.jpg" alt="Image 2">
        <img src="./images/03.jpg" alt="Image 3">
      </div>
      <div class="carousel-control-prev icon-style">L</div>
      <div class="carousel-control-next icon-style">R</div>
      <div class="time" id="clock"></div>
    </div>
  </div>
  <div class="left-menu">
    <div class="menu">
      <ul class="ul-list">
        <li class="first-item">公寓
          <span style="margin-left: 10px;"></span>
          <ul class="submenu">
            <li>普通公寓</li>
            <li>商务公寓</li>
            <li>酒店式公寓</li>
          </ul>
        </li>
        <li class="first-item">loft
          <span style="margin-left: 10px;"></span>
          <ul class="submenu">
            <li>简约风</li>
            <li>原木风</li>
            <li>工业风</li>
          </ul>
        </li>
      </ul>
    </div>
  </div>
  </div>
  </div>
</body>
```

2. 创建 JavaScript 文件

使用 VSCode 在 Project1 文件夹中创建 index.js 文件，通过外链式在 index.html 文件中引入该文件。

index.js 文件的示例代码如下所示。

```javascript
//轮播图
document.addEventListener('DOMContentLoaded', function( ) {
    const carousel = document.querySelector('.carousel');
    const images = document.querySelectorAll('.carousel-inner img');
    let currentIndex = 0;//用于保存轮播图的当前图片索引
    //轮播图的图片显示函数
    function showImage(index) {//
        images.forEach((image, i) => {
            image.style.opacity = i === index ? 1 : 0;
            //比较传递过来的索引与当前遍历到的图片索引是否一致
        });
    }
    //控制显示轮播图的下一张图片的函数
    function nextImage( ) {
        currentIndex = (currentIndex + 1) % images.length;
        showImage(currentIndex);//向图片显示函数传递当前图片索引
    }
    //控制显示轮播图的上一张图片的函数
    function previousImage( ) {
        currentIndex = (currentIndex - 1 + images.length) % images.length;
        showImage(currentIndex);
    }
    //自动播放
    setInterval(nextImage, 3000); // 每隔3秒调用一次轮播图的图片显示函数
    //监听控制按钮上的事件
    carousel.querySelector('.carousel-control-prev').addEventListener('click',
previousImage);
    carousel.querySelector('.carousel-control-next').addEventListener('click',
nextImage);
    //初始值为0，默认显示第一张图片
    showImage(currentIndex);
});
//菜单
document.querySelectorAll('.ul-list li').forEach(function (menuItem) {
    menuItem.addEventListener('mouseenter', function ( ) {
        //显示子菜单
        menuItem.querySelector('.submenu').style.display = 'block';
    });
    menuItem.addEventListener('mouseleave', function ( ) {
        //隐藏子菜单
        menuItem.querySelector('.submenu').style.display = 'none';
    });
```

```
});
//动态时间显示
function displayTime( ) {
    var currentTime = new Date( );
    var hours = currentTime.getHours( );
    var minutes = currentTime.getMinutes( );
    var seconds = currentTime.getSeconds( );
    //时间格式化
    hours = (hours < 10 ? "0" : "") + hours;
    minutes = (minutes < 10 ? "0" : "") + minutes;
    seconds = (seconds < 10 ? "0" : "") + seconds;
    var timeString = hours + ":" + minutes + ":" + seconds;
    //显示时间
    document.getElementById("clock").innerHTML = timeString;
    //每秒更新一次时间
    setInterval(displayTime,1000);
}
displayTime( );
```

项目小结

　　要实现本项目，需要从搭建 JavaScript 开发环境入手，确保拥有一个稳定、高效的开发环境；随后，结合 JavaScript 的基础语法与 DOM 模型，实现动态时间展示功能和二级菜单的显示与隐藏功能；同时，利用 JavaScript 的流程控制与数组操作，实现 Banner 图的自动轮播与手动轮播功能，提升网站的交互性和用户体验。

　　通过对本项目的学习，希望我们能够将所学知识应用到实际项目中，深入思考如何将所学技术应用于服务人民、服务社会、服务国家的实践中，为实现中华民族伟大复兴的中国梦贡献自己的力量。

课后习题

一、填空题

1. JavaScript 由 3 部分组成，分别为＿＿＿＿、＿＿＿＿、＿＿＿＿。
2. JavaScript 代码有 3 种引入方式，分别为＿＿＿＿、＿＿＿＿、＿＿＿＿。
3. 在 HTML5 标准中，<script>标签的 type 属性的默认值为＿＿＿＿。
4. 在 JavaScript 中，＿＿＿＿主要用于在浏览器中弹出一个警告框。
5. 在浏览器中打开控制台，需要按＿＿＿＿键或＿＿＿＿组合键。
6. 变量名不能是 JavaScript 的＿＿＿＿或＿＿＿＿。
7. JavaScript 的基本数据类型包括＿＿＿＿、＿＿＿＿、＿＿＿＿、＿＿＿＿与＿＿＿＿。

二、判断题

1. JavaScript 中的布尔值只有两个可选值：真值（true）和假值（false）。　　　（　　）

2. 声明一个变量，并未对其赋值，则其默认值为 null。　　　　　　　　　　（　　）

3. 使用 typeof 检测 null 的数据类型，其返回值为 null。　　　　　　　　　（　　）

4. 在 JavaScript 中，++a 与 a++的效果是相同的。　　　　　　　　　　　（　　）

5. 在 JavaScript 中，表达式 2=== " 2 " 的运算结果是 false。　　　　　　（　　）

6. 在 JavaScript 中，Math.abs(x)函数用于返回 x 的绝对值，无论 x 是正数、负数还是零。
　　　　　　　　　　　　　　　　　　　　　　　　　　　　　　　　　（　　）

7. 函数是由 function 关键字、函数名、参数和函数体 4 部分组成的。　　　（　　）

三、选择题

1. 在 JavaScript 中，代表"无定义"或"未赋值"的状态的是（　　）。
　　A. null　　　　　　　　　　　　B. undefined
　　C. NaN　　　　　　　　　　　　D. false

2. Math.round(4.7)的结果是（　　）。
　　A. 4　　　　　　B. 5　　　　　　C. 4.7　　　　　　D. 4.70

3. 在 JavaScript 中，concat( )方法的作用是（　　）。
　　A. 连接两个或多个数组，并返回一个新数组
　　B. 从数组中删除元素
　　C. 对数组进行排序
　　D. 查找数组中的元素

4. 在 DOM 操作中，以下用于获取文档中第一个具有指定类名元素的方法是（　　）。
　　A. getElementById( )　　　　　　B. getElementsByClassName( )
　　C. querySelector( )　　　　　　　D. getElementsByTagName( )

5. 在 JavaScript 中，以下用于获取元素开始标签和结束标签之间的 HTML 内容的属性是
（　　）
　　A. innerHTML　　　　　　　　　B. innerText
　　C. textContent　　　　　　　　　D. innerValue

四、简答题

1. 简述 JavaScript 中 innerHTML、innerText 和 textContent 属性之间的主要区别，并给出各自适用的场景。

2. 简述 JavaScript 中事件的三要素。

3. 简述外链式与内嵌式引入 JavaScript 代码的区别。

五、编程题

1. 使用外链式引入 JavaScript 代码，实现在页面中输出内容为"外链式引入的 JavaScript 代码"的文本。

2. 在 JavaScript 中定义一个函数，用于计算圆的面积与周长。

3. 在 JavaScript 中实现用户单击按钮时，指定 div 元素的背景颜色及形状由蓝色方形变为红色圆形。

4. 删除数组中的重复项，如数组['swim', 'walk', 'read', 'draw', 'read', 'walk', 'travel']，去重后的数组为['swim', 'walk', 'read', 'draw', 'travel']。

5. 实现一个简单的待办事项列表，使用户可以在表单中输入待办事项信息并添加到列表中，还可以通过单击列表中的待办事项，轻松实现对该事项的删除操作。

项目2
智慧公寓管理系统的服务器端数据处理

02

在智慧公寓管理系统的日常运营中，服务器端扮演着至关重要的角色。随着用户需求的日益增长和订单量的不断攀升，如何高效地处理并响应这些订单信息，成为提升系统性能和用户体验的关键所在。当用户单击导航菜单，期望立即看到最新的订单状态时，背后是服务器端如何迅速响应请求，精准提取数据，并将这些信息准确无误地传递给前端进行展示的复杂过程。在实际应用中，我们常常会遇到服务器端数据处理效率低下、响应延迟、数据错误等问题，这些问题不仅影响用户的操作体验，还可能对公寓的日常管理造成不便。为了有效解决这些问题，我们需要深入学习和掌握服务器端数据处理的核心技术，确保系统能够稳定、高效地运行。

本项目正是基于此背景应运而生，旨在通过实战的方式，引导我们学习并掌握如何运用现代 Web 开发技术，特别是 Node.js 开发环境、模块化编程思想、Axios 请求工具以及 Express 框架的路由分发机制，实现从服务器端动态获取并渲染智慧公寓管理系统的订单信息。

项目目标

在深入探索 Web 开发的过程中，掌握 Node.js 开发环境及其相关技术栈无疑是为未来之路铺设坚实基石的关键一步。

知识目标
- 了解 Node.js 的发展历程与必要性。
- 理解 CommonJS 的开发规范。
- 了解 Node.js 的第三方模块。
- 了解 AJAX 与 Axios 的概念及区别。
- 掌握 Express 路由与中间件。

2-1 项目目标

技能目标
- 能够熟练下载与安装 Node.js，并启动 Node.js 应用程序。
- 能够利用 Node.js 核心模块实现文件读写、网络请求、路径处理等功能。
- 能够下载并安装 Postman，熟悉其用户界面和基本功能。
- 能够使用 Postman 测试应用程序接口（Application Program Interface，API）并验证响应结果。
- 能利用 Node.js 的第三方模块进行模块化编程。
- 能够使用 Axios 发起请求。
- 能够安装并使用 Express 创建 Express 项目，使用 Express 路由与中间件实现路由分发和请求处理逻辑。

素质目标

- 培养学生的技术理解与应用能力，使学生形成对 Node.js 技术栈的全面认识。
- 增强学生的实践操作能力，提升学生的动手能力和问题解决能力。
- 提升学生的技术探索能力与自主学习能力，鼓励学生主动了解 Node.js 的第三方模块，拓宽技术视野，增强对新技术的敏锐度和适应能力。
- 深入领会模块化编程的思想，培养学生的模块化编程能力。

效果展示

本项目要求实现从服务器端获取智慧公寓管理系统的订单信息并渲染到订单页面中。该页面由导航菜单和内容列表区域组成，导航菜单由"待完成订单""已完成订单""待评价订单"3 个菜单项组成。在深入探索智慧公寓管理系统的服务器端数据处理过程中，特别是当用户与系统进行交互时，需要通过 Axios 工具自动向服务器发起请求，并借助 Express 框架的路由分发机制准确处理这些请求，将对应的订单信息或订单详情数据返回给前端进行渲染。在这个过程中，将涉及如何搭建 Node.js 开发环境、Node.js 的模块化开发思想，以及如何使用 Axios 进行高效的请求操作。订单信息页面效果如图 2-1 所示。

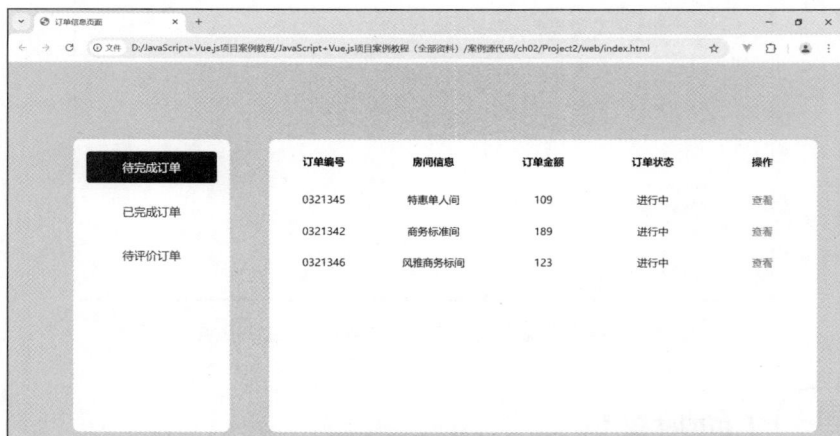

图 2-1　订单信息页面效果

为实现智慧公寓管理系统的服务器端数据处理，将该项目所需的知识点拆分至两个需要实现的目标任务中。在实现目标任务的过程中，我们将逐步掌握搭建 Node.js 开发环境、模块化开发、使用 Postman 测试服务器接口、使用 Axios 发起请求实现前后端交互与使用 Express 框架搭建服务器等知识，最终实现智慧公寓管理系统的服务器端数据处理。同时，在这一过程中，我们应积极关注技术对社会的影响，积极探索如何运用技术为社会创造更大的价值。

任务 2.1　搭建 Node.js 开发环境并实现模块化开发

【任务概述】

在快速迭代的 Web 开发领域，Node.js 凭借其高效的后端处理能力成为众多开发者的首选工具。为了进一步提升开发效率和项目质量，本任务将深入实践 Node.js 的模块化开发。

本任务要求搭建一个完备的 Node.js 开发环境，遵循 CommonJS 这一广泛应用的 JavaScript 模块规范，介绍如何在 JavaScript 文件中引入和管理所需模块。完成这些基础设置后，我们将使用 Node.js 开发环境的 http 模块创建一个简单的超文本传输协议（Hypertext Transfer Protocol，HTTP）服务器。该服务器不仅仅是一个静态资源的托管者，将通过与文件系统模块的协作，模拟一个 API 的功能。具体而言，服务器接收请求，读取本地的一个遵循 JavaScript 对象表示法格式（JavaScript Object Notation，JSON）的文件，并将该文件的内容作为响应返回给客户端。这一过程不仅是对 Node.js 核心模块应用能力的锻炼，也是模块化开发理念在实战中的一次生动展现，具体页面效果如图 2-2 所示。

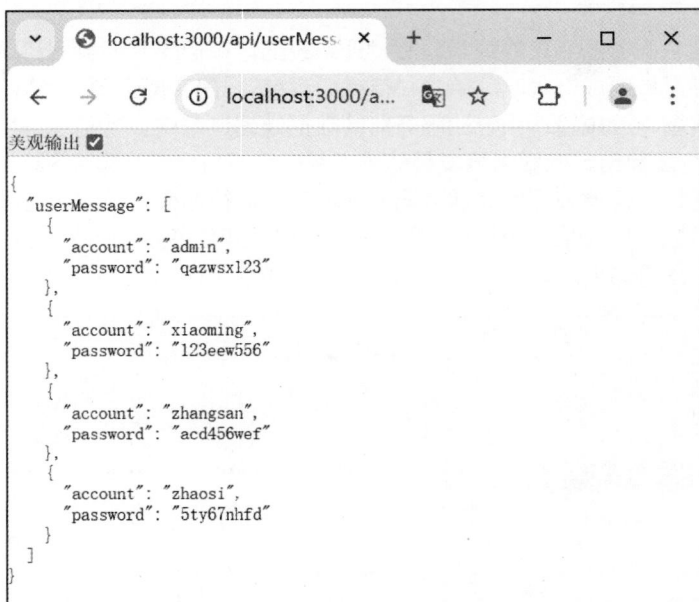

图 2-2　HTTP 服务器模拟 API 请求本地数据的页面效果

【知识储备】

2.1.1　初识 Node.js

Node.js 是一个开源、跨平台的 JavaScript 运行环境，基于 Chrome V8 引擎，使得 JavaScript 能够在服务器端运行。Node.js 的出现打破了 JavaScript 只能用于前端开发的局限性，使得我们可以使用同一种编程语言来编写前端和后端代码，从而提高了开发效率和代码复用性。

1. Node.js 的发展历程

Node.js 的发展历程丰富多彩，充满了创新与突破。

2009 年 3 月，瑞安·达尔（Ryan Dahl）宣布了他的计划，即用 Google 的 V8 引擎来创建一个轻量级的 Web 服务器。仅仅两个月后，即 2009 年 5 月，瑞安·达尔就在 GitHub 上发布了 Node.js 的最初版本，标志着这一项目的正式诞生。

随着 Node.js 的逐渐成熟和普及，其在 2011 年 7 月迎来了一个重要的里程碑——在微软公司的支持下，Node.js 发布了其 Windows 版本，实现了跨平台运行的目标。这一举措极大地拓宽了 Node.js 的应用范围，吸引了更多的开发者加入其中。同年 11 月，Node.js 在 GitHub 上受到的关注度超过了 Ruby on Rails，成为极受开发者关注的项目之一。这一成就不仅证明了 Node.js 的强大实力，也预示着其将在未来的 Web 开发领域发挥越来越重要的作用。

到了 2012 年，Node.js 发布了 V0.8.0 稳定版本。这一版本提供了更加稳定、可靠的运行环境，进一步推动了 Node.js 的广泛应用。

2015 年是 Node.js 发展历程中的又一个重要年份。在这一年，Node.js 基金会正式成立，标志着 Node.js 社区进入了一个更加规范、有序的发展阶段。

2016 年，Node.js V7.0 版本发布，该版本支持 99% 的 ES6 特性，使得我们能够更加方便地使用最新的 JavaScript 语法和功能来编写高效、简洁的代码。这一举措进一步提升了 Node.js 的开发效率和用户体验，使其成为 Web 开发领域的佼佼者。

2. Node.js 的必要性

Node.js 的必要性主要体现在以下几个方面。

（1）全栈开发

Node.js 允许使用同一种编程语言，即 JavaScript，进行前端和后端的开发。这种全栈开发模式极大地提高了开发效率，减少了在不同编程语言之间切换的成本。同时，由于前端和后端使用同一种语言，也更容易实现代码复用和维护。

（2）高并发处理能力

Node.js 基于事件驱动和非阻塞 I/O 模型，可以处理大量的并发连接，而不会像传统的服务器那样因为阻塞 I/O 而导致性能下降。这使得 Node.js 非常适合构建实时、高并发的 Web 应用程序，如聊天室、在线游戏等。

（3）实时通信

Node.js 的异步非阻塞特性使其在处理实时数据流时具有天然的优势。通过 WebSocket 等技术，Node.js 可以实现实时双向通信，为用户带来更加流畅、及时的交互体验。

（4）社区和生态系统

Node.js 拥有庞大的社区和生态系统，提供了大量的第三方库和工具供用户使用。这些库和工具涵盖了从数据库访问、Web 框架、模板引擎到测试、部署等各个方面，极大地提升和丰富了 Node.js 的开发能力和应用场景。

（5）跨平台性

Node.js 可以在多个操作系统上运行，包括 Windows、macOS 和 Linux 等主流操作系统。这使得用户可以在不同的平台上开发和部署应用程序，提高了应用程序的移植性和可扩展性。

（6）性能优化

Node.js 使用 V8 引擎作为 JavaScript 的运行环境。V8 引擎具有高效的执行效率和低内存占用优势，这使得 Node.js 在处理大量数据和计算密集型任务时能够保持较高的性能。

（7）与前端技术栈的协同

由于 Node.js 使用 JavaScript 作为开发语言，其可以与前端技术栈（如 React、Angular、Vue 等）无缝集成。这使得前端和后端开发可以更加紧密地协作，提高了开发效率和代码质量。

总而言之，Node.js 的必要性在于其全栈开发能力、高并发处理能力、实时通信支持、庞大的社区和生态系统、跨平台性、性能优化以及与前端技术栈的协同能力等方面。这些特性使得 Node.js 成为现代 Web 开发中不可或缺的一部分。

2.1.2　Node.js 环境搭建

Node.js 作为 JavaScript 在服务器端的延伸，为开发者打开了一扇全新的大门。为使用 Node.js，首先需要搭建一个 Node.js 开发环境，包括下载与安装 Node.js，以及熟悉其内置的 node 包管理器（Node Package Manager，NPM）。

1. Node.js 的下载与安装

Node.js 可以在多个不同平台稳定运行，并且具有良好的兼容性。但是，Node.js 安装在不同操作系统中的方法并不完全一致，接下来介绍如何在各个操作系统中安装 Node.js。

（1）在 Windows 操作系统中安装 Node.js

Node.js 发布了众多版本，本书主要以 Node 22.13.0 版本为例进行讲解。

① 打开 Node.js 中文官网，在下载模块中找到 Node.js 的"Windows 安装包"下载链接，如图 2-3 所示。

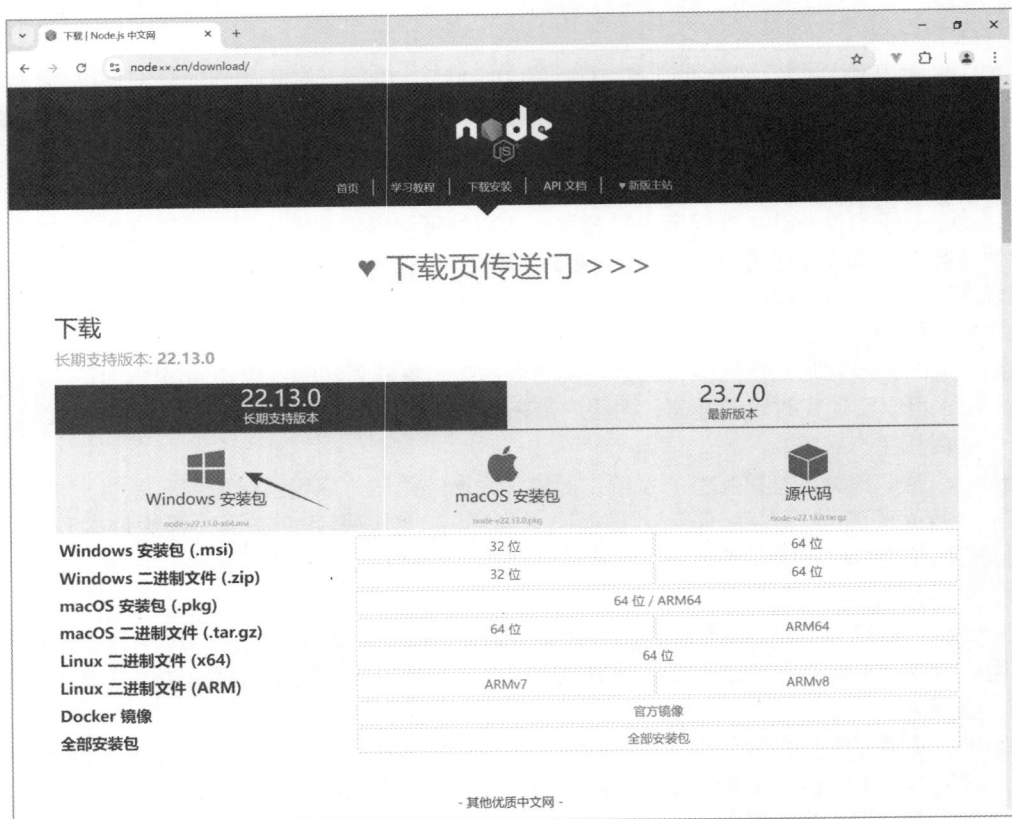

图 2-3　Node.js 的"Windows 安装包"下载链接

② 单击图 2-3 中的"Windows 安装包"超链接，下载的安装包为 node-v22.13.0-x64.msi。双击该安装包，进入安装向导界面，在该页面中连续单击"Next"按钮并选中安装协议，等待安装进度条读取完成，即可完成 Node.js 的安装，安装完成的界面如图 2-4 所示。

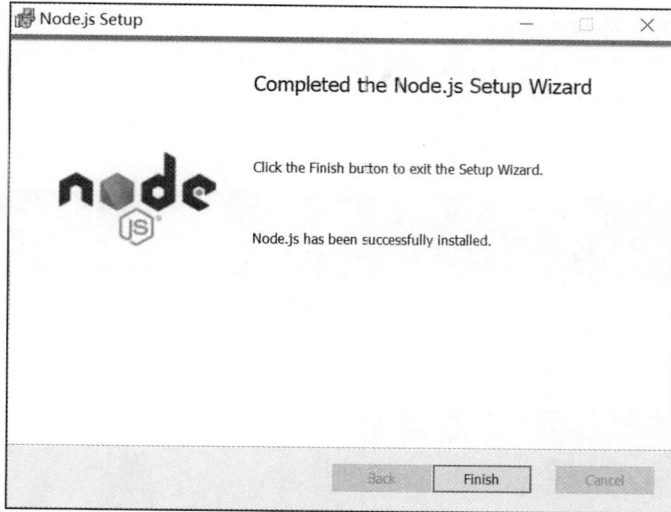

图 2-4　Node.js 安装完成界面

③ 完成 Node.js 的安装后，需要检查 Node.js 是否安装成功。按 Windows+R 组合键，弹出"运行"对话框，如图 2-5 所示，在"打开"文本框中输入"cmd"。

④ 单击"确定"按钮，在命令行界面中输入"node -v"命令，按 Enter 键。若出现 Node 对应的版本号，则说明 Node 安装成功，如图 2-6 所示。

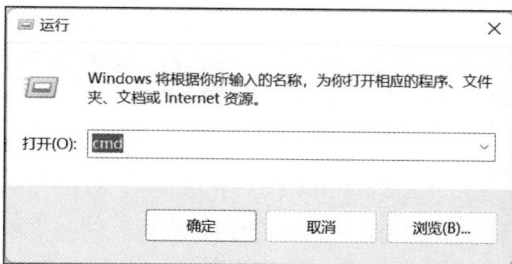

图 2-5　"运行"对话框

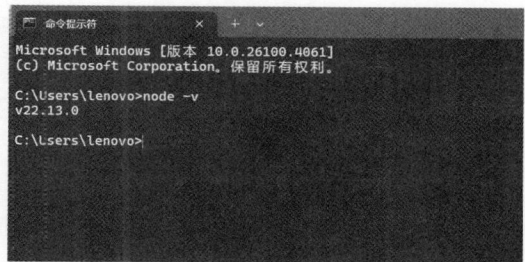

图 2-6　检查 Node 版本

（2）在 Linux 操作系统中安装 Node.js

Node.js 当前仍处于快速发展阶段，其发布更新的频率显著高于大多数 Linux 发行版的维护周期，因此直接通过 Linux 发行版官方的软件包管理器获取的 Node.js 版本可能会相对滞后。即便如此，对于寻求稳定版本的用户而言，仍可以通过各自的 Linux 发行版的包管理器来获取一个稳定的 Node.js 版本。不同 Linux 发行版的用户可参考表 2-1 中提供的相应命令进行安装。

表 2-1　在 Linux 发行版中获取 Node.js

Linux 发行版	命令
Debian/Ubuntu	apt-get install nodejs
Fedora/RHEL/CentOS/Scientific Linux	yum install nodejs
openSUSE	zypper install nodejs
Arch Linux	pacman -S nodejs

（3）在 macOS X 上安装 Node.js

Node.js 官方专门提供了 macOS X 的安装包，可以打开 Node.js 中文官网，找到"macOS 安装包"的下载链接，如图 2-7 所示。

图 2-7　macOS X 的下载链接

单击该链接，选择合适版本的安装包下载，并根据提示进行安装。安装完成后，安装程序会自动将 Node.js 添加到系统路径（通常是/usr/local/bin）中。

2. 启动 Node.js 应用程序

启动 Node.js 应用程序有两种方式，一种方式是通过命令行直接运行 JavaScript 文件，另一种方式是通过文本编辑器（如 VSCode、Sublime Text 等）运行 JavaScript 文件。这些文本编辑器通常内置了 Node.js 的运行环境，可以直接在其中打开 JavaScript 文件并运行。

（1）通过命令行运行 JavaScript 文件

在 ch02 目录下新建一个 Example2-1.js 文件，文件内容如下所示。

```
console.log('Hello Node.js!')
```

进入 ch02 目录，通过"node 文件名.js"命令运行 JavaScript 文件，示例代码如下所示。

```
node Example2-1.js
```

当使用 node 命令运行 Example2-1.js 文件时，Node.js 引擎会运行该文件中的 JavaScript 代码，并输出到命令行界面，输出结果如图 2-8 所示。

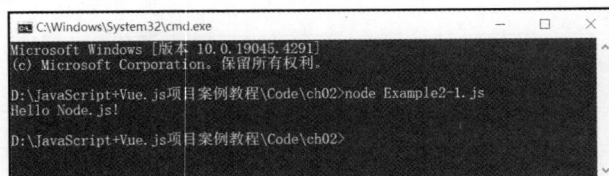

图 2-8　通过命令行运行 JavaScript 文件的输出结果

（2）通过文本编辑器运行 JavaScript 文件

本书选择了 VSCode 作为开发工具，因此接下来介绍如何在 VSCode 中运行 JavaScript 代码。在 VSCode 中新建一个 Example2-1.js 文件，右击该文件，在弹出的快捷菜单中选择"在集成终端中打开"命令，如图 2-9 所示，即可打开集成终端。在集成终端中执行"node Example2-1.js"命令，即可实现在 VSCode 中运行 JavaScript 代码。

图 2-9　在集成终端打开并运行 JavaScript 文件

3. NPM

NPM 是随着 Node.js 一起安装的包管理工具，是 Node.js 包的标准发布平台，用于 Node.js 包的发布、传播、依赖控制等操作。NPM 提供了命令行工具，我们可以使用命令行工具方便地下载、安装、升级、删除包，也可以将自己开发的 Node.js 项目包发布至 NPM 服务器。

接下来介绍 NPM 的常用命令。

（1）npm init

npm init 是 Node.js 项目中用于初始化一个新项目或已有项目的命令，其会引导用户创建一个 package.json 文件。当执行"npm init"命令后，命令行界面会出现一系列的询问提示，按 Enter 键即可进行下一步操作。也可以使用-y（表示 yes）、-f（表示 force）命令跳过询问环节，直接生成一个新的 package.json 文件。npm init 命令的语法格式如下所示。

```
npm init -y
npm init -f
```

（2）npm install

npm install 命令用于安装项目所需的依赖包，语法格式如下所示。

```
npm [install/i] [package_name]
```

在上述语法格式中，i 是 install 的简写方式，[package_name]是依赖包的名称。

npm 默认会从 NPM 官方服务器搜索、下载指定包，并将对应的包安装到 node_modules 目录下。使用"npm install"命令安装包时，不带-g 参数的命令表示本地安装，包会安装到当前项目的 node_modules 目录内；也可以使用带-g 参数的命令实现全局安装，包会安装在全局环境中，语法格式如下所示。

```
npm [install/i] [package_name]
#本地安装
```

```
$ npm install <package_name>
#全局安装
sudo npm install -global <package_name>
sudo npm install -g <package_name>
```

此外，还可以通过 npm install <package_name>@<version>命令指定安装某个版本的依赖包。

（3）npm list

npm list 命令用于查看已安装的依赖包及其版本信息，语法格式如下所示。

```
npm list
```

（4）npm uninstall

npm uninstall 命令用于卸载项目中不需要的依赖包，语法格式如下所示。

```
npm uninstall <package_name>
```

（5）npm run

npm run 命令是 NPM 提供的一个用于运行 package.json 文件中 scripts 字段定义的脚本命令的工具。使用"npm run"命令，可以方便地执行项目中的各种任务，如启动开发服务器、运行测试、构建项目等。

在 package.json 文件中，scripts 字段是一个对象，它的属性是脚本命令的名称，属性值则是要在命令行界面中执行的命令字符串。

例如，一个典型的 package.json 文件中的 scripts 部分如下所示。

```
{
  "name": "my-project",
  "version": "1.0.0",
  "scripts": {
    "start": "node index.js",
    "test": "mocha tests/"
  },
  "dependencies": {  //…依赖列表  },
  "devDependencies": {  //…开发依赖列表  }
}
```

npm run 命令如果不加任何参数直接运行，会列出 package.json 中所有的可执行脚本命令。在上述代码中，npm 内置了两个命令简写，npm test 等同于执行了"npm run test"命令，npm start 等同于执行了"npm run start"命令。

总的来说，NPM 是一个功能强大且易于使用的包管理工具，为用户提供了极大的便利。

2.1.3　模块化开发

在 Node.js 中，模块化开发是构建健壮、可维护和可扩展应用程序的基石。模块化不仅仅是一种编码习惯，更是一种设计哲学，能够将复杂的系统拆分成一系列功能明确、职责单一的独立单元，这些单元称为模块。

1. CommonJS 规范

CommonJS 规范的提出，主要是为了解决 JavaScript 在模块化方面存在的一些问题。

CommonJS 规范通过定义处理许多常见应用程序需求的 API 来填补这一空白。CommonJS 提供了模块化的支持，允许将代码分割成多个模块，进而提高代码的可维护性和可重用性。

CommonJS 规范为 JavaScript 的模块化开发提供了明确的指导，其核心内容主要分为 3 个关键部分，即模块导入、模块导出和模块标识。

（1）模块导入

在 CommonJS 中，模块导入主要通过 require( )方法实现。require( )方法的语法格式如下所示。

```
var moduleName = require('module-identifier');
```

在上述语法格式中，module-identifier 是需要加载的模块的标识符。module-identifier 可以是一个文件路径（可以是相对路径或绝对路径），也可以是一个在 node_modules 目录中安装的 npm 包的名称，示例代码如下所示。

```
//加载并导入一个文件路径（自定义模块）
var myModule = require('./myModule');
//加载并导入一个npm包
var express = require('express');
```

require( )方法会查找并加载指定的模块，并返回该模块导出的内容。

（2）模块导出

在模块文件中提供了一个 exports 对象，用于导出当前模块的方法或者变量，并且其是唯一导出的出口。模块中存在一个代表模块自身的 module 对象，exports 是 module 的属性。在 Node 中，一个文件就是一个模块，将方法作为属性挂载在 exports 对象上即可定义模块导出的方式。

在 Node.js 中定义并导出模块的语法格式如下所示。

```
//module.exports方式
function 方法名1( ){};
module.exports = 方法名;                    //导出方法
//exports对象方式
exports.方法名= function( ) {  };           //定义并导出方法
```

（3）模块标识

简单来说，模块标识就是传递给 require( )方法的参数，其必须是符合小驼峰命名的字符串，或者是以 "." 或 ".." 开头的相对路径或绝对路径。文件名可以没有 ".js" 扩展名。模块的定义十分简单，接口也十分简洁。模块的意义在于将类聚的方法和变量等限定在私有的作用域中，同时支持引入和导出功能，以顺畅地连接上下游依赖。CommonJS 构建的这套模块导出和引入机制使得用户完全不必考虑变量污染等问题。

接下来通过案例演示模块的导入与导出。使用 exports 对象在 add.js 文件中导出一个自定义的求和函数，并使用 require( )方法在 Example2-2.js 文件中引入该求和函数，具体代码如例 2-1 所示。

【例 2-1】使用 exports 对象实现模块的导入与导出。

```
//add.js文件
function sum(a,b){
    return a+b;
}
module.exports=sum;                        //使用module.exports对象导出求和函数
```

65

```
//Example2-2.js文件
var sumFn=require('./add');          //引入add.js文件中的求和函数
console.log(sumFn(1,1)) ;
```

在 VSCode 的集成终端中执行"node Example2-2.js"命令后，输出结果为"2"。

2. Node.js 核心模块

Node.js 核心模块（Core Modules，也称为系统模块）是 Node.js 运行时环境自带的一系列内置模块。这些模块提供了丰富的 API，使得用户能够方便地完成网络编程、文件操作、加密解密、流数据处理、操作系统交互等各种常见的开发任务。接下来介绍 Node.js 核心模块中常用的 fs 模块、http 模块、path 模块和 url 模块。

（1）fs 模块

fs 模块是 Node.js 中用于与本地文件系统进行交互的核心模块之一，也被称为文件系统模块。fs 模块提供了大量的 API，允许在服务器端环境中读取、写入、更新、删除文件以及操作目录。通过使用 fs 模块，可以执行如读取文件内容、创建新文件、修改文件权限等常见的文件系统操作。

① fs 模块的语法格式。

在 Node.js 中使用 fs 模块，首先需要使用 require( )方法引入 fs 模块，再调用 fs 模块提供的各种方法来实现文件系统操作。

在 Node.js 中使用 fs 模块的语法格式如下所示。

```
const fs = require('fs');
//调用fs模块的方法
fs.readFile(path[, options], callback);          //读取文件的内容
```

在上述语法格式中，fs.readFile( )方法接收 3 个参数，即 path、options 和 callback。path 是一个字符串，表示要读取的文件的路径。path 可以是一个相对路径，也可以是一个绝对路径，指向目标文件。options 是一个可选参数，用于指定读取文件时的选项。当 options 为字符串类型时，可用于指定文件的字符编码，如 utf8、ascii、base64 或 hex；当 options 为对象类型时，可以包含 encoding（字符编码）和 flag（文件打开模式）两个属性。callback 是一个回调函数，在文件读取完成后被调用。该函数接收 err 和 data 参数。err 是一个错误对象，如果在读取文件的过程中发生错误，则包含错误信息；如果读取文件操作成功，则 err 为 null。data 是文件的内容，其类型取决于 options 中的 encoding 设置。

② fs 模块的常用方法。

fs 模块中常用的文件操作方法及描述如表 2-2 所示。

表 2-2　fs 模块中常用的文件操作方法及描述

方法	描述
fs.stat(path[, options], callback)	用于获取文件或目录的详细信息（元数据），如文件类型、大小、权限、创建时间等
fs.readFile(path[, options], callback)	用于读取文件内容
fs.writeFile(file, data[, options], callback)	用于将数据写入指定文件。如果文件已存在，其内容将被新写入的数据覆盖；如果文件不存在，则创建该文件并写入数据
fs.appendFile(file, data[, options], callback)	用于将数据追加到指定文件的末尾。如果文件已存在，则新数据将被添加到文件的现有内容之后；如果文件不存在，则该函数将创建一个新文件并将数据写入其中

方法	描述
fs.rename(oldPath, newPath, callback)	用于重命名文件或目录
fs.unlink(path, callback)	用于删除文件
fs.readdir(path[, options], callback)	用于读取目录的内容，并返回一个包含目录中文件和子目录名称的数组
fs.mkdir(path[, options], callback)	用于创建目录
fs.rmdir(path[, options], callback)	用于删除空目录。如果目录中存在文件，则无法删除目录

接下来通过案例演示 fs 模块中 stat( )方法、mkdir( )方法与 writeFile( )方法的使用方法。在 Example2-3 文件夹下创建一个 FsModule.js 文件与 html 目录，使用 stat( )方法获取 html 目录元信息，使用 mkdir( )方法创建一个 css 目录，使用 writeFile( )方法在 html 目录下创建并写入 index.html 文件，具体代码如例 2-2 所示。

【例 2-2】使用 fs 模块的常用方法实现文件操作。

```javascript
const fs = require('fs');                    //引入fs模块
//1.使用fs.stat获取文件或目录的详细信息
fs.stat('./html',(err,data) => {             //获取html目录的元信息
    if(err){console.log(err);}
    console.log('html是文件: ${data.isFile( )}');
    console.log('html是目录: ${data.isDirectory( )}');
})
//2.使用fs.mkdir 创建目录
fs.mkdir("./css",err => {
//创建css目录。当css目录不存在时，创建一个css目录；当css目录存在时，报错
    if(err){
        console.log(err);
        return;
    }
    console.log("CSS目录创建成功");
})
//3.使用fs.writeFile 创建并写入文件
 fs.writeFile("./html/index.html","你好nodejs",err => {
//在html目录创建并写入index.html文件，写入的内容是"你好nodejs"
    if(err){
        console.log(err);
        return;
    }
    console.log("index.html文件写入成功");
})
```

在 VSCode 的集成终端中执行"node FsModule.js"命令，文件操作的输出结果如图 2-10 所示。

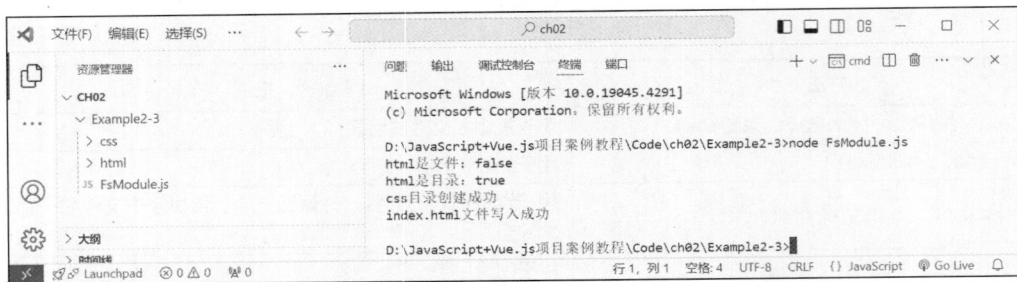

图 2-10　fs 模块文件操作的输出结果

（2）http 模块

http 模块是 Node.js 中的核心模块之一，主要用于创建服务器和处理 HTTP 协议的请求与响应。http 模块封装了 HTTP 服务器和 HTTP 客户端的功能，使得用户可以方便地在 Node.js 中处理 HTTP 请求和响应。

接下来通过案例演示如何在 Node.js 中使用 http 模块创建一个简单的 HTTP 服务器，具体代码如例 2-3 所示。

【例 2-3】创建一个 HTTP 服务器。

```
var http = require('http');                                        //引入http模块
var server = http.createServer(function(req, res) {                //创建HTTP服务器
    res.writeHead(200, {'Content-Type': 'text/plain'});            //设置状态码和响应头
    res.end('Hello World\n');                                      //发送响应体
});
server.listen(8080);                                               //让服务器监听8080端口
console.log('Server running at http://localhost:8080/');
```

上述代码创建了一个简单的 HTTP 服务器，该服务器监听 8080 端口，并在接收到任何请求时返回一个纯文本的"Hello World"响应。下面将详细介绍上述代码中用到的 http 模块的方法。

① http.createServer( )方法。

http.createServer( )方法用于创建一个 HTTP 服务器。该方法接收一个回调函数作为参数，该回调函数将在每次有新的 HTTP 请求到达时被调用。该方法的回调函数有两个参数，即 req（请求对象）与 res（响应对象）。req 包含客户端发送到服务器的 HTTP 请求的详细信息，如 URL、请求头、请求方法等；res 用于向客户端发送 HTTP 响应，可以使用它来设置响应头、状态码和发送响应体。

② res.writeHead( )方法。

res.writeHead( )方法用来设置 HTTP 响应的状态码和响应头。在上述代码中，状态码被设置为 200，并且设置了一个响应头 Content-Type，其值为 text/plain，表示响应体是纯文本格式。

③ res.end( )方法。

res.end( )方法用于发送 HTTP 响应的响应体，并结束响应。在上述代码中，响应体是一个简单的字符串'Hello World\n'。调用 res.end( )方法之后，服务器将关闭与客户端的连接。

④ server.listen( )方法。

server.listen( )方法用于告知服务器监听哪个端口上的连接。在上述代码中，服务器监听的端口为 8080。

在 VSCode 的集成终端执行"node Example2-4.js"命令，启动已创建的 HTTP 服务器，

在浏览器的地址栏中输入"http://localhost:8080/",即可通过浏览器客户端的方式访问该 HTTP 服务器,页面显示效果如图 2-11 所示。

（3）path 模块

Node.js 的 path 模块是一个内置模块,主要用于处理文件和目录的路径。path 模块提供了一系列方法和属性,以满足用户对路径处理的各种需求。path 模块在处理文件系统的相关操作时非常有用,因为其可以确保跨平台的路径处理的一致性。

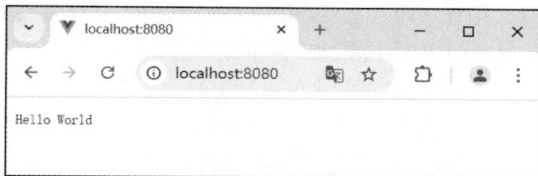

图 2-11　通过浏览器访问 HTTP 服务器的显示效果

在 Node.js 中,所有的内置模块都需要使用 require( ) 函数进行导入,语法格式如下所示。

```
const path = require('path');
```

path 模块提供了 path.join( )、path.resolve( )、path.dirname( )、path.basename( )、path.parse( ) 等方法,用于满足用户对路径处理的各种需求。接下来详细介绍 path 模块中常用的 path.join( ) 与 path.resolve( ) 方法。

① path.join( ) 方法。

path.join( ) 方法用于连接所有给定的 path 片段,并在需要时插入目录分隔符。path.join( ) 方法不会解析路径或检查路径是否存在。path.join( ) 方法的示例代码如下所示。

```
const path = require('path');
let fullPath = path.join('/foo', 'bar', 'baz/asdf');
console.log(fullPath);            //输出: \foo\bar\baz\asdf
```

需要注意,path.join( ) 方法会自动处理多余的斜杠,并且使用当前系统的路径分隔符（在 Windows 操作系统中是"\",在 UNIX/Linux 操作系统中是"/"）。

② path.resolve( ) 方法。

path.resolve( ) 方法将一系列路径片段解析为绝对路径。如果路径片段已经是绝对路径,那么其会被用作基准路径;如果路径片段的序列为空,那么会返回当前工作目录的绝对路径。path.resolve( ) 方法的示例代码如下所示。

```
const path = require('path');
let relativePath = './images/cat.jpg';
let absolutePath = path.resolve(__dirname,relativePath);
console.log(absolutePath);            //输出: 当前工作目录/images/cat.jpg
```

需要注意,__dirname 是一个全局变量,表示当前执行脚本所在的目录的绝对路径。

（4）url 模块

Node.js 的 url 模块是核心模块之一,主要用于处理和解析 URL。url 模块提供了一系列函数和方法,使得用户能够方便地操作 URL。

① url 模块的组成。

url 模块主要由协议、域名、端口、路径和查询参数组成。并非所有 url 模块都必须包含上述所有部分。例如,一些 url 模块可能只包含协议、域名和路径,而不包含端口或查询参数。

接下来以一个简单的 URL 地址为例,介绍 url 模块组成部分,示例代码如下所示。

```
https://www.example.com/search?keyword=apple&page=1
```

在上述代码中,"https"指的是协议,"www.example.com"是域名,"/search"是路径,

"?keyword=apple&page=1"是查询参数。这个 URL 地址表示的是一个通过 HTTPS 协议访问的、位于 www.example.com 域名下的 search 页面，并带有两个查询参数 keyword 和 page，分别用于指定搜索关键词和要显示的页码。

② url 模块的导入。

在 Node.js 中，需要使用 require( )函数导入 url 模块，语法格式如下所示。

```
const url= require('url');
```

③ url 模块的常用方法。

url 模块提供了几个常用方法，用于处理 URL 地址，包括 url.parse( )、url.format( )和 url.resolve( )方法。

a．url.parse(urlString[, parseQueryString[, slashesDenoteHost]])。url.parse( )方法将 URL 字符串解析为一个 URL 对象。其中，urlString 是要解析的 URL 字符串；可选参数 parseQueryString 的默认值为 false，如果设置为 true，则查询字符串会被解析为一个对象；slashesDenoteHost 的默认值为 false，如果设置为 true，则允许使用 "//foo/bar" 形式的 URL。

b．url.format(URLObject)。url.format( )方法可以将一个 URL 对象转换为一个 URL 字符串。

c．url.resolve(from, to)。url.resolve( )方法将 to 添加到 from 后，类似于浏览器中的解析 URL 的相对路径，即对传入的两个参数用 "/" 符号进行拼接。

接下来通过案例演示如何使用 url.parse( )方法与 url.format( )方法处理 URL，具体代码如例 2-4 所示。

【例 2-4】 使用 url 模块的方法处理 URL 地址。

```
const url = require('url');
//使用url.parse( )方法解析URL
const parsedUrl = url.parse('https://www.example.com/path?query=123', true);
console.log(parsedUrl.protocol);        //输出: https:
console.log(parsedUrl.host);            //输出: www.example.com
console.log(parsedUrl.pathname);        //输出: /path
console.log(parsedUrl.query);           //输出: { query: '123' }
const formattedUrl = url.format({       //使用url.format( )方法将URL对象转换为字符串
  protocol: 'https:',
  host: 'www.example.com',
  pathname: '/path',
  search: '?query=123'
});
console.log(formattedUrl);
```

在 VSCode 的集成终端执行 "node Example2-5.js" 命令，url 模块处理 URL 的输出结果如图 2-12 所示。

```
D:\JavaScript+Vue.js项目案例教程\Code\ch02>node Example2-5.js
https:
www.example.com
/path
[Object: null prototype] { query: '123' }
https://www.example.com/path?query=123

D:\JavaScript+Vue.js项目案例教程\Code\ch02>
```

图 2-12　url 模块处理 URL 的输出结果

3. Node.js 的第三方模块

简单来说，Node.js 的第三方模块就是他人写好的、具有特定功能的、能直接使用的模块。这些模块提供了各种功能和工具，可使开发更加高效和灵活。以下是一些常用的 Node.js 的第三方模块。

（1）Express

Express 是一个快速、无开销的 Web 应用框架，用于构建 Web 应用程序和 API。Express 提供了许多中间件和路由功能，可使 Web 开发更加简单和高效。可以使用 npm install express 命令安装 Express。本书将在后续内容中对 Express 进行详细介绍。

（2）Axios

Axios 是一个基于 Promise 的 HTTP 客户端，常用于浏览器和 Node.js 环境。Axios 支持 Promise API、拦截请求和响应、转换请求和响应数据等功能，是发送 HTTP 请求的首选库之一。可以使用 npm install axios 命令安装 Axios，本书将在后续内容中对 Axios 进行详细介绍。

（3）跨域资源共享

跨域资源共享（Cross-Origin Resource Sharing，Cors）是一个解决跨域问题的 Node.js 中间件。当开发涉及不同源（协议、域名或端口）的 Web 应用程序时，Cors 允许客户端在浏览器中向服务器发送跨域请求。可以使用 "npm install cors" 命令安装 Cors。

在 Node.js 社区中，这些模块是被广泛使用的，它们为开发人员提供了许多实用的功能和工具，使得 Web 应用程序的开发更加高效和便捷。当然，还有许多其他的第三方模块可供选择，具体取决于项目的需求和开发人员的偏好。前端技术仍在不断推陈出新，我们要培养自身的主动学习意识和对终身学习的认同感，主动学习和掌握新模块、新技术。

【任务实施】

要实现本任务，需要在 ch02 文件夹中创建一个 Example2-6 文件夹，并在该文件夹中依次创建 userMessage.json 与 server.js 文件。

1. 创建 JSON 文件

使用 VSCode 创建一个 userMessage.json 文件，在该文件中存储用户的账户信息。在本任务中该文件作为服务器所请求的本地数据源存在，具体代码如例 2-5 所示。

【例 2-5】使用 HTTP 服务器模拟 API 请求本地数据。

userMessage.json 文件的示例代码如下所示。

```
{
  "userMessage": [
    {
      "account": "admin",
      "password": "qazwsx123"
    },
    {
      "account": "xiaoming",
      "password": "123eew556"
    },
    {
      "account": "zhangsan",
```

```
      "password": "acd456wef"
    },
    {
      "account": "zhaosi",
      "password": "5ty67nhfd"
    }
  ]
}
```

2. 创建 JavaScript 文件

使用 VSCode 创建 server.js 文件，在该文件中导入 http 模块与 fs 模块，搭建一个 HTTP 服务器。在该服务器中设置指定的接口路径为 "/api/userMessage"，当请求的 URL 路径与接口路径一致时，允许读取本地数据。

server.js 文件的示例代码如下所示。

```
const http = require('http');
const fs = require('fs');
const server = http.createServer((req, res) => {
    //检查请求的URL路径
    if (req.url === '/api/userMessage') {
        //读取本地数据
        fs.readFile('./userMessage.json', 'utf8', (err, data) => {
            if (err) {
                //如果读取文件时发生错误，则返回500错误
                res.writeHead(500);
                res.end('Server Error');
                return;
            }
            //否则，将数据作为JSON响应返回
            res.writeHead(200, { 'Content-Type': 'application/json' });
            res.end(data.toString( ));
        });
    } else {
        //如果请求的URL路径不匹配，则返回404错误
        res.writeHead(404);
        res.end('Not Found');
    }
});
const PORT = 3000;
server.listen(PORT, ( ) => {
    console.log(`服务器运行在 http://localhost: ${PORT}`);
});
```

在上述代码中，当请求的 URL 路径与接口路径不一致时，服务器会向浏览器发送一个 404 错误，提示用户访问路径错误。当路径一致但 readFile( )方法读取文件发生错误时，服务器会向浏览器发送一个错误响应。如果读取文件成功，那么服务器将使用 res.end( )方法将文件内容返回给浏览器。需要注意的是，由于默认情况下 fs.readFile( )方法返回的是 Buffer 类型的数据，需要使用

data.toString( )方法将 userMessage.json 的文本内容转换为字符串后返回。

任务 2.2　构建与测试 Node.js 的网络开发

【任务概述】

在 Web 开发中，构建高效的后端服务至关重要。为提升效率和可扩展性，采用现代工具和框架如 Postman、Axios 及 Express 变得尤为关键。

本任务要求实现一个房间信息页面，在任务的实践过程中，将涉及从服务器端搭建到前端请求处理的全流程。使用 Express 生成器构建项目框架，并引入 Node.js 模块。设计 Express 路由逻辑，集成 Axios 实现用户交互时向服务器发送 GET 请求。服务器接收请求后，通过路由找到处理函数，检索本地房间信息并响应客户端。前端接收数据后渲染，展现房间信息。此过程不仅能够加深读者对 Express 的理解，也能够促使读者进一步掌握前端和后端数据交互的基本流程。

房间信息页面的显示效果如图 2-13 所示。

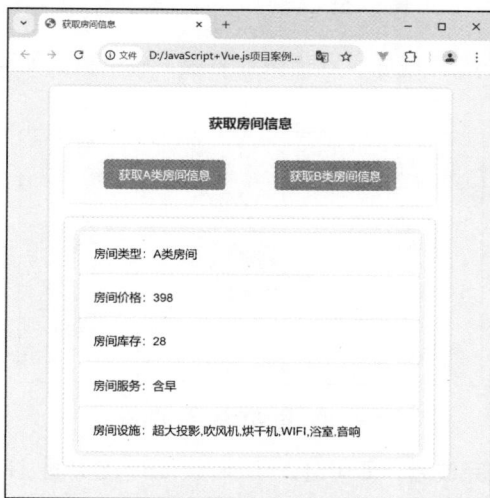

图 2-13　房间信息页面的显示效果

【知识储备】

2-4　知识储备

2.2.1　Postman 工具

在例 2-5 中，使用 fs 模块和 http 模块模拟了一个简单的请求本地数据的 API。在实际开发中，当完成服务器搭建与 API 设计后，需要验证 API 是否能够按照预期目标返回响应信息。本书选择 Postman 作为测试和验证 API 的可用性的工具。通过使用 Postman，我们能够轻松地模拟和发送各种 HTTP 请求，包括但不限于 GET、POST、PUT 和 DELETE 等，从而全面评估 API 接口的性能和功能。这样的测试工具对于确保 API 的健壮性和可靠性至关重要。

1. 下载与安装 Postman

（1）打开 Postman 官方网站并单击"Windows 64-bit"下载按钮，下载 Postman 安装

包，如图 2-14 所示。

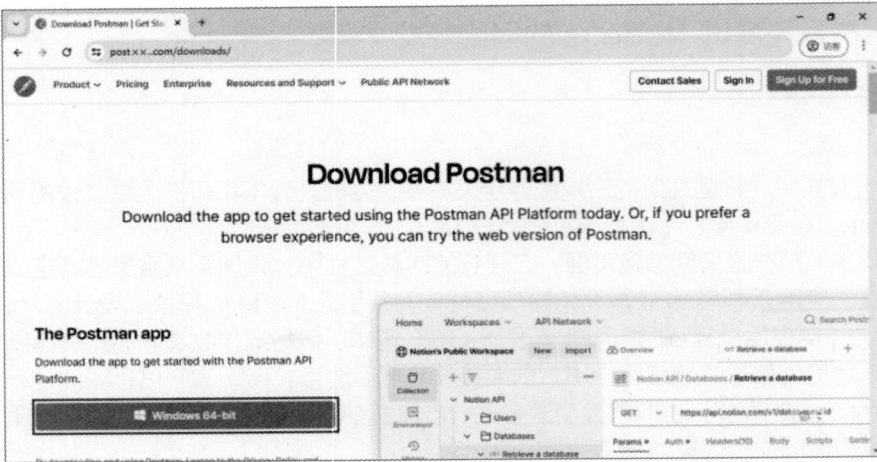

图 2-14　下载 Postman 安装包

（2）Postman 安装包下载完成后，双击该安装包，系统将自动安装 Postman，如图 2-15 所示。

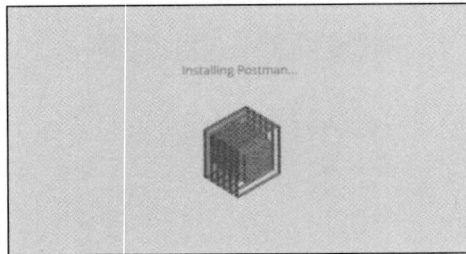

图 2-15　自动安装 Postman

（3）等待 Potman 安装完成后，即可进入 Postaman 主页面。Postman 主页面的功能分区如图 2-16 所示。

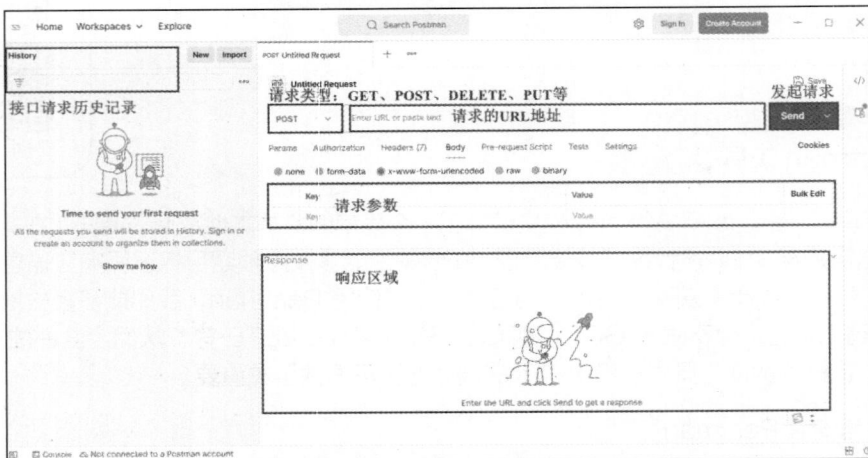

图 2-16　Postman 主页面的功能分区

需要注意，首次安装并打开 Postman 时，会提示用户登录或创建账号。用户可选择不登录并直接关闭程序，再次打开时，Postman 通常会直接进入无须登录的工作界面，允许用户直接使用 Postman。

2. 使用 Postman 测试 GET 接口

GET 接口是非常常见且基本的接口类型。GET 请求通常用于从服务器检索数据，而不需要对服务器上的资源进行任何修改。在 API 开发的早期阶段或进行日常维护时，使用 Postman 测试 GET 接口是非常方便的。例如，例 2-5 中模拟实现的 API 就可视为一个简单的 GET 接口。

接下来将基于例 2-5 中的接口地址，演示如何使用 Postman 测试服务器中定义的接口。

在 Postman 主页面中设置请求类型为"GET"，在地址栏中粘贴请求的 URL 地址，单击"Send"按钮，发送请求。Postman 会在页面下方显示服务器的响应，包括状态码、响应头和响应体。使用 Postman 测试 GET 接口的响应效果如图 2-17 所示。

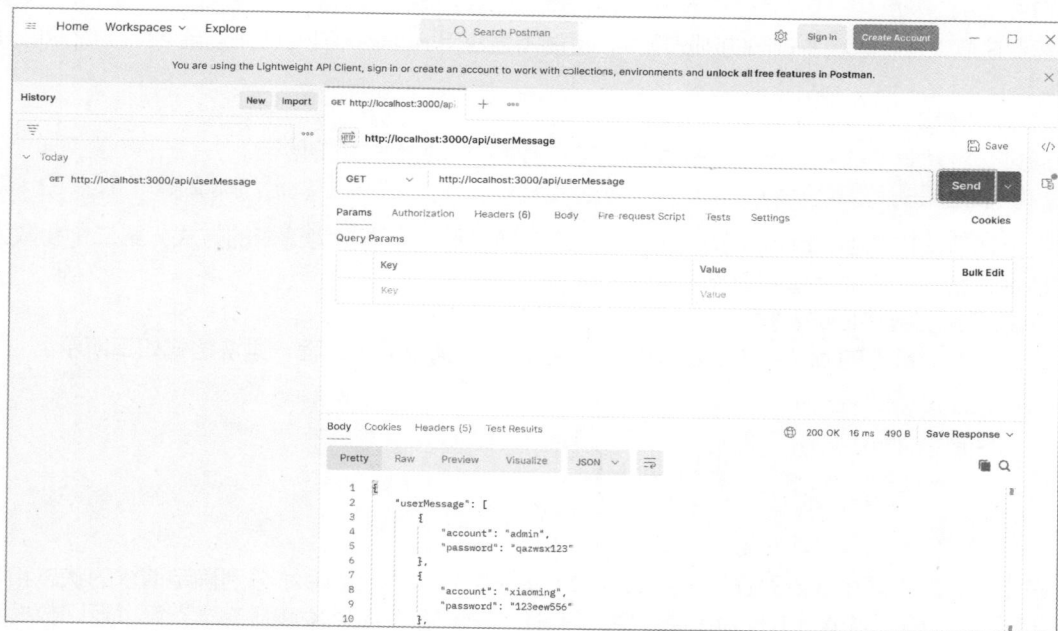

图 2-17 使用 Postman 测试 GET 接口的响应效果

需要注意，使用 Postman 测试不同类型的接口时，操作步骤基本一致。其主要区别在于选择的请求方法（GET、POST、DELETE 等）以及是否需要在请求中携带参数、请求头等信息。我们可根据 API 的设计和实际测试需求，选择相应的请求方法和数据格式。

2.2.2 AJAX 与 Axios

在成功使用 Postman 验证 API 的可用性后，可以直接在浏览器的地址栏中输入相应的 URL 路径，并按 Enter 键。此时，浏览器会立即发起一个 HTTP 请求，目的是从指定的 URL 获取资源，并在浏览器窗口中展示该资源的内容。这种通过直接输入 URL 访问资源的方式，是 HTTP 交互中极为基础和直观的方式之一，为用户提供了简单直接的浏览和获取网络资源的途径。

在实际的前端开发中，经常需要实现更复杂的交互逻辑，如在用户单击按钮后自动发送获取数据的请求、在页面中动态加载内容等，这就需要使用到 AJAX 技术或 Axios 技术。

1．AJAX

（1）AJAX 概述

AJAX 是一种在无须重新加载整个页面的情况下，能够更新部分网页的技术。AJAX 使用 JavaScript 在浏览器端与服务器之间进行异步通信，实现数据的获取和页面的更新。传统的网页（不使用 AJAX）如果需要更新内容，必须重载整个网页页面。AJAX 不是一种新的编程语言，而是一种用于创建更好、更快以及交互性更强的 Web 应用程序的技术。

（2）AJAX 实现步骤

在 JavaScript 中，需要使用 XMLHttpRequest 对象发送 AJAX 请求，基本步骤如下所示。

① 创建 XMLHttpRequest 对象。

创建一个 XMLHttpRequest 对象，用于在浏览器与服务器之间建立连接，并发送请求，语法格式如下所示。

```
var xhr = new XMLHttpRequest( );
```

需要注意，在一些版本较旧的浏览器中，可能需要使用 ActiveXObject 来创建 XMLHttpRequest 对象。

② 发起请求。

通过 xhr 对象下的 open( )方法发起 HTTP 请求，语法格式如下所示。

```
xhr.open("GET", "http://example.com/data", true);    //true 表示异步请求
```

在上述语法格式中，open( )方法接收 3 个参数，第一个参数为请求的方式，第二个参数为请求的地址，第三个参数为是否异步的布尔值。

③ 接收服务器传回的数据。

通过 xhr 对象下的 onreadystatechange 事件监听请求的全过程，语法格式如下所示。

```
if(xhr.readyState == 4){            //请求状态
    if(xhr.status == 200){         //HTTP 状态码
        console.log(xhr.responseText);
    }
}
```

在上述语法格式中，需要通过 readyState 属性与 responseText 分别确定请求的状态和响应的 HTTP 状态码。当 readyState 属性值为 4 时，表示整个 AJAX 响应完毕，可以返回数据到前端。当 responseText 属性值为 200 时，表示请求成功。

④ 传输数据。

通过 xhr 对象下的 send( )方法传输数据，可以将前端的数据发送给后端，语法格式如下所示。

```
//GET请求
xhr.send(null);
//POST请求
xhr.setRequestHeader('Content-Type','application/x-www-form-urlencoded');
xhr.send('username=xiaoming');
```

对于 GET 请求，xhr.send( )方法通常不需要传递任何参数，或者可以传递 null。GET 请求的参数通常附加在 URL 的查询字符串中。对于 POST 请求，需要将数据作为参数传递给 send( )方法，如 xhr.send(data)；还需要通过 xhr.setRequestHeader( )方法设置请求头（如 Content-Type），以告知服务器请求主体的数据类型。

虽然 AJAX 技术非常强大，但直接使用原生的 XMLHttpRequest 对象进行 AJAX 开发会比

较烦琐，特别是在处理错误、设置请求头、解析响应数据等方面。为了简化 AJAX 的开发，出现了许多封装好的库，其中 Axios 就是一个非常流行的选择。

2. Axios

Axios 是一个基于 Promise 的 HTTP 客户端，可同时用于浏览器和 Node.js。Axios 封装了底层 AJAX 实现和 HTTP 请求的细节，提供了简洁的 API 和丰富的功能，如请求和响应拦截、转换请求和响应数据、取消请求、自动转换 JSON 数据等。使用 Axios 可以极大地简化 HTTP 请求的开发工作。

（1）安装 Axios

① 在浏览器环境中使用 Axios。

在 HTML 文件中，可以通过引入一个 CDN（Content Delivery Network，内容分发网络）链接来使用 Axios。CDN 允许用户从远程服务器加载 JavaScript 库，而无须在本地下载和存储。通过添加<script>标签，可以在浏览器中使用 Axios，语法格式如下所示。

```
<script src="https://cdn.jsdeli××.net/npm/axios/dist/axios.min.js">
</script>
```

② 在 Node.js 环境中使用 Axios。

在 Node.js 项目中，通常使用 NPM 来安装和管理依赖项。确保项目已经安装 Node.js 和 NPM 后，在项目的根目录下打开命令行界面或集成终端，并运行以下命令。

```
npm install axios
```

上述命令用于将 Axios 库作为项目的依赖项添加到 package.json 文件中，并下载相应的库文件到项目的 node_modules 目录。

Axios 安装完成后，可以在 Node.js 代码中使用 require 或 import 语句来引入 Axios，语法格式如下所示。

```
const axios = require('axios');
```

或

```
import axios from 'axios';
```

（2）Axios 的常用方法

Axios 提供了多种方法来发送 HTTP 请求，以下是 Axios 的常用方法。

① axios.get(url,[, config])：发送 GET 请求，用于列表和信息查询。其中，第一个参数是请求的 URL；第二个参数（可选）是配置对象，可以包含请求头、参数等。

② axios.post(url,[, data[, config]])：发送 POST 请求，通常用于信息的添加。其中，第一个参数是请求的 URL；第二个参数（可选）是要发送的数据，通常是 JSON 对象；第三个参数（可选）是配置对象。

③ axios.put(url,[, data[, config]])：发送 PUT 请求，通常用于更新操作。

④ axios.delete(url,[, config])：发送 DELETE 请求，通常用于删除操作。

⑤ axios.request(config)：Axios 的通用请求方法，可以通过传递一个配置对象来指定请求的所有细节，如 URL、方法、数据、请求头等。

以 axios.get( )方法与 axios.post( )方法为例，使用 Axios 发起请求的语法格式如下所示。

```
//GET 请求
axios.get('http://example.com/api/data')
  .then(response => {
```

```
      console.log(response.data);
   })
   .catch(error => {
      console.error(error);
   });
//POST 请求
axios.post('http://example.com/api/data', { key: 'value' })
  .then(response => {
     console.log(response.data);
  })
  .catch(error => {
      console.error(error);
   });
```

在上述语法格式中，GET 请求用于从指定的资源请求数据，不会修改服务器上的数据。GET请求的参数通常附加在 URL 的查询字符串中，由于 GET 请求的参数在 URL 中是可见的，不适合传输敏感信息。POST 请求用于向服务器发送数据，请求服务器进行处理。POST 请求的参数包含在请求体中，即{key: 'value'}会作为请求体发送。POST 请求的参数对外部用户是不可见的，因此 POST 请求相对于 GET 请求来说更安全。

（3）Axios 案例

接下来通过案例演示如何在 HTML 页面中使用 Axios 向 HTTP 服务器发起请求，具体代码如例 2-6 所示。

【例 2-6】使用 Axios 发起请求。

index.html 文件的示例代码如下所示。

```
<body>
<div>
    <button id="getData">获取管理员信息</button>
    <div id="content"></div>
</div>
<script src="https://cdn.jsdeli××.net/npm/axios/dist/axios.min.js">
</script>
<script>
    function renderPage(data) {                          //假设有一个用于渲染页面的函数
       //这里是渲染页面的逻辑，如使用DOM操作将数据插入页面中
       console.log(data);
       const {adminMessage} = data
       document.getElementById('content').innerHTML = '
       <div>姓名: ${adminMessage.name}</div>
       <div>地址: ${adminMessage.level}</div>
       <div>联系方式: ${adminMessage.tel}</div>
       <div>密码: ${adminMessage.pwd}</div>`
    }
    async function fetchDataAndRender( ) {               //发起数据请求的函数
       try {
```

```
        const response = await
        axios.get('http://localhost:3000/api/adminMessage');
        if (!response.status === 200) throw new Error('请求失败');
        console.log(response , '服务器响应')
        renderPage(response.data);                      //使用数据渲染页面
    } catch (error) {
      console.error('请求数据出错:', error);
    }
  }
  const getDataButton = document.getElementById('getData');
  getDataButton.addEventListener('click', fetchDataAndRender);
</script>
</body>
```

server.js 文件的示例代码如下所示。

```
const http = require('http');
const fs = require('fs');
const server = http.createServer((req, res) => {
    if (req.url === '/api/adminMessage') {
        fs.readFile('./adminMessage.json', 'utf8', (err, data) => {
            if (err) {
                res.writeHead(500);
                res.end('Server Error');
                return;
            }
            //设置允许跨域的域名，*代表允许任意域名跨域
            res.setHeader("Access-Control-Allow-Origin", "*");
            //跨域允许的请求方式
            res.setHeader("Access-Control-Allow-Methods", "PUT,POST,GET,
            DELETE,OPTIONS");
            res.writeHead(200, { 'Content-Type': 'application/json' });
            res.end(data)
        });
    } else {
        res.writeHead(404);
        res.end('Not Found');
    }
});
const PORT = 3000;
server.listen(PORT, ( ) => {
    console.log('服务器运行在 http://localhost: ${PORT}');
});
```

adminMessage.json 文件的示例代码如下所示。

```
{
  "adminMessage": {
```

```
    "name": "admin",
    "level": "1级管理员",
    "tel": "1234567890",
    "pwd": "123456"
  }
}
```

在上述代码中，index.html 文件内使用了 axios.get( )方法向 HTTP 服务器发起请求。由于 axios( )方法会返回一个 Promise 对象，该对象代表了异步操作的结果，在 JavaScript 中需要在调用了 axios( )方法的函数内部使用 await 关键字进行标记，并在该函数外部使用 async 关键字进行标记。await 会"等待"Promise 的完成（HTTP 请求完成），并返回 Promise 的解析值（请求的数据）。这使得异步操作看起来更像是同步操作，大大简化了异步编程的复杂性。

需要注意，当使用 AJAX 或 Axios 向 HTTP 服务器发起请求时，前端页面与 HTTP 服务器的端口、域名、协议并不一致，这会违背浏览器的同源策略（Same-Origin Policy）。同源策略是浏览器的一个安全机制，其要求一个源（包括协议、域名和端口）的网页只能访问相同源的资源。因此，需要在例 2-6 的 server.js 文件中使用 res.setHeader( )方法设置允许跨域的域名与请求方式，实现 Axios 的跨域访问。在后续开发中，推荐使用 Express 提供的 Cors 中间件解决跨域问题，此处我们仅做了解即可。

在 VSCode 的集成终端执行"node server.js"命令，即可启动 HTTP 服务器。在浏览器中访问 index.html 页面，单击页面中的"获取管理员信息"按钮，即可在页面中渲染出 Axios 请求的管理员信息，显示效果如图 2-18 所示。

图 2-18　Axios 请求的管理员信息的显示效果

2.2.3　Express 框架

Express 是一个基于 Node.js 平台的快速、开放、极简的 Web 开发框架，为 Web 和移动应用程序提供了一组强大的功能。

1. 安装并使用 Express

Express 是一个基于 Node.js 的 Web 框架。在 JavaScript 文件中使用 Express 之前，需要先安装 Express 包。推荐直接使用 npm 命令安装 Express 包，如下所示。

```
npm install express
```

安装好 Express 包后，就可以在 JavaScript 单文件中引入并使用 Express 模块。

接下来使用 Express 模块重构例 2-5 中 server.js 文件的代码，具体代码如例 2-7 所示。

【例 2-7】使用 Express 模块搭建服务器并模拟 API。

server.json 文件的示例代码如下所示。

```
const express = require('express');        //引入Express模块，并将其赋值给常量express
const fs = require('fs');
const path = require('path');
const app = express( );                    //创建Express应用实例，并将其赋值给常量app
app.get('/api/userMessage', (req, res) => {    //使用app.get( )方法设置一个路由
    fs.readFile(path.join(__dirname, 'userMessage.json'), 'utf8', (err, data)
      => {
        if (err) {
            res.status(500).send('Server Error');
            return;
        }
        res.json(JSON.parse(data));
    });
});
app.use((req, res, next) => {              //使用app.use( )方法允许定义中间件函数
    res.status(404).send('Not Found');
});
const PORT = 3000;
app.listen(PORT, ( ) => {
    console.log('服务器运行在 http://localhost: ${PORT}');
});
```

在上述代码中，使用 Express 的 app.get( )方法设置一个路由，当浏览器发起请求的 URL 与"/api/userMessage"路由匹配时，执行此回调函数。使用 Express 的中间件功能来处理未定义的路由，即如果请求的 URL 没有匹配到任何路由，则执行 app.use( )方法中定义的中间件函数，并返回 404 错误。除了在 JavaScript 单文件程序中使用 express 模块增强 Node.js 原生 http 模块的功能外，还可以使用 Express 的应用程序生成器（express-generator）快速创建一个 Express 项目。

2. 创建第一个 Express 项目

Express 提供了应用程序生成器，用于快速建立一个 Express 项目的基础框架，从而在此基础上进行后续开发。

（1）安装 express-generator

为了使用应用程序生成器，需要用全局模式安装 express-generator，安装命令如下所示。

```
npm install -g express-generator
```

（2）创建 Express 项目

express-generator 安装完成后，即可使用 express 命令创建一个 Express 项目。

接下来在 Example2-9 目录下启动命令行界面，执行如下命令，创建一个名为 myexpress 的 Express 项目。

```
express myexpress
```

myexpress 项目创建成功的显示效果如图 2-19 所示。

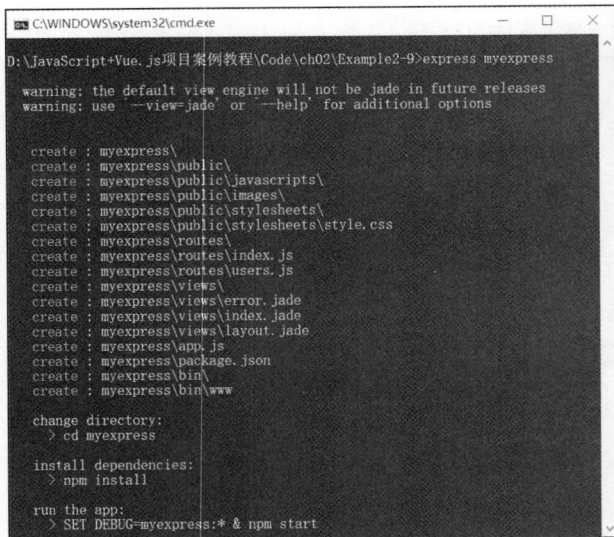

图 2-19　myexpress 项目创建成功的显示效果

myexpress 项目创建成功后，需要依次执行以下命令。

```
cd myexpress              //切换到项目目录
npm install               //初始化所有依赖包
npm start                 //启动服务器
```

服务器启动成功后，在浏览器中访问"http:/localhost:3000"即可查看 myexpress 项目的默认效果，如图 2-20 所示。

（3）Express 项目的目录结构

使用 express 命令创建的 myexpress 项目的目录结构如图 2-21 所示。

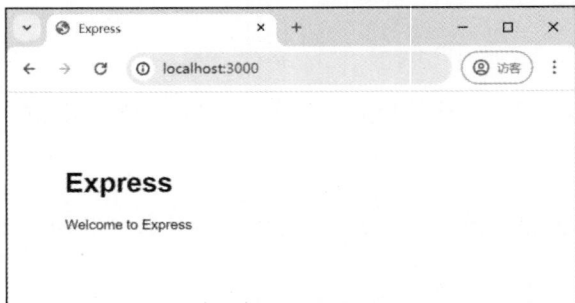

图 2-20　myexpress 项目的默认效果

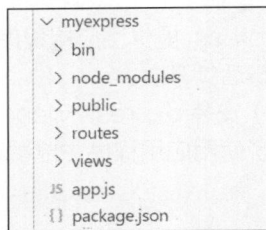

图 2-21　myexpress 项目的目录结构

myexpress 项目的目录结构的说明如下。

bin：管理启动项目的脚本文件。

node_modules：管理所有的项目依赖库。

public：管理静态资源的文件夹。

routes：管理路由文件。

views：管理页面文件。

app.js：应用核心配置文件，即项目入口文件。

package.json：项目依赖配置及开发者信息。

接下来介绍 Express 项目的 app.js 文件、routes/index.js 文件、views/index.jade 文件。

① app.js 文件。

作为 Express 项目的入口文件，app.js 文件会初始化 Express 应用，并加载中间件、路由和其他应用所需的配置，示例代码如下所示。

```javascript
//引入模块与依赖项
var createError = require('http-errors');
var express = require('express');
var path = require('path');
var cookieParser = require('cookie-parser');
var logger = require('morgan');
var indexRouter = require('./routes/index');
var usersRouter = require('./routes/users');
//初始化Express应用实例
var app = express( );
//视图引擎设置
app.set('views', path.join(__dirname, 'views'));
app.set('view engine', 'jade');
//挂载中间件
app.use(logger('dev'));
app.use(express.json( ));
app.use(express.urlencoded({ extended: false }));
app.use(cookieParser( ));
app.use(express.static(path.join(__dirname, 'public')));
//引入路由文件
app.use('/', indexRouter);              //将根路径 ( / ) 的请求处理委托给 indexRouter
app.use('/users', usersRouter);          //将/users路径下的请求处理委托给 usersRouter
//自定义中间件来捕获404错误
// catch 404 and forward to error handler
app.use(function(req, res, next) {
  next(createError(404));
});
//自定义错误处理中间件
app.use(function(err, req, res, next) {
  res.locals.message = err.message;
  res.locals.error = req.app.get('env') === 'development' ? err : {};
  res.status(err.status || 500);
  res.render('error');
});
module.exports = app;
```

在上述代码中引入了必要的模块和依赖项，如 http-errors、express、path、cookie-parser、morgan；初始化了一个 Express 应用实例，并将其赋值给变量 app；配置了视图引擎和视图文件的路径；使用了多个中间件，包括 logger('dev')、解析 JSON 和 URL 编码的请求体[express.json( )和 express.urlencoded( )]、解析 cookies[cookieParser( )）以及提供静态文件服务（express.static( )]；引入了预定义的路由模块，即 indexRouter 和 usersRouter，并将 indexRouter 挂载到应用的"/"根路径，将 usersRouter 挂载到应用的"/users"路径；设置了一个中间件函数来捕获 404 错误，并将错误传递给后续的错误处理中间件；定义了一个错误处理中间件，用于渲染错误页面或处理其他类型的错误；导出 express 应用实例，以便在其他文件中使用或进行进一步的配置。

② routes/index.js 文件。

routes/index.js 文件定义了一个基于 Express 的路由模块，示例代码如下所示。

```
var express = require('express');
var router = express.Router( );
router.get('/', function(req, res, next) {
  res.render('index', { title: 'Express' });
});
module.exports = router;
```

在上述代码中，通过 require( )函数引入了 express 模块，并将其赋值给变量 express。使用 express.Router( )方法创建了一个新的路由器实例，并将其赋值给变量 router。使用 router 变量的 get( )方法定义了一个 GET 请求的路由规则。当 Express 应用收到一个指向根路径"/"的 GET 请求时，会执行对应的回调函数。

综上所述，在 routes/index.js 文件中定义的根路径路由模块，最终被 app.js 文件使用 require( )函数导入本文件中，同时使用 app.use( )方法挂载导入的根路径路由模块。这意味着所有匹配根路径或其子路径的请求都将由 indexRouter 中的路由处理器来处理。

③ views/index.jade 文件。

在 Express 项目中，views/index.jade 文件通常是一个 Jade（也称为 Pug）模板文件，用于渲染应用的首页，示例代码如下所示。

```
extends layout
block content
  h1= title
  p Welcome to #{title}
```

事实上，Jade 是一种 Express 常用模板引擎，其允许用户使用简洁的语法来创建 HTML 结构，并嵌入变量和逻辑。需要注意，本书选择使用 Vue.js 搭建项目的 Web 页面，不会使用 Express 的模板引擎在服务器端渲染 Web 页面，因此此处仅需对 Jade 模板引擎有所了解即可。

3. Express 路由与中间件

在 Express 项目中，路由和中间件是不可或缺的两个核心概念。Express 作为 Node.js 的流行的 Web 应用框架，提供了强大而灵活的路由和中间件系统。

（1）路由

在 Express 中，路由指的是客户端（如 Web 浏览器）发出的 HTTP 请求与服务器上的特定处理函数之间的映射关系。

① 路由的工作原理。

当用户在浏览器中访问一个页面时，app 作为 Express 应用实例，会解析浏览器请求的路径，并根据路径调用路由处理函数（也称路由中间件）。该函数会指向预定义路由模块，进而执行预定义路由模块中的方法。简而言之，路由决定了当某个 URL 被请求时，应该执行哪个预定义路由模块中的方法。

② 创建路由。

要创建一个路由，首先要在 routes 目录下定义和导出一个简单的路由模块，然后在 app.js 文件中使用 require( )函数引入该路由模块。使用 app.use( )方法指定路由的匹配路径与路由处理函数，并将其挂载到应用程序中。

接下来在 myexpress 项目中演示如何创建路由。

首先，在 myexpress/routes 目录下新建一个 hello.js 文件，在该文件中定义和导出一个 hello 的路由模块。

```
//myexpress/routes/hello.js
var express = require('express');              //引入express模块
var router = express.Router( );                //使用express.Router( )方法创建一个路由器实例
router.get('/', function(req, res, next) {
    res.send('Hello World');
});
module.exports = router;
```

其次，在 app.js 文件中引入 hello 路由模块，挂载 hello 路由模块并为其指定匹配路径。

```
//app.js新增内容
var helloRouter = require('./routes/hello');
app.use('/hello', helloRouter);
//当收到一个针对/hello路径的GET请求时，会执行helloRouter函数，
//helloRouter函数自动执行hello路由模块中的内容
```

在 myexpress 项目的根路径中重新执行"npm start"命令，重新启动服务器。在浏览器中访问 http://localhost:3000/hello，访问结果如图 2-22 所示。

需要注意，app.use( )是一个非常重要的函数，用于挂载中间件或路由模块到应用程序上。这里的"挂载"意味着将特定的中间件或路由模块绑定到应用程序的某个路径上，以便当请求到达该路径时，相应的处理程序会被调用。

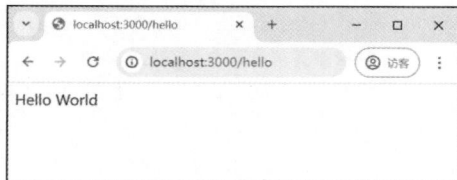

图 2-22　hello 路径的访问结果

③ 参数化路径。

在创建 hello 路由中已经介绍了路由的基本路径匹配，Express 还支持更高级的路径匹配模式，即参数化路径。

参数化路径的语法格式如下所示。

```
router.get('路径:参数', function (req, res) {  });
```

接下来在 myexpress 项目的 hello.js 文件中新增一个参数化路径函数，示例代码如下所示。

```
//参数化路径
router.get('/:name', function(req, res, next) {
  var name = req.params.name;              //从请求参数中获取name
  res.send('Hello ' + name);              //发送包含name的响应
});
```

在上述代码中，使用冒号（ : ）指定路径参数，这些参数将作为请求对象（req.params）的属性传递给路由处理函数。

在 myexpress 项目中执行"npm start"命令，重新启动服务器。在浏览器中访问

http://localhost:3000/hello/xiaoming，访问结果
如图 2-23 所示。

（2）中间件

中间件是 Express.js 框架中的一个重要概
念，其允许在处理 HTTP 请求和响应的过程中插入
自定义的函数或逻辑。

① 中间件的语法格式。

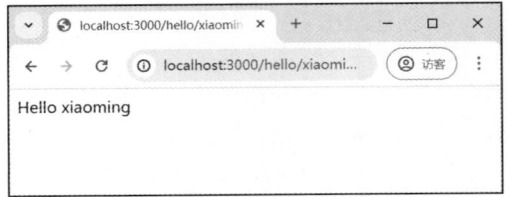

图 2-23　参数化路径的访问结果

中间件本质上是一个回调函数，中间件函数可以访问请求对象（req）、响应对象（res）以及
一个名为 next 的函数，用于将控制权传递给下一个中间件或路由处理程序。

中间件函数的语法格式如下所示。

```
function(req, res, next) {…}
```

在 Express 框架内部维护着一个函数数组，该数组包含服务器在处理 HTTP 请求到发送响应
之间需要按顺序执行的一系列函数，通常称该数组为中间件数组。中间件数组内的函数允许用户在
请求处理的不同阶段插入自定义逻辑，从而实现应用的灵活性和可扩展性。

当使用 app.use(fn)方法时，传递进来的 fn( )函数会被添加到中间件数组中。当 HTTP 请求
到达服务器时，Express 会按照数组中的顺序依次执行中间件函数。在每个中间件函数内部可以
选择执行一些操作，并在操作完成后调用 next( )函数，以将控制权传递给数组中的下一个中间件。
如果某个中间件函数在执行过程中没有调用 next( )函数，则 Express 会终止当前的请求处理流程。

接下来通过案例演示如何自定义并使用中间件。在 myexpress 项目的 app.js 文件中自定义
一个中间件，用于检查 HTTP 请求的查询参数中是否包含特定的字段，并据此设置响应头，具体
代码如下所示。

```
//app.js
const checkQueryParamMiddleware = (req, res, next) => {
  //检查查询参数中是否包含名为'customField'的字段
  if (req.query.customField) {
    //如果包含，则在响应头中设置一个名为'X-Custom-Header'的字段
    res.set('X-Custom-Header', 'Custom Field Found');
  } else {
    //如果不包含，则在响应头中设置另一个值
    res.set('X-Custom-Header', 'Custom Field Not Found');
  }
  //调用next( )函数，将控制权传递给下一个中间件或路由处理程序
  next( );
};
//使用中间件
app.use(checkQueryParamMiddleware);
```

上述代码中定义了一个名为 checkQueryParamMiddleware 的中间件函数。该函数检查请求
的查询参数中是否包含名为 customField 的字段，并据此在响应头中设置 X-Custom-Header 字
段的值。使用 app.use( )方法将这个中间件添加到 Express 项目中，使其成为全局中间件，对所
有路由都生效。

在 myexpress 项目中执行"npm start"命令，重新启动服务器。在浏览器中访问
http://localhost:3000/hello/?customField=value，自定义中间件的运行结果如图 2-24 所示。

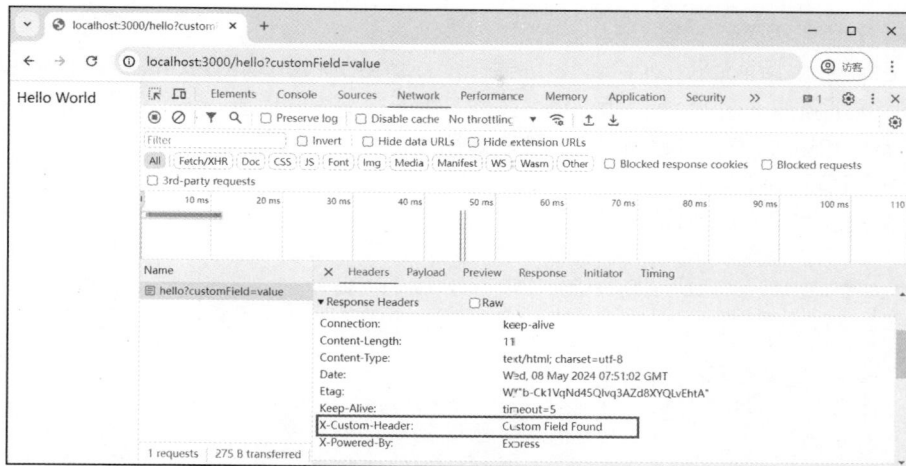

图 2-24　自定义中间件的运行结果

② 中间件的分类。

Express 官方把常见的中间件划分为五大类，分别是应用级别中间件、路由级别中间件、错误处理中间件、内置中间件与第三方中间件。

a．应用级别中间件。应用级别中间件会在所有路由处理程序之前执行，并且可以通过 app.use( )方法添加到应用程序实例上，这些中间件将在所有路由处理程序之前执行。应用级别中间件需要使用 app.use( )、app.get( )或 app.post( )方法绑定到 app 实例上。

b．路由级别中间件。路由级别中间件只会对指定的路由进行处理，其用法与应用级别中间件没有任何区别。应用级别中间件是绑定到 app 实例上，而路由级别中间件是通过 router.use( )方法绑定到 express.Router( )方法生成的实例上。

c．错误处理中间件。错误处理中间件用于捕获并处理应用程序中的错误。这些中间件通常被放置在其他所有中间件之后，并使用 4 个参数（err、req、res、next）进行定义。当在应用程序中发生错误并且没有被其他中间件捕获时，错误处理中间件将被调用。

d．内置中间件。Express 提供了一些内置中间件函数，如用于解析 JSON 请求体的 express.json( )函数、用于解析 URL 编码请求体的 express.urlencoded( )函数和用于处理静态文件的 express.static( )函数。这些中间件函数可以方便地添加到应用程序中，以处理不同类型的请求体。

e．第三方中间件。除了 Express 提供的内置中间件外，还有许多第三方中间件可用于执行各种任务，如身份验证（passport）、会话管理（express-session）、文件上传（multer）、日志监控（morgan）和跨域处理（cors）等。这些中间件通常需要使用 NPM 将它们安装到 Express 项目中，通过 require( )函数将它们导入 Express 项目中，并使用如 app.use( )这样的方法将它们挂载到应用程序中。

【任务实施】

要实现本任务，需要在 ch02 文件夹中创建一个 Example2-10 文件夹，并在该文件夹下使用 Express 应用程序生成器创建一个名为 homeServer 的 Express 项目。同时，在 Example2-10 文件夹中创建一个 web 文件夹，用于存放 index.html 前端页面。

2-5 任务实施

1. 创建 homeServer 项目

执行 "express homeServer" 命令创建一个 homeServer 项目后，需要在 homeServer 项目的 data 目录下新建一个 localData.json 文件，用于存储房间信息。该文件在本任务中作为服务器所请求的本地数据源存在，具体代码如例 2-8 所示。

【例 2-8】获取房间信息。

localData.json 文件的示例代码如下所示。

```json
{
  "homeA":
    {
      "type":"A类房间",
      "price":"398",
      "stock":"28",
      "service":"含早",
      "equipment":["超大投影","吹风机","烘干机","WIFI","浴室","音响"]
    },
  "homeB":
    {
      "type":"B类房间",
      "price":"198",
      "stock":"34",
      "service":"不含早",
      "equipment":["吹风机","WIFI","浴室"]
    }
}
```

在 homeServer 项目的 routes 目录下新建一个 index.js 文件，实现获取房间信息的基础路由与参数化路径。

routes/index.js 文件的示例代码如下所示。

```javascript
const express = require('express');
const router = express.Router( );
const fs = require('fs');
const path = require('path');
router.get('/', function (req, res, next) {
  const filePath = path.join(__dirname, '../data/localData.json');
  fs.readFile(filePath, 'utf8', (err, data) => {
    const formatData = JSON.parse(data);
    res.writeHead(200, { 'Content-Type': 'application/json' });
    if(req.query.type == "1"){                    //获取URL后面的type参数
      res.end(JSON.stringify(formatData.homeA));
    }else{
      res.end(JSON.stringify(formatData.homeB));
    }
  })
});
```

```
module.exports = router;
```

在 homeServer 项目的 app.js 文件中引入 routes 目录下的路由模块，使用 app.use( )方法挂载该路由并指定路由的匹配路径。app.js 文件中的新增代码如下所示。

```
//引入路由模块
var indexRouter = require('./routes/index');
//挂载路由
app.use('/homeMessage', indexRouter);                    //指定匹配路径
```

2. 创建 index.html 前端页面

在 index.html 文件中引入 Axios 的 CDN 链接，设计获取 A 类房间信息与 B 类房间信息的触发按钮，将获取到的房间信息渲染到页面上。

Web/index.html 文件的示例代码如下所示。

```html
<!DOCTYPE html>
<html lang="en">
<head>
  <meta charset="UTF-8">
  <meta name="viewport" content="width=device-width, initial-scale=1.0">
  <title>获取房间信息</title>
    <link rel="stylesheet" href="./style.css">          //省略CSS样式代码
</head>
<body>
  <div class="box">
    <h3>获取房间信息</h3>
    <div id="getData">
      <button id="1" class="menu">获取A类房间信息</button>
      <button id="2" class="menu">获取B类房间信息</button>
    </div>
    <div id="content">
      <img src="./logo.jpg" alt="">
    </div>
  </div>
  <script src="https://cdn.jsdeli××.net/npm/axios/dist/axios.min.js">
  </script>
  <script>
    function renderPage(data) {
      document.getElementById('content').innerHTML = `
      <div>房间类型: ${data.type}</div>
      <div>房间价格: ${data.price}</div>
      <div>房间库存: ${data.stock}</div>
      <div>房间服务: ${data.service}</div>
      <div>房间设施: ${data.equipment}</div>
      `
    }
    async function fetchDataAndRender(id) {        // 发起数据请求的函数
```

```
    try {
        const response = await axios.get(`http://localhost:3000/homeMessage?type=${id}`);
        if(!response.status === 200) throw new Error('请求失败');
            console.log(response , '服务器响应')
            renderPage(response.data);              //使用数据渲染页面
    } catch (error) {
            console.error('请求数据出错:', error);
    }
}
    const getDataButton = document.getElementById('getData');
    getDataButton.addEventListener('click', function(e){
        fetchDataAndRender(e.target.id)             //获取并发送元素id
    })
  </script>
</body>
</html>
```

在上述代码中，为解决 Axios 的跨域问题，在 homeServer 项目中引入 Cors，同时使用 app.use( )方法挂载 Cors，实现 Axios 的跨域请求。这种跨域处理方法与使用 res.setHeader( ) 方法设置响应头相比，更加简单、便捷，因此在实际开发中推荐使用 Cors 解决跨域问题。

项目实现

2-6 项目实现

要实现本项目，需要在 ch02 文件夹中创建一个 Project2 文件夹，并在该文件夹中创建一个 Web 文件夹，用于存放 index.html 前端页面；执行"express orderServer"命令创建一个 orderServer 项目。

1. 创建 homeServer 项目

执行"express orderServer"命令创建一个 orderServer 项目后，需要在 orderServer 项目的 data 目录下依次创建 todoList.json、finishList.json 与 evaluateList.json 文件，分别用于存储待完成的订单列表信息、已完成的订单列表信息和待评价的订单列表信息，这些文件在本项目中作为服务器所请求的本地数据源存在，具体代码如例 2-9 所示。

【例 2-9】实现订单信息页面。

todoList.json 文件的示例代码如下所示。

```
{
  "list": [
    {
      "id": "1",
      "number":"0321345",
      "homeMessage": "特惠单人间",
      "price": 109,
      "haveBreakfast": "不含早",
      "time": "2024-06-21",
      "status": "进行中",
```

```
      "customer": "何先生"
    },
    //省略其余待完成订单列表的数据
  ]
}
```

finishList.json 文件的示例代码如下所示。

```
{
  "list":  [
    {
      "id": "1",
      "number":"0123432",
      "homeMessage": "风雅商务标间",
      "price": 100,
      "haveBreakfast": "含早",
      "time": "2019-05-01",
      "status": "已完成",
      "customer": "刘先生"
    },
    //省略其余已完成订单列表的数据
  ]
}
```

evaluateList.json 文件的示例代码如下所示。

```
{
  "list":  [
    {
      "id": "1",
      "number":"0212345",
      "homeMessage": "风雅商务标间",
      "price": 100,
      "haveBreakfast": "含早",
      "time": "2019-05-01",
      "status": "待评价",
      "customer": "李先生"
    },
    //省略其余待评价订单列表的数据
  ]
}
```

2. 规划路由

本项目主要由一个父级路由和 4 个子路由组成。其中，/order 是父路由，/order/todoList、/order/finishList、/order/evaluateList、order/getDetail 是子路由。

所有子路由共享相同的路径前缀/order，并各自处理与订单相关的不同操作。可以为每个子路由定义单独的路由处理函数，这些函数将根据路由地址处理对应的 HTTP 请求。例如，

/order/todoList 路由用于获取待完成的订单列表信息。

在 routes 文件夹中创建 order.js 文件，将与订单相关的路由组合在 order.js 路由文件中，从而可以迅速定位与订单相关的所有路由处理函数。

order.js 文件的示例代码如下所示。

```javascript
var express = require('express');
var router = express.Router( );
var fs = require('fs')
var path = require('path')
router.get('/todoList', function (req, res, next) {
  const fileUrl = path.resolve(__dirname, '../data/todoList.json')
  fs.readFile(fileUrl, 'utf-8', (err, data) => {
    if (err) {
      console.log(err)
      return
    }
    console.log(data)
    res.writeHead(200, { 'Content-Type': 'application/json' })
    res.end(data)
  })
});
//省略 /finishList"fi/evaluateList"ev/getDetail"getD
module.exports = router;
```

随后，在 app.js 文件中引入并挂载上述路由模块。至此，已完成本项目的服务器搭建与接口设计工作。

3. 创建前端 index.html 页面

完成服务器搭建工作后，需要设计前端页面，在前端页面中触发绑定请求事件的 DOM 元素，从而通过 Axios 向服务器请求订单数据。

index.html 文件的部分代码如下所示。

```html
<body>
  <div>
    <div class="container">
      <div class="container-box">
        <div class="box-inner" style="background-color: #ccc;"></div>
      </div>
    </div>
    <div class="left-menu">
      <div class="menu">
        <ul class="ul-list" id="father">
          <li class="first-item" id="1" style="background-color: #000; color: #fff;"
            path="todoList">待完成订单</li>
          <li class="first-item" id="2" path="finishList">已完成订单</li>
          <li class="first-item" id="3" path="evaluateList">待评价订单</li>
        </ul>
```

```
      </div>
    </div>
    <div class="list-body">
      <div class="list-title">
        <p>订单编号</p>
        <p>房间信息</p>
        <p>订单金额</p>
        <p>订单状态</p>
        <p>操作</p>
      </div>
      <div class="body-list"></div>
    </div>
  </div>
</div>
</div>
<div class="detailContainer">
  <div class="icon">x</div>
  <div class="detail">
  </div>
</div>
</div>
<script src="https://cdn.jsdeli××.net/npm/axios/dist/axios.min.js">
</script>
<script>
  const tabContainer = document.querySelector('.ul-list')
  tabContainer.addEventListener('click', function (event) {
    if (event.target.id === 'father') return
    getList(event.target);
  })
  const listContainer = document.querySelector('.body-list')
  listContainer.addEventListener('click', function (event) {
    if (!event.target.id) return
    getDetail(event.target,event.target.id);
  })
  const detailContent = document.querySelector('.detailContainer');
  const detail = document.querySelector('.detail');
  const icon = document.querySelector('.icon')
  icon.addEventListener('click', function ( ) {
    detailContent.style.display = 'none';
  })
  getList( );
  //左侧菜单单击样式
  function clickStyle(target) {
    //省略clickStyle( )函数的函数体代码
  }
  //获取数据渲染页面
  async function getList(target) {
```

```
    //省略getList( )函数的函数体代码
    }
    async function getDetail(target,id) {
    //省略getDetail( )函数的函数体代码
    }
  </script>
</body>
</html>
```

项目小结

　　本项目聚焦智慧公寓管理系统的服务器端数据处理，成功实现了从服务器端获取订单信息并渲染至订单页面的功能。本项目涉及导航菜单的单击事件处理，通过 Axios 向服务器请求订单数据，并动态更新内容列表区域；同时，支持用户单击订单列表项中的"查看"按钮，以获取并展示订单的详细信息。

　　在项目实施过程中，读者可以深入理解 Node.js 开发环境的搭建、模块化开发、Axios 请求工具的使用以及 Express 框架的路由分发机制。这些知识和技能不仅为项目实现提供了支持，也为实际工作中的服务器端开发奠定了坚实的基础。

课后习题

一、填空题

1. Node.js 基于_____语言开发，使用_____作为其运行时环境。
2. 在 Node.js 中，使用_____来管理项目的依赖包。
3. 在 Node.js 中，通常使用_____框架来构建 Web 应用程序。
4. Postman 是一个用于测试和调试_____的 HTTP 客户端工具。
5. 启动 Node.js 应用程序，通常需要在命令行界面中输入_____命令。
6. 在 Express 框架中，_____中间件用于处理跨域请求。
7. 在 Node.js 中，一个 JavaScript 文件就是一个_____。

二、判断题

1. NPM 是 Node.js 自带的包管理工具，无须额外安装。　　　　　　　　（　　）
2. Node.js 是一个基于 Chrome V8 引擎的 JavaScript 运行环境。　　　　（　　）
3. Express 框架是一个基于 Node.js 平台的轻量级 Web 开发框架。　　　（　　）
4. 在 Node.js 中，require( )函数用于导入模块。　　　　　　　　　　　（　　）
5. Postman 只能用于测试 GET 请求，不能用于测试 POST 请求。　　　　（　　）
6. Axios 是一个基于 Promise 的 HTTP 客户端库，既可以在浏览器中使用，也可以在
Node.js 中使用。　　　　　　　　　　　　　　　　　　　　　　　　　　（　　）

三、选择题

1. 在 Node.js 中，用于处理 HTTP 请求和响应的核心模块是（　　　）。
   A. fs　　　　　　　　B. http　　　　　　　　C. path　　　　　　　　D. url
2. 以下模块中不属于 Node.js 核心模块的是（　　　）。

A. fs　　　　　　　B. http　　　　　　　C. express　　　　　D. path

3. 在 Express 框架中，用于处理静态文件的中间件是（　　　）。

A. express.static　　　　　　　　B. express.bodyParser

C. express.router　　　　　　　　D. express.session

4. 以下选项中，不属于通过 Axios 发送 GET 请求可能需要的配置参数的是（　　　）。

A. url　　　　　　　B. method　　　　　C. params　　　　　D. data

5. 以下选项中，可用于在 Express 框架中启动并监听服务器的方法是（　　　）。

A. app.get( )　　　B. app.listen( )　　C. app.use( )　　　D. app.post( )

四、简答题

1. 简述 Node.js 中使用 http 模块创建 HTTP 服务器的基本步骤。

2. 说明 Express 项目中 app.js 文件的作用。

3. 简述 Express 框架中路由和中间件的概念。

五、编程题

1. 编写一个 Node.js 程序，使用 http 模块创建一个 HTTP 服务器，监听 3000 端口，当收到客户端请求时，返回"Hello，Node.js!"。

2. 编写一个 Node.js 程序，使用 fs 模块读取一个 input.txt 文件，并将其内容写入 output.txt 文件中。

3. 使用 Axios 发送一个 GET 请求到指定的 API（如 http://localhost:3000/data），并在控制台输出返回的响应数据。

4. 使用 Express 框架创建一个简单的 Web 应用，包含两个路由，即"/"路由与"/about"路由。其中，"/"路由返回"Welcome to my Web!"，"/about"路由返回"This is the about page!"。

项目3
智慧公寓管理系统的登录与注册页面

03

智慧生活的浪潮正以前所未有的速度改变着人们的居住方式。随着公寓管理向智能化、便捷化转型，一个高效、安全的用户登录与注册系统成为智慧公寓管理系统的入口。然而，在实际应用中我们不难发现，传统的登录与注册页面往往存在用户体验不佳、数据验证不严谨等问题。这不仅影响了用户的使用体验，还可能给系统安全埋下隐患。

为了解决这些问题，我们有必要深入学习并实践前端技术，尤其是像 Vue.js 这样的现代前端框架。Vue.js 以其轻量级、响应式数据绑定和组件化开发的特点，成为构建动态、用户友好的 Web 界面的理想选择。通过创建一个基于 Vue 的智慧公寓管理系统登录与注册页面，我们不仅能够直接应对实际应用中的挑战，还能在实战中掌握 Vue 的强大功能，包括表单验证、数据绑定等关键技术点。

项目目标

本项目将深入探讨 Vue 核心技术，特别是 Vue 框架的精髓，通过了解 Vue 及其生态系统的发展历程，理解 Model-View-Controller（MVC，模型—视图—控制器）与 Model-View-ViewModel（MVVM，模型—视图—视图模型）模式的差异，以及掌握 Vue 实例的关键选项、组件化开发、过渡与动画等知识点，全面提升学生的 Vue 开发技能与素养。

知识目标

- 了解 Web 前端技术的发展历程。
- 理解 MVC 模式与 MVVM 模式的区别。
- 了解 Vue 的发展历程。
- 掌握 Vue 中的文本差值、原始 HTML 以及插值表达式的用法。
- 理解 data、methods、computed、watch 等选项在 Vue 实例中的作用。
- 掌握 Vue 生命周期钩子的概念及各个钩子函数的执行时机。
- 掌握 Vue 中的事件处理机制，包括事件参数和常用修饰符。
- 理解模板引用的概念及其用途。
- 理解组件化开发的概念。
- 掌握组件的注册方式及组件间传值。
- 理解 Vue 中过渡与动画的概念。

3-1 项目目标

技能目标

- 能够搭建 Vue 开发环境，安装 Vue 与 vue-devtools。
- 能够使用 Vue 进行数据绑定，会使用 Vue 中的内置指令与自定义指令。

- 能够在 Vue 中绑定 HTML 的 Class 和 Style。
- 能编写 Vue 中的事件处理程序。
- 能够定义组件、注册组件及在组件间传递数据。
- 能够使用 CSS 过渡类、CSS 动画、自定义过渡类、钩子函数实现过渡与动画。

素质目标

- 培养学生的时间管理、目标设定和自我激励能力，使他们能够自律、高效地完成任务，实现个人目标。
- 培养学生独立解决问题的能力，掌握调试项目的技巧。
- 鼓励学生保持好奇心和求知欲，不断学习和更新知识，以适应快速变化的社会和工作环境。

效果展示

本项目通过创建一个基于 Vue 框架的前端登录与注册页面，探讨前端技术在实际项目中的应用。本项目不仅展示了 Vue 的强大功能，还涉及了表单验证、数据绑定等关键技术点。在登录与注册页面中，用户需要在页面上输入用户名和密码，单击"登录"按钮进行验证。如果用户名和密码匹配，则登录成功；否则，将显示相应的错误信息。本项目虽然简单，但涵盖了前端开发的多个关键步骤，包括页面布局、数据绑定、表单验证、组件注册、过渡与动画等。登录与注册页面效果如图 3-1 所示。

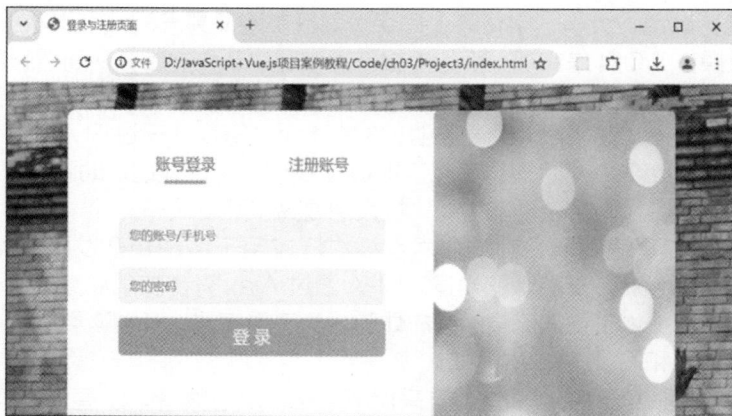

图 3-1　登录与注册页面效果

任务 3.1　构建 Vue 开发环境

【任务概述】

本任务将从搭建 Vue 开发环境开始，介绍 Vue 的安装方式，下载并安装 Vue 的调试工具 vue-devtools，从而极大地提升用户的开发效率和调试体验；随后，在 HTML 文件中使用 CDN 方式引入 Vue 库，并创建一个 Vue 应用程序，让其在页面上输出"智慧公寓管理系统！"。这不仅是 Vue 学习之旅的第一步，更是开启智慧公寓管理系统开发大门的钥匙。具体页面效果如图 3-2 所示。

图 3-2　第一个 Vue 应用程序的页面效果

【知识储备】

3.1.1　初识 Vue

　　在学习 Vue 之前，应先了解 Web 前端技术的发展历程。Web 前端技术的发展是互联网自身发展变化的一个缩影，了解 Web 前端的发展历程可以更好地把握 Vue 框架的学习历程。

1.　Web 前端技术的发展

　　Web 前端的核心技术包括 HTML、CSS 和 JavaScript。它们分别负责构建网页的结构、样式和行为。其中，HTML 用于定义网页的基本结构，如<a></a>标签表示超链接；CSS 负责页面的外观和布局，包括颜色、大小、字体等，确保页面既美观又易于阅读；JavaScript 赋予页面动态交互能力，通过操作 DOM 来实现页面的逻辑行为和用户动作响应，从而增强用户体验。

　　在开发大型交互式项目时，常常需要编写大量 JavaScript 代码来管理 DOM，并处理跨浏览器兼容性问题，这往往使代码变得复杂且难以维护。为了简化这一过程，jQuery 库应运而生。jQuery 库通过封装 JavaScript 代码，简化了 DOM 操作、事件处理、动画效果和 Ajax 交互等功能的实现，能够用更少的代码实现更多功能，极大地提高了开发效率。

　　随着移动端技术的飞速发展，前端技术也被广泛应用于移动端开发中，特别是单页面应用（Single Page Application，SPA）的构建。SPA 通过 Ajax 异步加载新数据来更新页面内容，无须刷新整个页面，从而提供了更加流畅的用户体验。为了更高效地开发这类复杂应用，市场上涌现出了 Angular、React 和 Vue 等前端框架。

　　Vue 框架以其独特的优势脱颖而出，其采用虚拟 DOM 技术来减少直接操作 DOM 的频率，通过简洁的 API 实现响应式数据绑定，支持单向和双向数据绑定。此外，Vue 的组件化特性使得代码复用更为方便，提高了开发效率和项目的可维护性，非常适合团队协同开发。

2.　MVC 与 MVVM 模式

　　在深入探讨 Vue.js 框架的核心概念时，不得不提及的是其背后所依托的设计模式。Vue 作为一种现代的前端框架，充分借鉴了传统的 MVC 模式，并在此基础上发展出了更为先进的 MVVM 模式。

　　（1）MVC 模式

　　MVC 是软件工程中的一种软件架构模式，其把软件系统分为模型（Model，M）、视图（View，V）和控制器（Controller，C）三个基本部分。其中，Model 指的是后端传递过来的数据；View 指的是用户可见的页面；Controller 指的是模型和视图之间的连接器，用于控制应用程序的流程及页面的业务逻辑。MVC 模式主要负责用户与应用之间的响应操作，当用户与页面产生交互时，Controller 调用 Model 层，完成对 Model 的修改，Model 层再去通知 View 层更新。MVC 模式的宗旨在于将 Model 层和 View 层分离，保持 MVC 的单向通信，通过承上启下的 Controller 层搭建 Model 层与 View 层之间沟通的桥梁，使用户界面和业务逻辑合理地组织在一起，从而达到职责分离的效果。MVC 模式如图 3-3 所示。

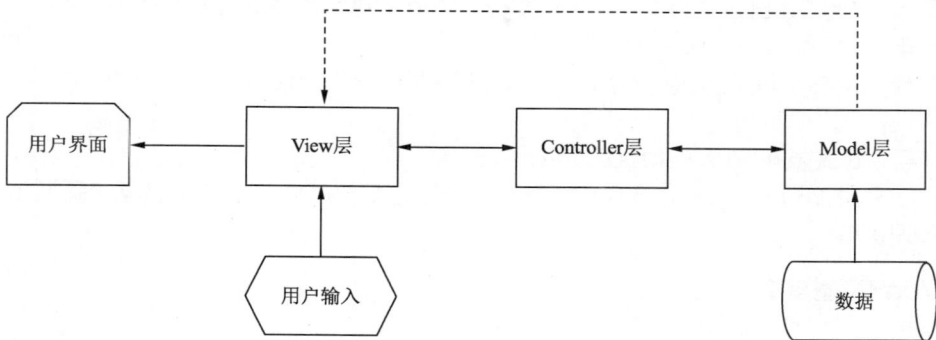

图3-3 MVC 模式

（2）MVVM 模式

MVVM 模式由模型（Model，M）、视图（View，V）和视图模型（ViewModel，VM）三部分组成，其本质上是 MVC 模式的改进版。与 MVC 模式不同的是，MVVM 模式不允许 Model 与 View 进行直接通信，而是借助 ViewModel 搭建 Model 与 View 之间的桥梁，实现数据驱动效果。目前很多主流的前端框架采用了 MVVM 模式，如 Angular、Vue 等。

MVVM 模式的核心特性是双向数据绑定，当用户操作 View 时，ViewModel 监测到 View 修改了数据，会立即通知 Model 实现数据的同步变更；当 Model 中的数据发生改变时，ViewModel 同样会监测到 Model 的数据变化，并立即通知 View 进行视图更新。MVVM 的核心思想是关注 Model 的变化，使用声明式的数据绑定实现 View 的分离。MVVM 模式如图 3-4 所示。

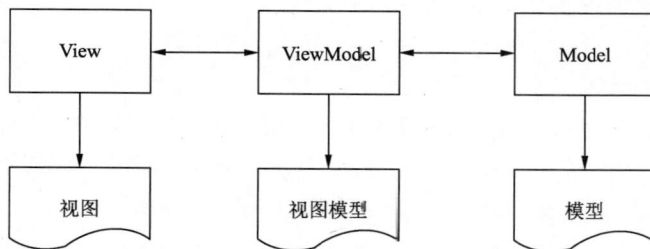

图3-4 MVVM 模式

Vue 就是一个实现了 MVVM 模式的框架。在 Vue 中，只需要关注 Model 和 View 的设计，而 ViewModel 的实现则由 Vue 框架自动完成。这使得用户可以更加专注于业务逻辑的实现，而不需要关心底层的数据绑定和 DOM 操作等细节。

3. Vue 的发展历程

Vue 是一套用于构建用户界面和 SPA 的渐进式 JavaScript 框架，其基于标准 HTML、CSS 和 JavaScript 构建，开发过程中可以创建可重用的用户界面（User Interface，UI）组件。Vue 提供了视图模板引擎、组件系统、客户端路由和大规模状态管理等组件，用户可以根据需要逐步添加或删除这些功能组件，进而高效地处理数据绑定和异步加载。

Vue 于 2013 年 12 月在 GitHub 上正式发布。Vue 的作者就职于谷歌公司期间，发现其常用的 Angular 框架过于臃肿，于是萌生了开发一个简单、轻便的框架的想法，Vue 由此诞生。时至今日，Vue 已历经多次更新，其发展过程如下所示。

2013 年 12 月 7 日，Vue 0.6.0 在 GitHub 上发布。

2015 年 10 月 26 日，Vue 1.0.0 正式发布，Vue 被越来越多的开发者接纳。

2016 年 10 月 1 日，Vue 2.0.0 正式发布。

2017 年，发布了多个 Vue 版本，该年度发布的第一个 Vue 版本是 2.1.9，最后一个版本为 2.5.13。

2019 年，正式发布 Vue 的稳定版本 2.5.13。

2020 年 9 月 18 日，Vue.js 3.0 正式发布，代号为 One Piece。本书将基于新发布的 Vue.js 3.0 进行知识讲解。

3.1.2　Vue 环境搭建

为了快速上手 Vue 项目开发，接下来将介绍如何安装 Vue 和 Vue 的调试工具 vue-devtools。

1. 安装 Vue

在安装 Vue 时，可以选择使用 CDN 方式或 NPM 方式。

（1）CDN 方式

使用 CDN 方式安装 Vue，需要选择一个可提供 Vue.js 链接的稳定 CDN 服务商。可借助 <script> 标签实现以 CDN 方式安装 Vue，语法格式如下所示。

```
<script src="https://unp××.com/vue@3/dist/vue.global.js"></script>
```

（2）NPM 方式

在使用 Vue 框架构建大型应用时，推荐使用 NPM 方式安装 Vue.js。NPM 可以很好地与诸如 Webpack、Browserify 模块打包器等工具组合使用。

以 NPM 方式安装 Vue.js 的命令代码如下所示。

```
#安装最新稳定版
$ npm create vue@latest
```

需要注意的是，由于 NPM 的官方镜像是国外的服务器，在国内访问国外的服务器非常慢，因此本书推荐使用淘宝的 NPM 镜像 CNPM。安装 CNPM 镜像的命令代码如下所示。

```
npm install -g cnpm --registry=https://registry.npm.taob××.org
```

完成 CNPM 镜像安装后，可使用 cnpm 命令安装项目所需模块，具体命令代码如下所示。

```
cnpm install 模块名称
```

2. 安装 vue-devtools

vue-devtools 是一款基于 Google Chrome 浏览器、用于调试 Vue 应用的浏览器扩展。vue-devtools 可以显示虚拟 DOM 树和组件信息，可以极大地提高前端开发人员的调试效率。

访问 vue-devtools 的官方下载页面，在该页面中下载 vue-devtools 安装包后，配置 Chrome 浏览器的扩展程序，即可使用该调试工具。

vue-devtools 的安装步骤如下。

① 下载 devtools-main.zip 压缩包到本地。

② 将压缩包进行解压，在命令行界面中切换到解压好的 devtools-main 目录，执行以下命令

进行依赖安装。

```
npm install
```

③ 依赖安装完成后，执行"npm run build"命令，编译 vue-devtools 源程序。

```
npm run build
```

④ 将插件添加至 Chrome 浏览器。单击 Chrome 浏览器右上角的 图标，在弹出的快捷菜单中选择"更多工具"→"扩展程序"命令，扩展程序页面如图 3-5 所示。

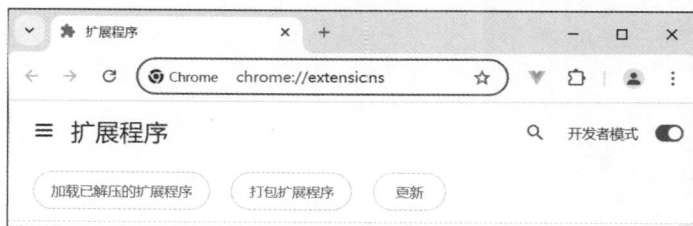

图 3-5　扩展程序页面

单击"加载已解压的扩展程序"按钮，在弹出的对话框中选择 devtools-main 文件夹下的 packages\shell-chrome 文件夹，即可安装 vue-devtools 扩展程序。安装成功后，扩展程序页面将自动显示已安装的扩展程序，如图 3-6 所示。

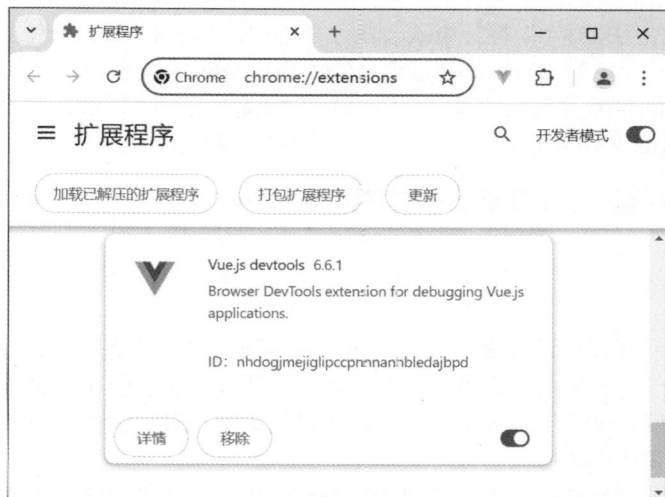

图 3-6　vue-devtools 扩展程序安装成功

【任务实施】

要实现本任务，需要在 ch03 文件夹中创建一个 Example3-1.html 文件，并在该文件中引入 Vue，具体代码如例 3-1 所示。

【例 3-1】创建第一个 Vue 应用程序。

3-3　任务实施

```
<!DOCTYPE html>
<html lang="en">
<head>
```

```
    <meta charset="UTF-8">
    <title>创建第一个Vue程序</title>
</head>
<body>
    <!-- DOM容器 -->
    <div id="app">
        <h1>{{msg}}</h1>
    </div>
    <!-- CDN方式引入Vue -->
    <script src="https://unp××.com/vue@3/dist/vue.global.js"></script>
    <script>
      const app= Vue.createApp({
          data( ) {
              return { msg: '智慧公寓管理系统!'; }
          }
      })
      app.mount('#app')
    </script>
</body>
</html>
```

在上述代码中，使用<script>标签引入 Vue，并使用 Vue 的 createApp( )方法创建一个应用程序实例。事实上，每个 Vue 应用都是通过 Vue 的 createApp( )方法创建新的应用实例的。在 data( )函数中定义页面中需要渲染的数据，将 data( )函数中的 msg 参数通过{{ }}插值语法展示在页面中。最后，将 Vue 应用挂载到 ID 为 app 的 DOM 元素上。

任务 3.2　基于 Vue 基础语法实现表单提交页面

【任务概述】

在构建一个完善的在线预订系统时，提升用户体验的关键之一便是提供一个直观且功能完备的表单页面，让用户能够轻松完成预订流程。为了进一步优化系统界面和交互设计，本任务将着手实现一个高效的表单页面。该页面不仅集成了用户预订所需的所有关键信息点，还通过合理的布局和导航设计极大地方便了用户的操作。

具体来说，本任务要求精心打造一个包含左侧菜单栏与右侧内容区域的表单页面。左侧菜单栏作为导航核心，将简洁明了地展示"表单"与"列表"两大功能模块，其中"表单"选项将是本任务的重点。列表渲染页面是任务 3.3 的预留功能，本任务中不对其进行详细介绍。

当用户选择"表单"选项时，页面右侧将呈现一个精心设计的预订信息填写表单。该表单将涵盖用户预订过程中非常关心的几个关键字段，包括但不限于房间类型、入住时间、预订人姓名、联系电话、入住人数以及联系邮箱等。通过为这些字段提供清晰明了的输入框和选择项，旨在确保用户能够准确无误地填写所有必要信息。此外，为了提升用户体验，还将为表单页面添加一个醒目的"提交"按钮，让用户能够一键提交所填写的信息。一旦提交成功，页面将在表单下方即时显示一条确认消息，并展示用户刚刚提交的预订数据，使用户对预订结果一目了然，具体页面效果如图 3-7 所示。

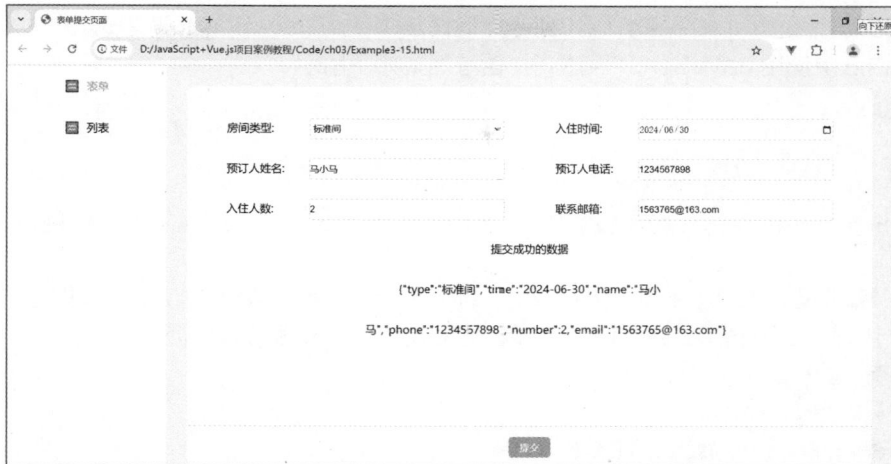

图 3-7　表单提交页面的效果

【知识储备】

3.2.1　模板语法

Vue 使用一种基于 HTML 的模板语法，能够声明式地将其组件实例的数据绑定到呈现的 DOM 上。所有的 Vue 模板都是语法层面合法的 HTML，可以被符合规范的浏览器和 HTML 解析器解析。在 Vue 应用程序中，数据绑定是核心步骤。Vue 通过文本插值、原始 HTML 插值和插值表达式等多种方式，实现了灵活的数据嵌入和动态渲染。这些功能使得开发者能够轻松地将数据展示在前端界面上，并实现与用户的交互。

1. 文本插值

在 Vue 中，文本插值需要使用 Mustache 语法，即双大括号形式。文本插值的语法格式如下所示。

```
<h1>{{message}}</h1>
```

Mustache 双大括号标签会被替换为相应 Vue 组件实例中的 message 属性的值，每次 message 属性发生变化时，Mustache 标签处的内容就会同步更新。

2. 原始 HTML

Mustache 双大括号会将数据解释为普通的纯文本，而非 HTML 代码。用户可使用 v-html 指令在 Mustache 标签中输出 HTML 代码。在 Mustache 标签中输出原始 HTML 代码的语法格式如下所示。

```
<h1 v-html="message"></h1>
```

需要注意的是，Mustache 语法不可以在 HTML attributes（特性）中使用，当需要控制某个元素的属性时，可借助 v-bind 指令实现。v-bind 指令将在 3.2.2 节中进行详细介绍。

3. 插值表达式

至此，仅在模板中绑定了一些简单的属性名。但事实上，Vue 在所有的数据绑定中均支持完

103

全的 JavaScript 表达式，接下来介绍如何在插值语法中使用 JavaScript 表达式。

在插值语法中使用 JavaScript 表达式，语法格式如下所示。

```
{{ number + 1 }}
{{ ok ? 1 : 0 }}
{{ message.split('').reverse( ).join('') }}
```

上述语法格式中的表达式均会被看作 JavaScript 表达式，并以所属组件为作用域进行解析与执行。

需要注意的是，在 Vue 模板内，每个绑定仅支持单一表达式，即一段能够被求值的 JavaScript 代码。若不满足上述条件，则绑定不生效。其示例代码如下所示。

```
<!-- 这是一个语句，而非表达式 -->
{{ var a = 1 }}
<!-- 选择结构也不支持，请使用三元表达式 -->
{{ if (ok) { return message } }}
```

接下来通过案例演示如何在 Vue 中使用模板语法渲染《劝学》，具体代码如例 3-2 所示。

【例 3-2】在 Vue 中使用模板语法。

```html
<div id="app">
    <!-- 插值表达式 -->
    <p>{{array[0]}}{{array[1]}}
        <!-- 输出原始HTML代码 -->
        <span v-html="links"></span>
    </p>
    <!-- 普通文本插值 -->
    <p>{{message1}}</p>
    <p>{{message2}}</p>
</div>
<script src="https://unp××.com/vue@3/dist/vue.global.js"></script>
<script>
    const app = Vue.createApp({
        data( ) {
            return {
                message1: '三更灯火五更鸡，正是男儿读书时。',
                message2: '黑发不知勤学早，白首方悔读书迟。',
                links: '<a href="https://hanyu.baidu.com/s?wd=%E9%A2%9C%E 7%9C%9F%
                E5%8D%BF">颜真卿</a>',
                array: ['《劝学》', '唐'],
            }
        }
    })
    app.mount('#app')
</script>
```

在浏览器中运行上述代码，模板语法的显示效果如图 3-8 所示。

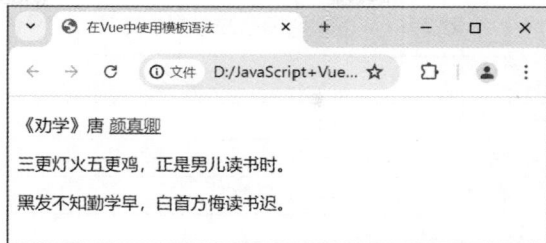

图 3-8　模板语法的显示效果

3.2.2　指令

Vue 的指令（directives）是能够附加到 DOM 元素上的特殊属性，它们以"v-"为前缀，作为 Vue 框架提供的一种微命令机制。Vue 提供了两种指令，一种是内置指令，另一种是自定义指令。

1. 内置指令

Vue 提供了内置指令，通过内置指令就可以用简洁的代码实现复杂的功能。Vue 常用的内置指令如表 3-1 所示。

表 3-1　Vue 常用的内置指令

指令	说明
v-model	双向数据绑定
v-on	监听事件
v-bind	单向数据绑定
v-text	插入文本内容
v-html	插入包含 HTML 的内容
v-for	列表渲染
v-show	显示隐藏
v-if	条件渲染
v-else-if/v-else	条件渲染指令的补充，与 v-if 指令一起使用

Vue 的内置指令可以使用简写方式，如 v-on:click 可简写为@click，v-bind:class 可简写为:class。

（1）v-model 指令

v-model 指令主要实现数据的双向绑定，通常用在表单元素上，如应用在 input、textarea、select 等表单元素上实现双向数据绑定，其会根据控件类型自动选取正确的方法来更新元素。

v-model 指令的语法格式如下所示。

```
<input type="text" v-model="msg">
data( ) {
    return {
        msg:"hello"
    }
}
```

Vue 为 v-model 指令定义了一些专属修饰符，如表 3-2 所示。

表 3-2　v-model 指令的专属修饰符

专属修饰符	说明
.number	自动将用户输入的值转换为数字类型
.trim	自动过滤用户输入文本的首尾空白字符
.lazy	在失去焦点或者按 Enter 键时才自动更新数据

v-model 指令的专属修饰符的语法格式如下所示。

```
<input type="text" v-model.number="msg">
<input type="text" v-model.trim="msg">
<input type="text" v-model.lazy="msg">
```

接下来通过案例演示如何在 Vue 中使用 v-model 指令，具体代码如例 3-3 所示。

【例 3-3】在 Vue 中使用 v-model 指令。

```
<div id="app">
    <input type="text" v-model="msg">
    <p>{{msg}}</p>
</div>
<script>
    const app = Vue.createApp({
        data( ) {
            return {
                msg: 'v-model指令默认值'
            }
        }
    })
    app.mount('#app')
</script>
```

在上述代码中，使用 input 元素定义了一个单行文本输入框，type 属性值为 text，通过 v-model 指令绑定了 data 中的 msg 数据。当改变单行文本输入框中的文本为"v-model 指令"时，输入框下方渲染的 msg 值也会发生改变，显示效果如图 3-9 所示。

（2）v-on 指令

v-on 指令是事件绑定指令，可以为目标元素绑定指定事件，事件的类型由参数决定。v-on 指令可用于监听 DOM 事件，并在触发事件时运行一些 JavaScript 逻辑代码。v-on 指令后的表达式可以是一段 JavaScript 代码，也可以是一个 methods 选项内的方法名或方法调用语句。在使用 v-on 指令绑定事件时，需要在 v-on 指令后指定事件类型，如 click、mousedown、mouseup 等。

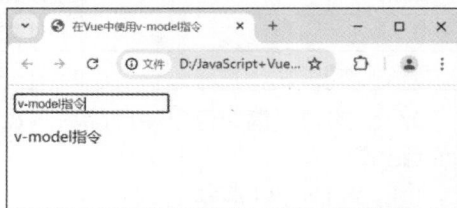

图 3-9　v-model 指令的显示效果

在 Vue 中，为 v-on 指令绑定事件的语法格式如下所示。

```
//表达式为一段JavaScript代码
<button v-on:click="num += 1">按钮</button>
//简写语法
<button @click="num += 1">按钮</button>
```

```
//表达式为方法名
<button @click="hello">按钮</button>
//表达式为方法调用语句
<button @click="hello('hi')">按钮</button>
```

接下来通过案例演示如何在 Vue 中使用 v-on 指令，具体代码如例 3-4 所示。

【例 3-4】在 Vue 中使用 v-on 指令。

```
<div id="app">
    <button v-on:click="ckickBtn">查看</button>
</div>
<script>
    const app = Vue.createApp({
        data( ) { return {}},
        methods:{
            ckickBtn( ){console.log("触发ckickBtn方法");}
        }
    })
    app.mount('#app')
</script>
```

在上述代码中，使用 v-on 指令为"查看"按钮绑定了事件，其中 click 表示单击事件，此处也可以简写为@click 形式。单击"查看"按钮，控制台的显示效果如图 3-10 所示。

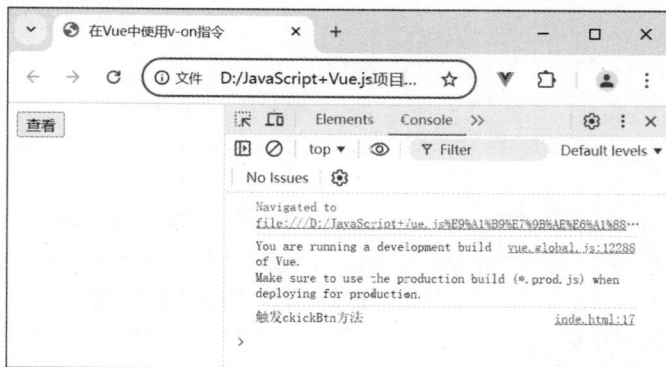

图 3-10　v-on 指令的显示效果

（3）v-bind 指令

v-bind 指令主要用于响应式地更新 HTML 属性，将一个或多个属性动态绑定到表达式中，也可以将一个组件的 prop 动态绑定到表达式中。

v-bind 指令的语法格式如下所示。

```
//绑定一个属性
<a v-bind:href="https://www.baidu.com/">链接</a>
//简写语法
<a :href="https://www.baidu.com/">链接</a>
```

（4）v-text 指令

v-text 指令用于更新元素的文本内容，且 v-text 指令会覆盖标签内部的原有内容。若仅需更新元素内的部分文本内容，则仍建议使用 Mustache 插值语法。

v-text 指令的语法格式如下所示。

```
<p v-text="msg">hello</p>
data( ) {
    return { msg:"hi" }
}
```

（5）v-html 指令

v-html 指令用于更新元素的 innerHTML，该部分内容会以普通 HTML 代码的形式插入页面中，不会作为 Vue 的模板进行编译。

v-html 指令的语法格式如下所示。

```
<p v-html="msg">hello</p>
data( ) {
    return {
        msg:"https://www.baidu.com"
    }
}
```

需要注意的是，应尽量避免使用 v-html 指令，因为 v-html 指令很容易导致页面出现跨站脚本攻击。建议仅在可信任的内容上使用 v-html 指令，永远不要将其用在用户提交的内容上。

（6）v-for 指令

Vue 中内置了一个列表渲染指令，即 v-for 指令。v-for 指令可以实现页面的列表渲染，常用来循环数组。

v-for 指令遍历数组、对象、整数的语法格式如下所示。

```
<li v-for="(item,index) in list" :key="item">{{item}}</li>
data( ) {
    return { list:[1,2,3]}
}
```

在上述语法格式中，list 是源数据数组，item 是被迭代的数组元素的别名，index 是每一项被遍历的元素的下标索引。在 v-for 块中，可以访问父作用域的所有属性，在<li>元素内可使用 Mustache 语法引用当前元素的属性及 index。需要注意的是，在使用 v-for 指令时，索引 key 是必须添加的，否则程序会发出警告。

接下来通过案例演示如何使用 v-for 指令遍历数组、对象与整数，具体代码如例 3-5 所示。

【例 3-5】使用 v-for 指令遍历数组、对象与整数。

```
<div id='app'>
    <!-- 遍历数组 -->
    <template v-for="item in userList" :key="item.id">
        <span>name:{{item.name}}</span><br>
    </template>
    <!-- 遍历对象 -->
    <p v-for="(item,key,index) in userDetail" :key="index">{{key}}:{{item}} </p>
    <!-- 遍历整数 -->
    <p v-for="item in 3" :key="item">{{item}} </p>
</div>
```

```
<script>
    const app= Vue.createApp({
        data( ) {
            return {
                userList:[
                    {id:'001',name:'小明'},
                    {id:'002',name:'小红'},
                    {id:'003',name:'小兰'}
                ],
                userDetail:{name:'小明',identity:'vip用户',money:"99.0"}
            }
        }
    });
app.mount('#app')
</script>
```

在浏览器中运行上述代码，使用 v-for 指令遍历数组、对象与整数的显示效果如图 3-11 所示。

图 3-11　v-for 指令的显示效果

（7）v-show、v-if 与 v-else-if/v-else 指令

v-show、v-if、v-else-if/v-else 是 Vue 中用于条件渲染的指令。这些指令根据表达式的值来决定是否渲染一个元素或一组元素。

① v-show 指令。

v-show 指令根据表达式的真假值来切换元素的 display 属性。当表达式为 true 时，元素会显示；当表达式为 false 时，元素的 display 属性会被设置为 none，从而隐藏元素。

v-show 指令的语法格式如下所示。

```
<p v-show="flag">v-show控制的元素</p>
```

② v-if 指令。

v-if 指令根据表达式的真假值来决定是否渲染元素。当表达式为 true 时，元素会被渲染到 DOM 中；当表达式为 false 时，元素不会被渲染。

v-if 指令的语法格式如下所示。

```
<p v-if="flag ">v-if控制的元素</p>
```

③ v-else-if/v-else 指令。

v-else-if/v-else 指令必须紧跟在 v-if 或 v-else-if 元素之后，用于处理多个条件的情况。v-else-if 指令用于检查另一个条件，只有当前面的 v-if 或 v-else-if 条件不满足时，才会检查 v-else-if 的条件；v-else 指令表示"否则"的情况，当所有前面的条件都不满足时，v-else 对应的元素会被渲染。

v-else-if/v-else 指令的语法格式如下所示。

```
<div v-if="type === 'A'">优秀</div>
<div v-else-if="type === 'B'">良好</div>
<div v-else-if="type === 'C'">一般</div>
<div v-else>差</div>
```

接下来通过案例演示如何使用 v-show、v-if 与 v-else-if/v-else 指令，具体代码如例 3-6 所示。

【例 3-6】使用 v-show、v-if 与 v-else-if/v-else 指令判断商品等级。

```
<div id='app'>
    <!-- 遍历数组 -->
<div id='app'>
    <h2>商品等级判断</h2>
    <span>北京鸭梨：</span>
    <span v-if="proLevel >= 200" class="grade-label">优秀级</span>
    <span v-else-if="proLevel >= 150" class="grade-label">良好级</span>
    <span v-else-if="proLevel >= 100" class="grade-label">及格级</span>
    <span v-else class="grade-label">瑕疵品</span>
    <!-- v-show指令的使用 -->
    <div v-show="proLevel >= 200" class="grade-v-show">单价：¥6.66</div>
    <div v-show="proLevel >= 150 && proLevel < 200" class="grade-v-show">单价：¥5.58 </div>
    <div v-show="proLevel >= 100 && proLevel < 150" class="grade-v-show">单价：¥4.99 </div>
    <div v-show="proLevel < 100" class="grade-v-show">单价：¥3.22 </div>
</div>
<script>
    const app= Vue.createApp({
        data( ) {
            return {
                proLevel: 600 // 初始商品质量
            }
        }
    });
app.mount('#app')
</script>
```

上述代码中使用了 v-if、v-else-if/v-else 指令，以根据 proLevel 的值渲染对应商品的等级，同时使用 v-show 指令控制 div 元素的显示与隐藏，进而实现显示对应等级商品的单价。

在浏览器中运行上述代码，并打开控制台，查看当前页面的 Elements 结构，商品等级判断的显示效果如图 3-12 所示。

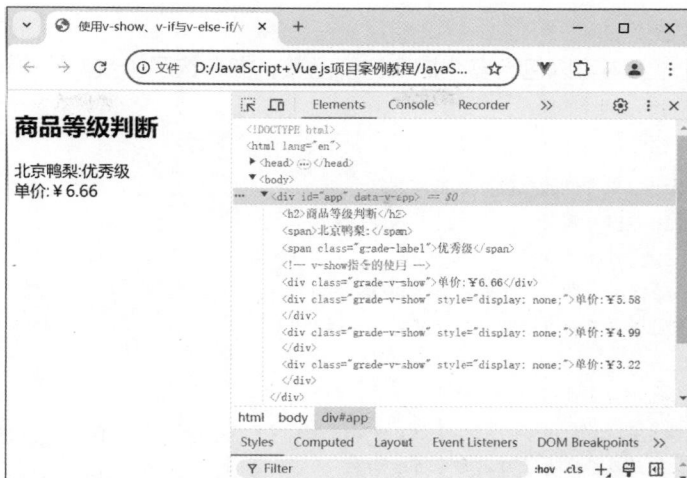

图 3-12　商品等级判断的显示效果

综上所述，对于 v-show 指令而言，不管初始条件是什么，使用该指令的 DOM 元素总是会被渲染，并基于 CSS 进行显示或隐藏的状态切换；而 v-if 指令是惰性的，只有在条件为真时才开始进行 DOM 元素的局部编译。

2. 自定义指令

当希望为元素附加一些特别的功能时，可借助自定义指令来实现。自定义指令不仅能够直接操作 DOM 元素，且允许多次复用。自定义指令是对 Vue 内置指令的补充和拓展。下面对自定义指令的语法格式和示例进行介绍。

（1）自定义指令的注册方式

自定义指令的注册方式主要有两种，包括全局注册和局部注册。全局注册方式基于应用程序实例的 directive( )方法实现，可以在所有组件实例中使用；局部注册方式基于组件选项对象内的 directives 选项实现，只能在自身的组件实例中使用。

① 全局注册自定义指令。

全局注册自定义指令的语法格式如下所示。

```
const vm=Vue.createApp({})
vm.directive('指令名称', {})
```

需要注意的是，directive( )方法接收两个参数，第一个参数是自定义指令的名称，第二个参数是一个定义对象或函数对象，需要在该对象中定义此指令要实现的功能。

② 局部注册自定义指令。

局部注册自定义指令的语法格式如下所示。

```
const vm=Vue.createApp({
  directives:{
    指令名称:{mounted(el){}}
  }
})
```

需要注意的是，directives 选项内可定义多个指令，每个指令均由包含指令钩子的对象来定义。

（2）指令钩子函数

一个指令的定义对象内可以包含多个指令钩子函数，指令钩子函数都是可选的。自定义指令的钩子函数如下所示。

```
const myDirective = {
  //在绑定元素的属性前或事件监听器应用前调用
  created(el, binding, vnode, prevVnode) {},
  //在元素被插入DOM前调用
  beforeMount(el, binding, vnode, prevVnode) {},
  //在绑定元素的父组件及其所有子节点都挂载完成后调用
  mounted(el, binding, vnode, prevVnode) {},
  //在绑定元素的父组件更新前调用
  beforeUpdate(el, binding, vnode, prevVnode) {},
  //在绑定元素的父组件及其所有子节点都更新后调用
  updated(el, binding, vnode, prevVnode) {},
  //在绑定元素的父组件卸载前调用
  beforeUnmount(el, binding, vnode, prevVnode) {},
  //在绑定元素的父组件卸载后调用
  unmounted(el, binding, vnode, prevVnode) {}
}
```

用户可根据需要自定义指令的功能需求，自行选择相应的指令钩子函数。

（3）指令钩子函数的参数

自定义指令的所有指令钩子函数均可携带一些参数，接下来详细介绍这些参数。

① el：指令所绑定的元素，可借助 el 参数直接操作 DOM。

② binding：一个参数对象，对象内包含以下属性。

a. value：传递给指令的值。例如，在 v-my-directive="1 + 1"中，value 的值是 2。

b. oldValue：传递给指令的前一个值，仅在 beforeUpdate 和 updated 钩子中可用。无论传递给指令的值是否更改，oldValue 都可用。

c. arg：传递给指令的参数，此参数可选。例如，在 v-my-directive:far 中，arg 的值为 far。

d. modifiers：一个包含修饰符的对象，此参数可选。例如，在 v-my-directive.far.bar 中，modifiers 对象的值为{far:true,bar:true}。

e. instance：使用本指令的组件实例。

f. dir：注册指令时作为参数传递的对象，即指令的定义对象。

③ vnode：绑定元素的底层 VNode，即 Vue 生成的虚拟节点。

④ preVnode：在之前的渲染中代表指令所绑定元素的上一个 VNode，仅在 beforeUpdate 和 updated 钩子中可用。

需要注意的是，除了 el 参数，其他参数都应该是只读的。

接下来通过案例演示如何自定义一个用于动态地改变文本颜色的 v-highlight 指令，具体代码如例 3-7 所示。

【例 3-7】自定义一个可动态地改变文本颜色的指令。

```
<div id="app">
    <p v-highlight="'red'">这段文字将被高亮为红色。</p>
    <p v-highlight="dynamicColor">这段文字的颜色为指令的默认文本颜色。</p>
```

```
        </div>
<script>
    const app = Vue.createApp({data( ) { return {}} })
    //自定义指令 v-highlight
    app.directive('highlight', {
        mounted(el, binding) {
            el.style.color = binding.value || 'blue';      //默认文本颜色
        },
        updated(el, binding) {
            el.style.color = binding.value;                //更新文本颜色
        }
    });
    app.mount('#app')
</script>
```

上述代码中创建了一个名为 v-highlight 的自定义指令，用于动态地改变文本颜色。在<p>元素上使用 v-highlight 指令并将颜色代码"red"作为值传递给它。因此，当 Vue 处理该模板时，将找到 v-highlight 指令，并调用定义的指令钩子函数来设置<p>元素的文本颜色为红色。

在浏览器中运行上述代码，自定义指令的显示效果如图 3-13 所示。

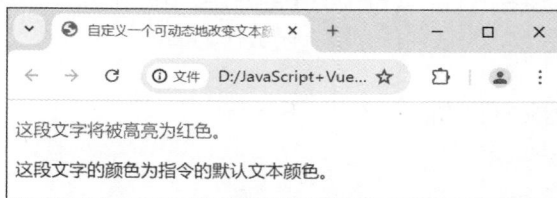

图 3-13　自定义指令的显示效果

3.2.3　Vue 实例核心选项

在 Vue 中使用 createApp( )方法创建应月程序实例时，需要为 createApp( )方法传入一个参数对象，使其返回应用程序实例本身。需要注意的是，传入该 API 的对象实际上是一个根组件选项对象。这个对象包括 data、methods、computed、watch 以及生命周期钩子函数等选项。

3-5 Vue 实例语法与数据绑定

1.　data 选项

data 选项中的数据是 Vue 实例的数据对象。data 返回一个对象，该对象包含组件的初始数据状态。data 选项中的数据状态是响应式的，意味着当数据发生变化时，视图会自动更新。

data 选项中的数据可以是字符串、整数、数组、对象及对象数组类型的数据，示例代码如下所示。

```
data( ) {
  return {
    name: '张三',              //字符串
    age: 30,                  //整数
    hobbies: ['阅读', '旅行'],  //数组
```

113

```
    user: {                          //对象
      id: 1,
      username: 'zhangsan'
    },
    users: [                         //对象数组
      { id: 1, username: 'zhangsan' },
      { id: 2, username: 'lisi' }
    ]
  };
}
```

在上述代码中，data( )是一个函数。这是因为在 Vue 组件中，每个组件实例都应该有自己独立的数据副本，而不是共享同一个数据对象。通过返回一个函数，可以确保每个组件实例都拥有自己独立的数据状态。

需要注意的是，data 选项中定义的数据可以在模板中使用模板语法（{{ }}）进行渲染，可以使用指令（如 v-bind:some-prop="数据属性名"）进行显示或绑定，也可以在 methods 选项的方法中通过 "this.数据属性名" 方式进行访问或修改。

2. methods 选项

methods 选项用于定义在 Vue 实例中绑定的方法。methods 是一个对象，其中包含了多个方法。每个方法都是一个函数，方法名作为键，函数作为值。

（1）定义方法

在 methods 选项中定义方法的语法格式如下所示。

```
const app=Vue.createApp({
    methods:{
        方法名（空/参数）{    //方法体   }
    }
});
app.mount('#app')
```

（2）调用方法

methods 选项中的方法可以在模板、其他方法、生命周期钩子中被调用，也可以作为页面中的事件处理方法被调用，当事件触发后，执行相应的事件处理方法。

调用 methods 选项中方法的语法格式如下所示。

```
//在模板中调用方法
<p>{{methodName1( )}}</p>
//作为事件处理方法被调用
<button @click="methodName1">点击我</button>
methods: {
    methodName1( ) {   //方法体   },
    //在其他方法中调用方法
    methodName2( ) {
      this.methodName1( );
    },
    //在生命周期钩子中调用方法
```

```
mounted( ) {
    this.methodName1( );
  },
},
```

需要注意的是，Vue 自动为 methods 选项中的方法绑定了永远指向当前 Vue 组件实例的 this，这确保了方法在作为事件处理方法或回调函数被调用时始终保持正确的 this 指向。应避免在 methods 中定义方法时使用箭头函数，箭头函数没有自己的 this 上下文，容易导致 this 指向混乱。

接下来通过案例演示如何在 methods 选项中自定义一个方法，该方法用于改变 data 选项中定义的数据，具体代码如例 3-8 所示。

【例 3-8】在 methods 选项中自定义方法。

```
<div id="app">
    <p>{{ message }}</p>
    <button @click="changeMessage">点击改变消息</button>
</div>
<script src="https://unp××.com/vue@3/dist/vue.global.js"></script>
<script>
    const app = Vue.createApp({
        data( ) {message: '初始消息' };
        },
        methods: {
            changeMessage( ) {
                this.message = '消息已改变';
                this.logMessage( );              //在methods中的方法中调用另一个方法
            },
            logMessage( ) {
                console.log('消息已被changeMessage方法改变');     //在控制台输出日志
            }
        }
    })
    app.mount('#app')
</script>
```

在浏览器中运行上述代码，单击"点击改变消息"按钮，调用 changeMessage( )方法改变 message 的值。同时，changeMessage( )方法调用了 logMessage( )方法，使其在控制台中输出提示消息。调用 methods 选项中方法的显示效果如图 3-14 所示。

图 3-14　调用 methods 选项中方法的显示效果

3. computed 选项

Vue 提供了一种更通用的方式来观察和响应 Vue 实例的数据变动，即计算属性。计算属性适合对多个变量或对象进行处理后返回一个结果的场景。当计算属性依赖的多个变量中的某个值发生变化时，绑定的计算属性必定也会发生变化。计算属性是写在 computed 选项中的属性，其在本质上是一个方法，在使用时需将其当作属性使用。

（1）定义与调用计算属性

计算属性中定义的每个属性都是一个对象，该对象中包含 getter 函数和 setter 函数，也被称为 get( )方法和 set( )方法。get( )方法用于获取计算属性，set( )方法用于设置计算属性。set( )方法无须设置返回值，其接收一个可选参数，该参数是计算属性被修改之后的值。

计算属性的语法格式如下所示。

```
computed:{
    attribute: {
        get( ){}
        set(newValue){}
    }
}
```

默认情况下计算属性是只读的，即仅包含 get( )方法。在默认情况下，可对计算属性进行简写，简写的语法格式如下所示。

```
//简写形式
computed:{
    attribute( ){
        return{}       //必须有返回值
    }
}
```

接下来通过案例演示计算属性的 get( )方法与 set( )方法的使用方法。定义一个计算属性 fullName，用于动态计算并展示用户全名。fullName 允许用户直接在页面输入框中编辑用户全名，并将编辑后的全名自动拆分为 FirstName 和 LastName。定义一个简写形式的计算属性 fullNameShort，用于根据 FirstName 和 LastName 的变化动态计算并展示全名。其具体代码如例 3-9 所示。

【例 3-9】在 computed 选项中定义计算属性。

```
<div id="app">
    <p>FirstName: {{ firstName }}</p>
    <p>LastName: {{ lastName }}</p>
    <p>FullName (editable): <input v-model="fullName" /></p>
    <p>FullName (read-only): {{ fullNameShort }}</p>
</div>
<script src="https://unp××.com/vue@3/dist/vue.global.js"></script>
<script>
    const app = Vue.createApp({
        data( ) {
            return {
                firstName: 'John',
```

```
                    lastName: 'Doe'
                };
            },
            computed: {
                fullName: {
                    get( ) {return this.firstName + ' ' + this.lastName;},
                    set(newValue) {
                        const names = newValue.trim( ).split(' ');
                        this.firstName = names[0] || '';
                        this.lastName = names.slice(1).join(' ') || '';
                    },
                fullNameShort( ) {
                        return this.firstName + ' ' + this.lastName;
                }
                },
            }
        })
    app.mount('#app')
</script>
```

在浏览器中运行上述代码，在输入框中将用户全名修改为"John Park"，fullName 的 set( )方法会将 data 选项中的 lastName 值修改为"Park"。同时，计算属性 fullNameShort 的结果将根据 lastName 值的变化同步更新为"John Park"。修改用户全名后的显示效果如图 3-15 所示。

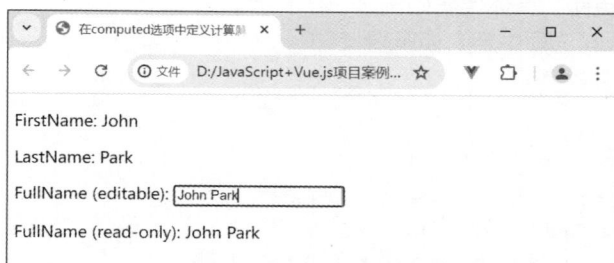

图 3-15　修改用户全名后的显示效果

（2）计算属性的缓存机制

计算属性是基于它们的响应式依赖进行缓存的，仅在相关响应式依赖发生改变时才会重新求值。响应式依赖没有发生改变时，多次访问计算属性，计算属性仍返回之前的计算结果。这与methods 中的方法不同，methods 中的方法每次调用都会重新执行函数。

计算属性与 methods 方法在写法与功能上十分类似，以例 3-9 为例，可轻易地将计算属性fullNameShort 改写为 methods 形式。

```
methods: {
    fullNameShort( ){
        return this.firstName + ' ' + this.lastName;
    }
}
```

需要注意的是，在例 3-9 中，若用户全名未发生变化，用户多次调用 fullNameShort 计算属性，页面仍会立即返回之前的计算结果，不会重新进行计算；而以 methods 形式调用 fullNameShort( )方法时，无论用户全名是否发生改变，该方法均会重新执行，这无形中增加了系统的开销。

4. watch 选项

watch 侦听器是 Vue.js 提供的一种强大机制，其允许精确地监视组件内部数据属性的变化，并在这些变化发生时执行特定的操作或响应。通过定义 watch 选项，可以指定要监听的属性值，一旦这些属性值发生变化，相应的侦听器函数便会自动触发，从而赋予用户根据数据变化执行相应逻辑的能力。

（1）定义侦听器

侦听器是定义在组件选项对象内的 watch 选项中的方法，其本质上是一个函数。想要监视一个数据，就需要将该数据作为函数名。

侦听器的语法格式如下所示。

```
watch:{
    msg(val,oldval){      }
}
```

上述语法格式中，侦听器函数接收两个参数，第一个参数是被监听数据的新值；第二个参数是旧值，即改变之前的值。

接下来通过案例演示 watch 侦听器的使用方法。定义两个侦听器，当用户在表单中输入姓名或年龄时，使用侦听器分别监听这两个字段的变化，并在字段值改变时显示一个提示消息，告知用户哪个字段的值已经被更新，具体代码如例 3-10 所示。

【例 3-10】在 watch 选项中定义侦听器。

```
<div id="app">
    <form>
        <label for="name">姓名:</label>
        <input type="text" id="name" v-model="name">
        <label for="age">年龄:</label>
        <input type="number" id="age" v-model="age">
    </form>
    <p>{{ message }}</p>
</div>
<script>
    const app = Vue.createApp({
        data( ) {
            return {
                name: '',
                age: null,
                message: '',
            };
        },
        watch: {
            name(newVal, oldVal) { //监听 name 字段的变化
```

```
            if (newVal !== oldVal) {this.message = '姓名已更新为: ${newVal}';}
        },
        age(newVal, oldVal) {  //监听 age 字段的变化
            if (newVal !== oldVal) {this.message= '年龄已更新为: ${newVal}';}
        }
    }
})
app.mount('#app')
</script>
```

在浏览器中运行上述代码，"姓名"输入框与"年龄"输入框中的默认值分别为"小明"和"18"。当将"姓名"输入框中的值修改为"小兰"时，触发监听 name 字段的监听器，该监听器判断 name 字段发生变化，通过 message 属性告知用户 name 字段的值已经被更新。修改姓名后的显示效果如图 3-16 所示。

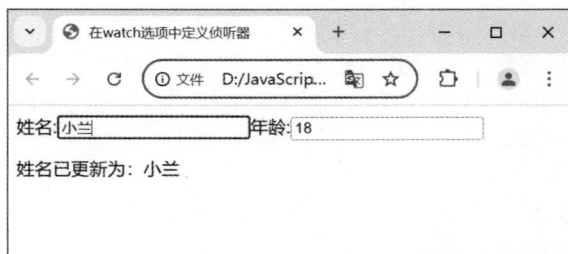

图 3-16　修改姓名后的显示效果

（2）深度侦听器

侦听器不仅可以监听方法，还可以监听对象。受 JavaScript 的限制，Vue 无法检测到对象属性的变化，默认情况下侦听器只监听该对象引用的变化。

监听对象属性值的变化需要使用侦听器的两个新选项，即 handler 和 deep。handler 用于定义数据变化时调用的监听函数。deep 用于控制是否进行深度监听；deep 值为 true 时，表示无论该对象的属性层级有多深，只要该对象的属性值发生变化均会被监听；deep 值为 false 或未定义 deep 时，表示不进行深度监听。

在 Vue 中，定义深度侦听器的语法格式如下所示。

```
data( ){
    return {product:{name:'banana',price:20}}
},
watch:{
    product:{
        handler(val,oldVal){  },
        deep:true
    }
}
```

（3）侦听器的立即执行

在初始渲染时，侦听器不会被立刻调用。可以通过添加 handler( )方法和 immediate 属性来实现侦听器的立即执行，即将 immediate 属性值设置为 true。

119

在 Vue 中实现侦听器的立即执行的语法格式如下所示。

```
data( ){
    return {msg:'hello'}
},
watch:{
    msg:{
      handler(val,oldVal){   },
      immediate:true
    }
}
```

5. 生命周期钩子函数

每个 Vue 组件实例在创建时都需要经历一系列的初始化步骤，如设置数据侦听、编译模板、挂载组件实例到 DOM 以及在数据变化时更新 DOM 等。在此过程中，Vue 会运行一些生命周期钩子函数，使系统能够在特定的阶段运行特定的代码。

生命周期钩子函数就是在某一时刻会自动执行的函数，具体如下所示。

① beforeCreate( )函数：在组件实例初始化之后，数据观测与事件配置之前自动执行该函数。此时组件实例还未创建与挂载，因此不可访问数据属性，不可操作 DOM。

② created( )函数：在 Vue 组件实例创建完成之后会自动执行该函数。在此阶段，组件实例创建成功并完成对选项的处理，此时可访问 data( )函数中的数据、methods 中的方法以及监听器等。需要注意的是，组件尚未挂载不可操作 DOM。

③ beforeMount( )函数：在组件挂载之前自动执行该函数，render( )函数首次被调用，此时仍不可操作 DOM。

④ mounted( )函数：在组件挂载后自动执行该函数，可直接操作 DOM。此阶段可向服务器发送请求，获取数据。注意，mounted( )函数并不能确保所有子组件都已经完成了渲染。为了确保在整个视图渲染完后执行相关操作，可以在 mounted( )函数中调用 vm.$nextTick( )方法，确保在 DOM 更新完成且视图渲染完后，再执行相应的逻辑代码。

⑤ beforeUpdate( )函数：当 data 中的数据发生变化时会自动执行该函数，此时 DOM 尚未更新，仅 data 数据发生变化。此阶段适合在页面更新前访问现有 DOM，如手动移除已添加的监听器。

⑥ updated( )函数：当 data 中的数据发生变化且页面数据重新渲染后自动执行该函数。当调用此函数时，已完成 DOM 更新。此阶段更改 data 数据容易出现死循环现象，在开发时尽量避免触发此类现象。

⑦ activated( )函数：当 keep-alive 缓存的组件被激活时自动执行该函数。

⑧ deactivated( )函数：当 keep-alive 缓存的组件被停用时自动执行该函数。

⑨ beforeUnmount( )函数：在卸载组件实例之前自动执行该函数，此阶段的实例依旧是正常可用的。

⑩ unmounted( )函数：在卸载组件实例后自动执行该函数，此时已解除组件实例的所有指令，解除所有绑定的事件与侦听器，所有子组件实例也均被卸载，不可操作 DOM。

需要注意的是，所有的生命周期钩子函数均实现了其 this 上下文与组件实例的绑定，因此在组件实例创建后，在生命周期钩子函数中可通过 this 访问 data 数据、methods 选项、计算属性等。为此，应避免使用箭头函数定义生命周期钩子函数，避免其 this 指向的破坏。

接下来通过案例演示生命周期钩子的执行顺序。在每个生命周期钩子函数中添加输出语句，从而查看生命周期钩子函数在组件实例化、挂载、更新和销毁过程中的执行顺序，具体代码如例 3-11 所示。

【例 3-11】查看生命周期钩子的执行顺序。

```
<div id="app">
    <p>{{ message }}</p>
    <button @click="updateMessage">更新消息</button>
</div>
<script>
    const app = Vue.createApp({
        data( ) {
            return {message: '初始消息';};
        },
        methods: {updateMessage( ) {this.message = '消息已更新';}},
        beforeCreate( ) {console.log('beforeCreate 钩子被调用');},
        created( ) {console.log('created 钩子被调用');},
        beforeMount( ) {console.log('beforeMount 钩子被调用');},
        mounted( ) {console.log('mounted 钩子被调用');},
        beforeUpdate( ) {console.log('beforeUpdate 钩子被调用');},
        updated( ) {console.log('updated 钩子被调用');},
        beforeDestroy( ) {console.log('beforeDestroy 钩子被调用');},
        destroyed( ) {console.log('destroyed 钩子被调用');}
    })
    app.mount('#app')
</script>
```

在浏览器中运行上述代码，按 F12 键打开控制台，切换至"Console"选项卡，生命周期钩子函数执行顺序的显示效果如图 3-17 所示。

图 3-17　生命周期钩子函数执行顺序的显示效果

单击"更新消息"按钮，将调用 updateMessage( )方法自动改变 message 的值，进而自动触发页面的 beforeUpdate( )与 updated( )钩子函数，更新消息后的显示效果如图 3-18 所示。

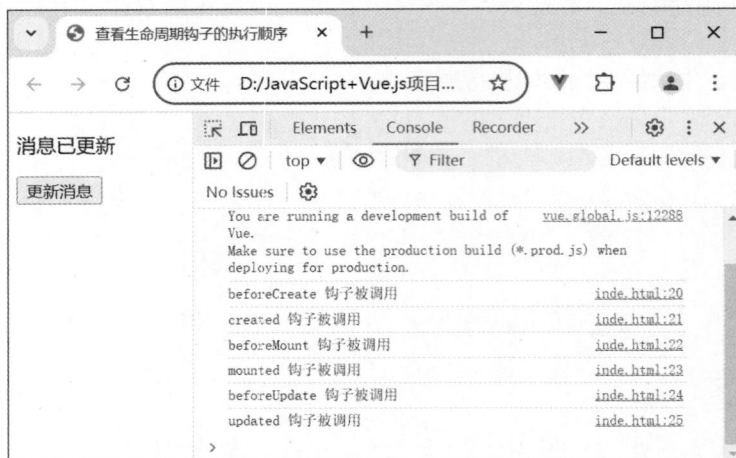

图 3-18　更新消息后的显示效果

3.2.4　模板引用

Vue 的模板引用主要是为了直接访问底层 DOM 元素而做的补充处理。模板引用提供了一种访问模板中 DOM 元素或子组件的方式，使得用户可以直接操作 DOM 元素或调用子组件的方法。

Vue 允许在一个特定的 DOM 元素或子组件实例被挂载后，使用 ref 属性给 DOM 元素或子组件添加一个引用信息，进而通过 this.$refs 获得对其的直接引用。在 DOM 元素或组件尚未挂载时，无法通过 this.$refs 访问引用。

1. 为 DOM 元素或组件添加引用

使用 ref 属性对 DOM 元素或组件添加引用，语法格式如下所示。

```
//为DOM元素添加引用
<input ref="input">
<li v-for="item in list" ref="items">{{ item }}</li>
//为组件添加引用
<my-component ref="myComponent" />
```

在上述语法格式中，input、items 和 myComponent 是 ref 属性注册的引用名。

2. 访问引用的 DOM 元素或组件

在 Vue 中，可以通过 this.$refs 访问已经添加的引用，语法格式如下所示。

```
//访问引用的元素或组件
mounted( ){
    this.$refs.input;
    this.$refs.items;
    this.$refs.myComponent; //访问引用的组件
}
```

在上述语法格式中，this.$refs 是一个对象，其属性名就是模板中定义的 ref 属性值，属性值是对应的 DOM 元素或组件实例。需要注意，对于列表元素而言，可以通过 this.$refs.items 访问所有的\<li>元素，此时 this.$refs.items 是一个数组，数组内包含所有的\<li>元素。

接下来通过案例演示如何为 DOM 元素添加模板引用，实现当用户单击"清空"按钮时，即可清空输入框中的默认内容，具体代码如例 3-12 所示。

【例 3-12】为 DOM 元素添加模板引用。

```
<div id="app">
    <input ref="input" type="text" v-model="message" >
    <button @click="clearInput">清空</button>
</div>
<script src="https://unp××.com/vue@3/dist/vue.global.js"></script>
<script>
    const app = Vue.createApp({
        data( ){
            return{ message:"Hello ref!"}
        },
        methods: {
            clearInput( ) {                    //定义一个方法来清空输入框的内容
                if (this.$refs.input) {        //通过this.$refs访问DOM元素
                    this.$refs.input.value = '';//清空输入框的值
                }
            }
        }
    })
    app.mount('#app')
</script>
```

在浏览器中运行上述代码，当单击"清空"按钮时，methods 选项内的 clearInput( )方法会被调用，并在方法内部通过 this.$refs.input 访问输入框元素，将输入框的默认内容"Hello ref!"清空，清空输入框后的显示效果如图 3-19 所示。

图 3-19　清空输入框后的显示效果

3.2.5　Class 与 Style 绑定

在构建动态和响应式的 Vue 应用程序时，经常需要动态改变元素的外观。在 Vue 中，Class 绑定根据条件动态地添加、移除或切换 CSS 类名，而 Style 绑定允许直接操作元素的行内样式，这二者都提供了极大的灵活性来定制元素的外观和布局。

1. 绑定 HTML 样式（Class）

在 Vue 中，可以通过 v-bind:class 指令在 HTML 元素上绑定 Class 样式。v-bind 指令可以

动态地设置元素的类名，其表达式语法格式可以是对象语法或数组语法。

（1）对象语法绑定 HTML 样式

v-bind:class 可以通过绑定一个简单对象或一个多属性的对象来动态切换元素的 Class 样式，还可以与普通的 Class 样式设置共同作用于同一元素。对象的多个属性之间以逗号分隔。对象语法绑定 HTML 样式的语法格式如下所示。

```
<style>
    .danger{color:red}
    .success{color:green}
    .borders{border:soloid 1px gray}
</style>
<div :class="{danger:isActive}">Happy</div>          //一个简单对象
<div class="borders"
    :class="{danger:isActive,'success':hasOk}">Happy</div>   //设置多属性的对象
data( ){
    return{ isActive:true ,hasOk:false }
}
```

在上述语法格式中，danger 与 success 样式类的生效与否分别取决于 isActive 或 hasOk 的值是不是真。

当需要管理的样式属性过多时，为了保持代码的清晰性和可维护性，推荐在 data 选项内定义一个单独的对象来存放这些属性，并通过 v-bind:class 指令直接绑定该对象到元素的 class 属性上，语法格式如下所示。

```
<div :class="{classObj}">Happy</div>
data( ){
    return{ classObj:{danger:true,'success':false  }}
}
```

（2）数组语法绑定 HTML 样式

除了对象语法外，还可以为 v-bind:class 传递一个数组，数组内填写的类名需要用方括号进行包裹，语法格式如下所示。

```
<style>
    .class1{color:red}
    .class2{color:green}
</style>
<div :class="['class1','class2']">Happy</div>
```

若未对数组内填写的类名用方括号进行包裹，则数组内的数据将被视为变量进行解析，在解析变量前要确保该变量已经被定义，语法格式如下所示。

```
<style>
    .class1{color:red}
    .class2{color:green}
</style>
<div :class="[Class1,Class2]">Happy</div>
data( ){
    return{  Class1:'class1',Class2:'class2'}
```

```
}
```

2. 绑定内联样式（Style）

绑定内联样式指的是在 HTML 元素中通过 Vue 的 v-bind 指令将 CSS 样式直接写入元素的 style 属性中。这种绑定方式可以动态地设置元素的样式，其表达式的格式同样可以是对象语法或数组语法。

（1）对象语法绑定内联样式

v-bind:style 为元素绑定的是一个 JavaScript 对象，而对象的 CSS 属性名需要使用驼峰式（camelCase）或横线分隔（kebab-case，需用引号括起）来命名，语法格式如下所示。

```
<div :style="{color:Color1,fontSize:fontSize}">Happy</div>
//或
<div :style="{color:Color1,'font-size':fontSize}">Happy</div>
data( ){
    return{  Color1:yellow,fontSize:40px}}
}
```

当需要在元素的 style 属性内设置丰富的 CSS 属性时，推荐在 data 选项中定义一个包含多属性的样式对象，并直接绑定该对象，语法格式如下所示。

```
<div :style="styleObj">Happy</div>
data( ){
    return{  styleObj:{color:yellow,fontSize:'40px'}}
}
```

（2）数组语法绑定内联样式

v-bind:style 的数组语法可以将多个样式对象作用到同一个 HTML 元素上，语法格式如下所示。

```
<div :style="[styleObj,styleObj2]">Happy</div>
data( ){
    return{ styleObj:{color:yellow,fontSize:'20px'}}
    computed:{styleObj2( ){return{color:'green',fontSize:'40px'}}
}
```

3.2.6　事件处理与表单绑定

事件处理与表单绑定是构建动态、交互式网页不可或缺的关键技术，不仅让网页能够响应用户的各种操作，如单击、输入等，还使得数据收集、验证以及提交过程变得更加流畅和高效。

1. 事件处理

3.2.2 小节在介绍内置的 v-on 指令时，已经介绍过如何使用 v-on 指令监听 DOM 事件，并在触发事件时运行一段 JavaScript 代码或 methods 选项内的方法。接下来将对事件处理中的参数传递、$event 访问、事件修饰符和按键修饰符进行介绍。

（1）参数传递

使用 v-on 指令绑定 methods 选项内定义的方法，并向该方法中传入参数，语法格式如下所示。

```
<button v-on:click="方法名(参数)">文本</button>
<button @click="方法名(参数)">文本</button>
```

（2）$event 访问

当需要访问原生 DOM 事件时，可以向处理器的方法中传入一个特殊的$event 变量。访问 $event 变量的语法格式如下所示。

```
<button @click="方法名(参数,$event)">文本</button>
<button @click="(event)=>方法名(参数,event)">文本</button>
```

（3）事件修饰符

在原生 JavaScript 中处理事件时，经常调用 event.preventDefault( )方法阻止事件的默认行为，调用 event.stopPropagation( )方法阻止事件冒泡。在 Vue 中，可以借助事件修饰符对事件进行限制，实现同等效果。Vue 针对 v-on 指令提供的事件修饰符可使方法更专注于数据逻辑而非 DOM 事件的细节处理。

事件修饰符通过在事件类型后加上点（.）和修饰符名称，可以轻松地修改事件的默认行为。事件修饰符的语法格式如下所示。

```
v-on:事件类型.修饰符="表达式"
```

Vue 提供的常用事件修饰符的具体说明如下所示。

① .stop：效果等同于 JavaScript 的 event.stopPropagation( )方法，可阻止事件的冒泡行为。当单击内部元素后，将不再触发父元素的单击事件。

② .prevent：效果等同于 JavaScript 中的 event.preventDefault( )方法，可阻止事件的默认行为。例如，<a>标签添加.prevent 修饰符，单击<a>标签将不会跳转至对应的链接。

③ .capture：将页面元素的事件流改为事件捕获模式，事件捕获顺序由外到内，与事件冒泡的方向相反。

④ .self：可理解为跳过事件冒泡和事件捕获，只有作用在该元素上的事件才可执行。

⑤ .once：只会触发一次事件处理函数，可用于实现仅需触发一次的操作。与其他修饰符不同，.once 修饰符不仅对原生的 DOM 事件起作用，其还可用于自定义的组件事件中。

⑥ .passive：通知浏览器不阻止事件的默认行为。.passive 修饰符不可与.prevent 修饰符连用，连用时会触发浏览器警告。

在使用事件修饰符时，有以下两点需要注意。

① 事件流分为事件冒泡和事件捕获，先捕获，再冒泡。事件捕获的顺序是从最外侧开始，直至引发事件的目标对象结束。事件冒泡是从引发事件的目标对象开始不断向外传播，直至最外层对象结束。页面元素的事件流默认在冒泡阶段对事件进行处理，当为元素添加.capture 修饰符时，事件流将在捕获阶段对事件进行处理。

② 修饰符可实现链式调用，即不同修饰符紧跟在事件后进行串联。相同的修饰符的串联顺序不同，产生的效果也不同。例如，.prevent.self 会阻止元素及其子元素的所有单击事件的默认行为，而.self.prevent 只会阻止对元素本身的单击事件的默认行为。

接下来通过案例演示如何在事件处理中使用事件修饰符。创建一个嵌套的<div>元素结构，为外层<div>和内层<div>绑定单击事件，使用.capture 修饰符在外层<div>上捕获内层<div>的单击事件，具体代码如例 3-13 所示。

【例 3-13】在事件处理中使用事件修饰符。

```
<div id="app">
    <div @click.capture="outerDivClick" style="padding: 20px; background-color: lightblue;">
        外层div
        <div @click="innerDivClick" style="padding: 20px; background-color:
```

```
lightgreen;">
              内层div </div>
        </div>
    </div>
    <script>
        const app = Vue.createApp({
            methods: {
                outerDivClick( ) { console.log('外层div被单击（捕获模式）'); },
                innerDivClick( ) { console.log('内层div被单击');},
            }
        })
        app.mount('#app')
    </script>
```

在浏览器中运行上述代码，当用户单击内层<div>时，由于外层<div>使用了.capture 修饰符，因此首先会触发外层<div>的单击事件[outerDivCick( )方法]，控制台会输出"外层<div>被单击（捕获模式）"。由于事件冒泡，内层 div 的单击事件[innerDivClick( )方法]也会被触发，控制台会输出"内层 div 被单击"。单击内层<div>的显示效果如图 3-20 所示。

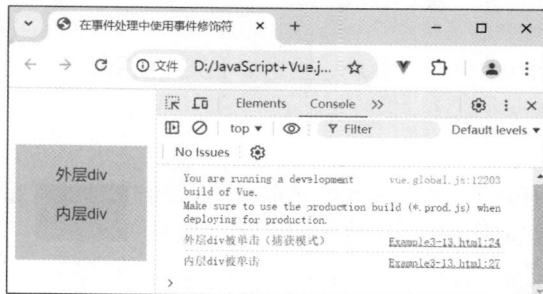

图 3-20　单击内层<div>的显示效果

（4）按键修饰符

① 键盘事件。

按键修饰符为键盘事件服务，Vue 中常用的键盘事件有 3 种，包括 keydown、keyup、keypress。Vue 中的按键修饰符使得键盘事件处理变得十分简单，它们通常与 v-on 指令组合使用，实现键盘事件监听。

a. keydown：键盘按键按下时触发事件。

b. keyup：键盘按键抬起时触发事件。

c. keypress：键盘按键按下与抬起的间隔触发事件。

② 监听键盘事件。

在监听键盘事件时，经常需要检查特定的按键，判断按键的 keyCode，获悉用户按下的具体按键，进而执行后续操作。Vue 提供了一种更为便利的方式来监听键盘事件，即为常用的按键提供了别名。

例如，使用.enter 修饰符来监听键盘上的 Enter 键的按下事件，示例代码如下所示。

```
<input @keyup.enter="handleEnter">
```

在上述代码中，当用户在输入框中按 Enter 键时，handleEnter( )方法将被调用。

127

除.enter 修饰符外，Vue 还提供了许多其他的按键修饰符，如.tab、.delete、.esc、.space 等，以及一些组合键的修饰符，如.ctrl、.alt、.shift 等。可以将这些修饰符组合起来使用，以监听更复杂的键盘事件，即串联使用按键修饰符，表示同时按下多个按键才触发事件。

例如，当用户同时按下 Ctrl 键和 Enter 键时触发 handleCtrlEnter( )方法，示例代码如下所示。

```
<input type="text" v-on:keypress.ctrl.enter="handleCtrlEnter">
```

2. 表单绑定

MVVM 模式最重要的一个特性就是双向绑定，而 Vue 作为一个 MVVM 框架，也实现了数据的双向绑定。在 Vue 中使用内置的 v-model 指令完成数据在 View 与 Model 间的双向绑定。v-model 指令会忽略表单控件上初始的 value、checked 或 selected 属性值，其始终将当前组件实例的数据属性视为数据的正确来源，因此要确保在 JavaScript 脚本中或 data 选项中已声明初始值。

将 v-model 指令用在不同的表单元素上时，保存值的类型也不同。常见的表单元素数据绑定操作如下所示。

（1）文本输入框

单行文本输入框与多行文本输入框的双向数据绑定的语法格式如下所示。

```
<input v-model="message"/>
<textarea v-model="message" ></textarea>
```

需要注意的是，<textarea></texarea>标签组中不支持插值语法，错误的语法格式如下所示。

```
<textarea >{{message}}</textarea>
```

（2）复选框

单一复选框的绑定值为布尔类型，复选框被选中时绑定值为 true，复选框未被选中时绑定值为 false。单一复选框的双向数据绑定的语法格式如下所示。

```
<input v-model="checked" type="checkbox" />
data( ){return { checked:true}}
```

当多个复选框组合在一起使用时，可将多个复选框绑定到同一个数组中，该数组始终包含所有当前被选中的复选框的值。多个复选框的双向数据绑定的语法格式如下所示。

```
<input type="checkbox" id="one" value="文本" v-model="checkedNames">
<input type="checkbox" id="two" value="文本" v-model="checkedNames">
<input type="checkbox" id="three" value="文本" v-model="checkedNames">
data( ){return { checkedNames: []}}
```

在上述语法格式中，checkedNames 数组将始终包含所有当前被选中的复选框的值。

（3）单选按钮

单选按钮的双向数据绑定的语法格式如下所示。

```
<input v-model="singleChoice" type="radio" value="文本"/>
data( ) {return {singleChoice:''}}
```

单选按钮与复选框类似，都有多个可供选择的选项，区别在于单选按钮的多个选项之间存在互斥效果。可以使用 v-model 指令搭配单选按钮的 value 属性实现其互斥效果。

（4）选择框

单选选择框的双向数据绑定的语法格式如下所示。

```
<select v-model="selected">
  <option disabled value="">请选择</option>
  <option>first</option>
  <option>second</option>
  <option>third</option>
</select>
data( ){return { selected:''}}
```

如果 v-model 指令的表达式的初始值未匹配任何一个选择项，则<select>标签会渲染成一个"未选择"状态。建议提供一个空值的禁用选择项，以避免 iOS 操作系统无法触发<select>标签的 change 事件。

为<select>标签添加 multiple 属性可实现选择框的多选效果，多选选择框可将多个选择项的值绑定到同一个数组中。多选选择框的双向数据绑定的语法格式如下所示。

```
<select v-model="selectedList" multiple>
  <option disabled value="">first</option>
  <option>second</option>
</select>
data( ){return { selectedList:[]}}
```

接下来以多行文本输入框、多个复选框以及多选选择框为例，通过案例演示表单元素的数据绑定，具体代码如例 3-14 所示。

【例 3-14】为表单元素绑定数据。

```
<div id="app">
    <h3>多行文本输入框</h3>
    <textarea v-model="multipleLines"></textarea>
    <p>multipleLines:{{multipleLines}}</p>
    <h3>多个复选框: </h3>
    <input type="checkbox" id="one" value="春季" v-model="checkedList">
    <label for="first">春季</label>
    <input type="checkbox" id="two" value="夏季" v-model="checkedList">
    <label for="second">夏季</label>
    <input type="checkbox" id="three" value="秋季" v-model="checkedList">
    <label for="third">秋季</label>
    <input type="checkbox" id="four" value="冬季" v-model="checkedList">
    <label for="third">冬季</label>
    <p>checkedList: {{ checkedList}}</p>
    <h5>多选选择框</h5>
    <select v-model="selectedList" >
        <option value="" disabled>选择爱好</option>
        <option>弹琴</option>
        <option>画画</option>
        <option>跑步</option>
        <option>打篮球</option>
    </select>
    <p>selectedList:{{selectedList}} </p>
```

```
</div>
<script>
    const app = Vue.createApp({
        data( ){
            return{
                multipleLines: '疾风知劲草，板荡识诚臣',
                checkedList:[],
                selected:'',
                selectedList:[]
            }
        }
    })
    app.mount('#app')
</script>
```

在浏览器中运行上述代码，为表单元素绑定数据的显示效果如图 3-21 所示。

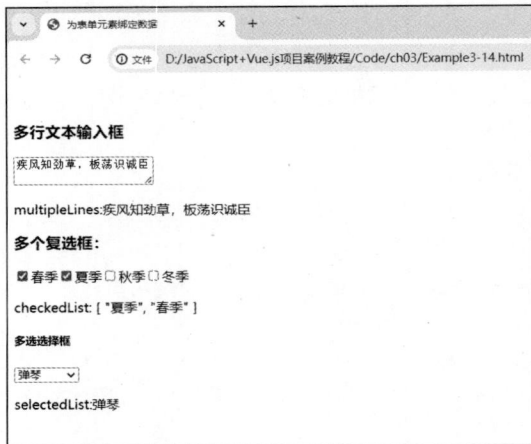

图 3-21　为表单元素绑定数据的显示效果

3-6 任务实施

【任务实施】

要实现本任务，需要在 ch03 文件夹中创建一个 Example3-15.html 文件，并在该文件中引入 Vue.js，具体代码如例 3-15 所示。

【例 3-15】实现表单提交页面。

```
<div id="app">
    <div class="layout">
        <div class="menu">
            <div v-for="(item,index) in menuList" :key="index"
                :class="{'active':item.id === clickId ? true : false,'menu-item' :true}"
                @click="clickMenu(item.id)">
                <div style="margin-right: 10px;">☰</div>
                <div>{{item.name}}</div>
```

```
        </div>
        </div>
        <div class="main-content">
            <div class="main-card">
                <div v-if="isForm">
                    <form class="form">
                        <div>
                            <label for="type">房间类型:</label>
                            <select id="type" name="fruits"v-model="form.type">
                                <option value="标准间">标准间</option>
                                <option value="大床房">大床房</option>
                                <option value="商务房">商务房</option>
                                <option value="家庭房">家庭房</option>
                            </select>
                        </div>
                        <div>
                            <label for="time">入住时间:</label>
                            <input type="date" id="time" v-model="form.time"required>
                        </div>
                        //省略"预订人姓名""预订人电话"等字段信息
                        <div v-if="isSubmit">
                            <p>提交成功的数据</p>
                            <p v-html='formData'></p>
                        </div>
                    </form>
                    <div class="submit-btn">
                        <p @click="submitForm">提交</p>
                    </div>
                </div>
                <div v-else>
                    <div v-if="isSubmit">
                        <p v-html=" myHtml"></p>
                    </div>
                </div>
            </div>
        </div>
    </div>
</div>
<script src="https://unp××.com/vue@3/dist/vue.global.js"></script>
<script>
    const app = Vue.createApp({
        data( ) {
            return {
                menuList: [
                    { id: '1', name: '表单' },{ id: '2', name: '列表' },
```

```
                    ],
                    clickId: '1',
                    form: {
                        type:'标准间',time:'',name:'', phone:'',number:'',email:''
                    },
                    isForm: true,
                    isSubmit: false,
                    myHtml: '<div style="color:red;">列表页面</div>'
                }
            },
            methods: {
                clickMenu(id) {this.clickId = id;},
                changeContent(id) {
                    if (id === '1') {this.isForm = true;} else {this.isForm = false;}
                },
                submitForm( ) {
                    for (let i in this.form) {
                        if (this.form[i] === '') {alert('请将表单填写完整');return;}
                    }
                    this.isSubmit = true;
                    alert('保存成功');
                }
            },
            watch: {
                clickId: {
                    handler(newValue, oldValue) {this.changeContent(newValue)}
                }
            },
            computed: { formData( ) { return JSON.stringify(this.form); }}
        });
        app.mount('#app')
    </script>
<style>//省略CSS样式</style>
```

在上述代码中，使用 Vue 的 v-for、v-if、v-else、v-model 和 v-html 指令来控制 DOM 的渲染和数据的绑定。使用 v-for 指令遍历 menuList 数组来生成菜单项，并使用 v-bind:class 实现动态添加类名以表示菜单项的激活状态。提交按钮（.submit-btn 下的 p）使用@click 指令（简写为@）监听单击事件，并调用 submitForm( )方法。在 methods 选项中定义 clickMenu( )方法、changeContent( )方法和 submitForm( )方法，分别用于实现激活菜单项事件、切换显示页面内容以及处理表单提交信息等方法。

任务 3.3　基于组件实现列表渲染页面

【任务概述】

在构建现代 Web 应用时，组件化开发模式已成为提升应用性能和可维护性的重要手段。在当前的项目中，随着功能的不断扩展，对页面结构和数据交互的灵活性的要求也越来越高。为了进一步提升用户体验和应用的响应性，接下来将深入实施一个关键任务，即通过 Vue 的组件基础知识来实现和优化表单页面与列表页面。

本任务的核心在于实现并优化任务 3.2 中预留的列表渲染页面功能。将通过定义两个关键的局部组件，即 FormCom 和 ListCom，分别处理表单的提交和列表的展示逻辑。FormCom 组件负责捕获用户输入的预订信息，如房间类型、入住时间、姓名等，并提供一个提交按钮将这些数据发送给父组件；而 ListCom 组件负责接收来自父组件的列表数据，并使用 Vue 的 v-for 指令循环渲染这些数据，展示给用户一个清晰的预订列表。为了提升用户体验，还将为表单页面与列表页面之间的切换添加过渡效果。这种平滑的过渡效果不仅让页面间的跳转更加自然，还增强了应用的整体美感，具体页面效果如图 3-22 所示。

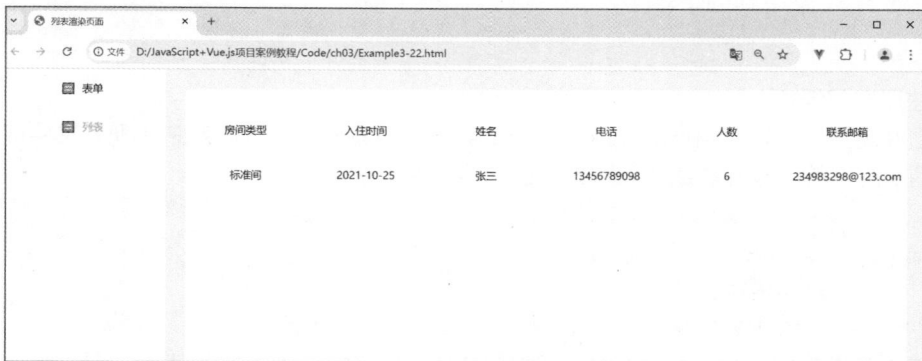

图 3-22　列表渲染页面效果

【知识储备】

3.3.1　组件基础

本节将深入探索组件基础的三大核心要素：组件化开发、组件注册与组件传值。这不仅是理解现代前端框架的钥匙，也是提升开发效率、优化应用性能的重要途径。

1. 组件化开发

组件化开发是 Vue 框架的精髓之一，其核心思想是将庞大的应用程序细分为多个独立的、专注于特定功能的小组件。在实际开发中，许多网页元素如顶部导航栏、侧边菜单栏和底部信息等，都可以被抽象成可复用的组件。通过将这些可复用的部分设计为独立的组件，可以极大地提升代码的可重用性，并在需要时直接引用这些组件，从而极大地简化开发流程和提高开发效率。

2. 组件注册

在 Vue 框架中，一旦创建了组件，为了确保 Vue 能够识别并在模板中通过组件标签来使用它们，必须先将这些组件进行注册。Vue 提供了两种组件注册方式：全局注册和局部注册。全局注册的组件称为全局组件，可以在 Vue 应用程序的任意子组件中直接使用，无须额外的导入或注册步骤。这种方式适用于那些在整个应用程序中频繁使用的通用组件。局部注册的组件称为局部组件，只能在其父组件内部使用。这种方式适用于那些只在特定上下文或页面中使用的组件。

接下来将详细介绍 Vue 中注册全局组件和局部组件的方法及其应用场景。

（1）注册全局组件

在 Vue 中，为了注册全局组件，需要使用 component( )方法，语法格式如下所示。

```
const app= Vue.createApp({});
app.component('组件名称', { Function | Object }  definition(optional));
```

在上述语法格式中，component( )方法接收两个参数，第一个参数是字符串类型的组件名称，其将作为 HTML 中自定义元素的标签名；第二个参数是组件的函数对象或选项对象，其定义了组件的行为和模板。

由于 Vue 会将组件解析为自定义的 HTML 代码，一旦组件注册完成，就可以在 HTML 模板中直接以组件名称作为标签来使用，实现 HTML 元素的扩展，语法格式如下所示。

```
<div id='app'>
    <组件名称></组件名称>
</div>
```

（2）注册局部组件

局部组件需要先在其父组件的 components 属性中添加一个键值对来实现，其中键是组件的标签名，值是组件的函数对象或选项对象，语法格式如下所示。

```
components: {ComponentB: ComponentA}
components: {ComponentC: ComponentC}
//当属性名与属性值相同时，可简写为
components: {ComponentC}
```

在上述语法格式中，components 选项内的每一个属性，其属性名就是注册的组件名，而属性值就是相应组件的实现。局部组件的使用语法与全局组件的使用语法区别在于，局部组件需要在其父组件的模板中以组件名称作为标签来使用。

需要注意的是，当使用 PascalCase（首字母大写）命名法定义组件时，在 DOM 模板中要使用 kebab-case 命名法引用组件，即 my-component。在非 DOM 模板（模板字符串、单文件组件）中既可以使用组件的原始名称，又可以使用组件的 kebab-case 名称，即 MyComponent 与 my-component。

接下来通过案例演示如何注册全局组件与局部组件，具体代码如例 3-16 所示。

【例 3-16】注册全局组件与局部组件。

```
<div id='app'>
    <h1>全局注册</h1>
    <!-- 使用全局注册的 global-conpoment组件-->
    <global-component></global-component>
    <!-- 多次复用global-component组件 -->
    <global-component></global-component>
    <global-component></global-component>
    <h1>局部注册</h1>
    <!-- 使用局部注册的 my-conpoment组件-->
    <button-component></button-component>
</div>
<script src="https://unp××.com/vue@3/dist/vue.global.js"></script>
<script>
    // 定义GlobalComponent选项对象
```

```
const GlobalComponent = {
    data( ) {
        return {msg: '江南可采莲，莲叶何田田。'}
    },
    template: '<h3>{{msg}}</h3>'
}
// 定义MyPartialComponent选项对象
const MyPartialComponent = {
    data( ) {
        return {msg: "计数器",num: 1}
    },
    template: '<h3>{{msg}}:{{num}}</h3><button @click="num++">加1</button> <button
     @click="num--">减1</button>'
}
const app = Vue.createApp({
    //局部注册组件
    components: { ButtonComponent: MyPartialComponent }
    //将组件名称自定义为ButtonComponent
})
//全局注册组件
app.component('GlobalComponent', GlobalComponent);
app.mount('#app')
</script>
```

在浏览器中运行上述代码，按 F12 键打开控制台，切换至"Vue"选项卡。单击局部注册的"ButtonComponent"组件，显示效果如图 3-23 所示。

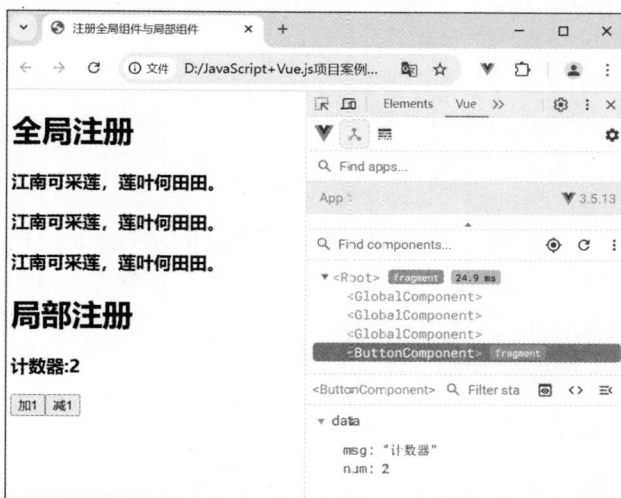

图 3-23 注册全局组件与局部组件的显示效果

3. 组件传值

在 Vue 中，组件实例享有独立的局部作用域，这意味着组件之间的数据传递需要借助特定的机制，如 props 选项，实现父组件向子组件的数据传输。这种父子组件之间的依赖关系是数据传递的基石，如图 3-24 所示。

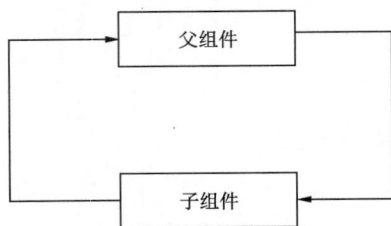

图 3-24　组件之间的依赖关系

在图 3-24 中，父组件向子组件的数据传递是从组件结构的外层向内层流动，即数据从外部传入内部；而子组件向父组件的数据传递是反向的，即数据从内部组件传递到外部父组件。Vue 的数据传递主要依赖于 props 选项和$emit( )方法。其中，props 选项用于父组件向子组件传递数据；而$emit( )方法用于子组件向父组件发送事件，并附带相关数据。

（1）props 传值

向子组件传递数据时需要使用子组件的 props 选项，props 选项内包含多个 prop 名称。可将这些 prop 名称看作子组件的标签属性，简称 prop 属性。父组件可通过这些 prop 属性将其数据传递给子组件。

首先，实现父组件向子组件传递数据，需要在父组件中使用子组件标签，并通过标签上的 prop 属性向子组件传递数据，语法格式如下所示。

```
<child title="world"></child>
```

在上述语法格式中，<child>是子组件标签，title 是子组件标签上的 prop 属性，父组件通过 title 向子组件传递了字符串"world"。

其次，需要使用子组件的 props 选项，接收父组件传递过来的 prop 属性，语法格式如下所示。

```
//局部组件接收方法
const child={props:['title']}
//全局组件接收方法
vm.component('child',{props:['title']})
```

在上述语法格式中，子组件的 props 选项接收了来自父组件的 title 属性，title 属性成为子组件实例上的一个属性，属性值为 world。因此，可以在子组件模板或 this 上下文中直接调用此属性。

接下来通过案例演示如何使用 props 选项实现父组件向子组件传值，具体代码如例 3-17 所示。

【例 3-17】使用 props 选项实现父组件向子组件传值。

```
<div id='app'>
    <h1>使用props选项实现父组件向子组件传值</h1>
    <parent></parent>
</div>
<script>
    const app = Vue.createApp({});
```

```
         const Child = {//子组件
         props: ['id', 'title'],
         data( ) { return {name: "小红"} },
         template: '<p>{{id}}-{{title}}-{{name}}</p>'
    }
         app.component('Parent', {//父组件
         components: { Child },
         data( ) {
             return {greeting: 'hello props!'               } },
         template: '<p><Child id='1001' :title="greeting" ></Child></p>'
    })
    app.mount("#app")
</script>
```

在浏览器中运行上述代码，使用 props 选项传值的显示效果如图 3-25 所示。

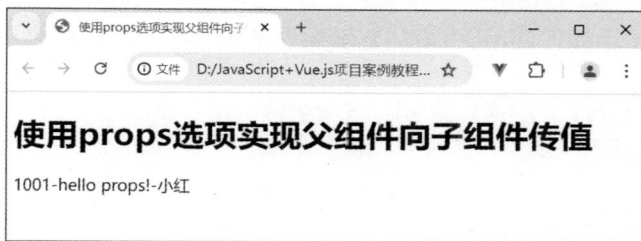

图 3-25　使用 props 选项传值的显示效果

需要注意，所有的 prop 传递数据都遵循单向绑定原则，子组件的 prop 会因父组件的更新而变化，并自然地将新的状态向下流向子组件，而不会逆向传递。这避免了子组件意外修改父组件的情况，从而避免应用的数据流变得混乱而难以理解。

随着父组件的更新，所有子组件中的 prop 属性都会被更新至最新值。因此，不应该在子组件中更改 prop 属性值，否则 Vue 会在控制台上抛出警告。

（2）$emit 传值

单向数据流决定了父组件可以使用 prop 属性向子组件传递数据，反之则不可以。当子组件内的数据更新后，父组件无法直接获取更新后的数据。

要想实现子组件向父组件传递数据，可以在子组件中调用$emit( )方法向外触发自定义事件并传递附加参数，而父组件需要监听该自定义事件，并通过事件回调函数接收附加参数。

$emit( )方法的语法格式如下所示。

```
$emit(eventName,[…args])
```

在上述语法格式中，eventName 是自定义事件名，args 是附加参数。附加参数会传递给自定义事件监听器的回调函数，因此可借助附加参数向父组件传递数据。

子组件向父组件传递数据的步骤如下所示。

① 子组件调用$emit( )方法并传递附加参数，语法格式如下所示。

```
vm.component('user',{
  data( ){return{name:'lili'}},
  methods:{handleClick( ){this.$emit('get',this.name)}}
```

```
    template: '<button @click="handleClick">用户姓名</button>'
})
```

在上述语法格式中，子组件的<button>按钮触发 click 事件后，会自动调用$emit( )方法触发自定义的 get 事件，并向父组件传递附加参数，即 this.name。

② 父组件监听自定义事件，通过自定义事件的回调函数获得子组件传递的数据，语法格式如下所示。

```
vm.component('class',{
  data( ){return{name:'小王'}},
  methods:{getName(params){this.name=params}}
  template: '<user @get="getName"></user>'
})
```

在上述语法格式中，父组件监听 get 事件，并通过 getName( )方法接收子组件传递的附加参数，附加参数默认保存在 getName( )方法的 params 形参中。

需要注意的是，$emit( )方法触发的事件名称与父组件监听的事件名称要完全匹配。

接下来通过案例演示如何使用$emit( )方法实现子组件向父组件传值，具体代码如例 3-18 所示。

【例 3-18】使用$emit( )方法实现子组件向父组件传值。

```
<div id='app'>
    <h1>使用$emit( )方法实现子组件向父组件传值</h1>
    <parent></parent>
</div>
<script>
    const app = Vue.createApp({})
    const Child={ //子组件
        data( ){return{childPrice:2}},
        methods:{
            handleClick( ){ this.$emit('get',this.childPrice)}
        },
        template:'<button @click="handleClick">change</button>'
    }
    //父组件
    app.component('Parent',{
        components:{Child},
        data( ){return{price:66}},
        methods:{ changePrice(params){this.price=params} },
        template:'<p>price:{{price}}</p><child @get="changePrice"></child>'
    })
    app.mount('#app')
</script>
```

在浏览器中运行上述代码，父组件的 price 默认值为 66。当单击"change"按钮时，子组件调用$emit( )方法并传递附加参数，父组件获取附加参数并赋值给 price，price 更新为 2，显示效果如图 3-26 所示。

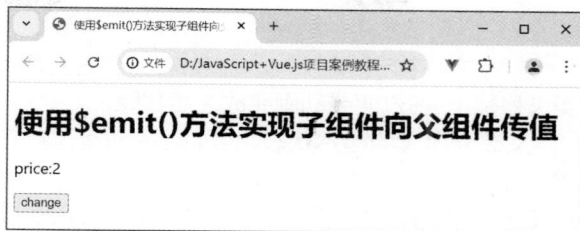

图 3-26　使用$emit( )方法实现子组件向父组件传值的显示效果

3.3.2　过渡与动画

在 Vue 中，过渡与动画不仅仅是视觉上的点缀，也是增强用户体验，赋予应用生命力的关键元素。

1. 过渡与动画概述

Vue 在处理 DOM 的插入、更新或移除操作时，不仅提供了高效的性能优化，还为用户带来了丰富的过渡效果。这些过渡效果实质上描述了元素或组件从一种状态平滑过渡到另一种状态的过程，即旧的状态逐渐消失，而新的状态逐渐显现。

Vue 框架内置了一个名为 transition 的组件，该组件封装了过渡效果的实现逻辑，使得用户可以轻松地添加过渡效果到任何元素或组件上。通过 transition 组件，可以指定过渡的持续时间、过渡的类名以及过渡的类型（如淡入淡出、滑动等）。

transition 组件的语法格式如下所示。

```
<transition name="fade">
  <!-- 这里是需要添加过渡效果的元素或组件 -->
  <div v-if="show">Hello, Vue!</div>
</transition>
```

在上述语法格式中，transition 组件包裹了一个根据 show 变量条件渲染的 div 元素。当 show 变量的值变化（如从 false 变为 true）时，Vue 会自动检测并应用名为"fade"的过渡效果。需要在 CSS 中定义"fade"过渡效果的样式，以控制过渡的具体表现。

当 name 属性值为 fade 时，Vue 会自动应用一系列带有 fade-前缀的类名，如 fade-enter-from、fade-enter-active、fade-leave-from 和 fade-leave-active 等。这些类名在过渡的不同阶段会被添加或移除，以实现过渡效果。

如果<transition>标签上没有设置 name 属性，Vue 将使用默认的 v-前缀来命名这些类，这可能导致在项目中应用多个过渡效果时产生冲突。因此，推荐为每一个<transition>标签设置一个唯一的 name 值，以确保过渡效果的独立性和可维护性。

2. CSS 过渡类

Vue 为<transition>标签内部的元素提供了 3 个进入过渡的类和 3 个离开过渡的类，具体如下所示。

（1）v-enter-from：定义进入过渡的起始状态。v-enter-from 类在元素被插入之前添加，在元素被插入完成后的下一帧移除。

（2）v-enter-active：定义进入过渡的生效状态。v-enter-active 类在整个进入过渡阶段均生效，在元素被插入之前添加，在过渡或动画完成之后移除。该类可以用于定义进入过渡的持续时间、延迟与速度曲线类型。

（3）v-enter-to：定义进入过渡的结束状态。v-enter-to 类在元素被插入完成后的下一帧生效（此时 v-enter-from 类被移除），在过渡或动画完成之后移除。

（4）v-leave-from：定义离开过渡的起始状态。v-leave-from 类在离开过渡效果被触发时立即生效，在下一帧被移除。

（5）v-leave-active：定义离开过渡的生效状态。v-leave-active 类在整个离开过渡阶段均生效，在离开过渡效果被触发时立即添加，在过渡或动画完成之后移除。该类可以用于定义离开过渡的持续时间、延迟与速度曲线类型。

（6）v-leave-to：定义离开过渡的结束状态。v-leave-to 类在一个离开动画被触发后的下一帧被生效（v-leave-from 类被移除时），在过渡或动画完成之后移除。

一个完整的过渡效果通常涵盖两个主要阶段：进入过渡（enter）和离开过渡（leave）。进入过渡阶段包含起始的 v-enter-from 和结束的 v-enter-to 两个关键时间点，以及它们之间的 v-enter-active 持续时间段；相应地，离开过渡阶段则由 v-leave-from 起始点和 v-leave-to 结束点构成，并在它们之间持续 v-leave-active 这一时间段。这些过渡阶段的时间点结构在图 3-27 中得到了清晰的展示。

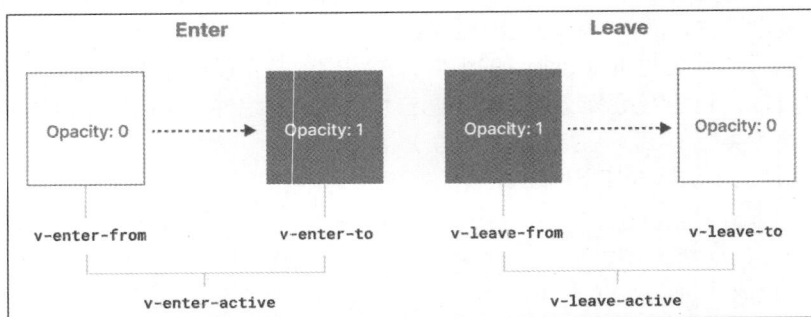

图 3-27　过渡阶段的时间点结构

3. CSS 动画

CSS 动画与 CSS 过渡类似，同样使用 CSS 过渡类实现动画效果。通过结合 CSS 的 @keyframes 规则，可以在动画的不同时间点设置关键帧，以实现更复杂的动画效果。CSS 动画与 CSS 过渡的区别在于，CSS 动画的*-enter-from 类不会在元素被插入后的下一帧立即移除，而是在一个 animationend 事件触发时被移除。对于大多数的 CSS 动画，仅使用*-enter-active 和*-leave-active 类即可实现动画效果。

接下来通过案例演示按钮触发 CSS 过渡效果与 CSS 动画效果。该案例需要实现在 CSS 过渡效果中，p 标签显示时（进入过渡阶段），标签会从右侧 200px 位置处开始向左侧移动至标签默认位置，字体透明度由 0 变为 1；p 标签隐藏时（离开过渡阶段），标签会从默认位置向右侧移动 200px，字体透明度由 1 变为 0。本案例还应实现在 CSS 动画效果中，p 标签显示时（进入动画阶段），标签由小变大；p 标签隐藏时（离开动画阶段），标签由大变小，直至隐藏。其具体代码如例 3-19 所示。

【例 3-19】实现 CSS 动画与 CSS 过渡效果。

```
<div id='app'>
    <button v-on:click="transitionShow = !transitionShow">CSS过渡
    </button><br>
```

```
        <transition><p v-if="!transitionShow">小荷才露尖尖角，早有蜻蜓立上头。</p>
        </transition>
        <button v-on:click="animateShow = !animateShow"> CSS动画
        </button>
        <transition name="bounce"><p v-if="!animateShow">明月松间照，清泉石上流。</p>
        </transition>
    </div>
    <script>
        const app = Vue.createApp({
            data( ) { return { animateShow: true , transitionShow: true} },
        })
        app.mount('#app')
    </script>
    <style>
        /* CSS过渡 */
        /* 进入过渡的起始状态*/
        .v-enter-from {
            opacity: 0;
            transform: translateX(200px);                /*元素开始显示的初始位置*/
        }
        /* 进入过渡与离开过渡的阶段状态 */
        .v-enter-active,
            .v-leave-active { transition: all 5s ease;    /*整个过渡阶段的时长与速度*/}
        /* 离开过渡的最终状态 */
        .v-leave-to {
            opacity: 0;
            transform: translateX(200px);                /*元素隐藏的最终位置*/
        }
        /* CSS动画 */
        /* 进入动画阶段 */
        .bounce-enter-active {animation: bounce-in 0.5s;}
        /* 离开动画阶段 */
        .bounce-leave-active {animation: bounce-in 1s reverse;}
        /* 自定义的动画，动画名为bounce-in */
        @keyframes bounce-in {
            0% { transform: scale(0); }
            100% { transform: scale(1); }
        }
    </style>
```

在上述代码中，当用户单击"CSS 过渡"按钮时，会切换 transitionShow 的值，从而触发 CSS 过渡效果，使古诗"小荷才露尖尖角，早有蜻蜓立上头。"淡入或淡出，并向右移动 200px；当用户单击"CSS 动画"按钮时，会切换 animateShow 的值，从而触发 CSS 动画效果，使古诗"明月松间照，清泉石上流。"从缩小到放大（进入）或从放大到缩小（离开）。

在浏览器中运行上述代码，单击"CSS 过渡"与"CSS 动画"按钮，分别触发 CSS 过渡与动画效果，p 标签开始移动，显示效果如图 3-28 所示。

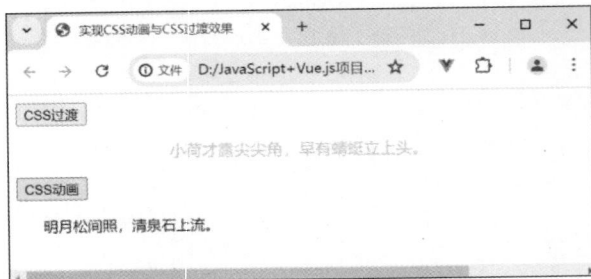

图 3-28　CSS 过渡与 CSS 动画的显示效果

4. 自定义过渡类

除了使用 CSS 过渡类实现过渡与动画效果外，还可以使用 Vue 为 transition 组件提供的 6 个属性接收自定义过渡类名。transition 组件的 6 个属性如下：enter-from-class、enter-active-class、enter-to-class、leave-from-class、leave-active-class、leave-to-class。

自定义过渡类的优先级高于普通 CSS 过渡类的，所以其能够很好地与第三方 CSS 库结合使用。Animate.css 是一个跨浏览器的 CSS3 动画库，其内置了很多经典的 CSS3 动画，使用起来很方便。接下来将通过 Animate.css 动画库演示自定义过渡类的使用，具体代码如例 3-20 所示。

【例 3-20】自定义过渡类结合 Animate.css 实现动画效果。

```
<link rel="stylesheet" href="https://cdnjs.cloudfla××.com/ajax/libs/animate.css/4.1.1
    /animate.min.css" />
<div id='app'>
    <h1>自定义过渡类</h1>
    <button @click="show = !show">显示与隐藏</button>
    <transition enter-active-class="animate__animated animate__bounceInLeft"
        leave-active-class="animate__animated animate__bounceOutLeft">
        <div v-if="show">过渡文字</div>
    </transition>
</div>
<script>
    const app = Vue.createApp({
        data( ) {return {show: true,}},
    })
    app.mount('#app')
</script>
```

在上述代码中，通过<link>标签引入了 Animate.css 动画库的 CDN 链接。为<transition>标签设置了 enter-active-class 与 leave-active-class 两个属性，用来自定义过渡类，属性值为 Animate.css 动画库中定义好的类名。使用 Animate.css 动画库的动画效果时，需要向指定元素的 class 中添加 animate__animated 类，并根据动画需求将对应的动画效果的类名粘贴至 class 中。

在浏览器中运行上述代码，单击"显示与隐藏"按钮，即可看到自定义过渡类结合 Animate.css

实现的文字显示或隐藏的动画效果，如图 3-29 所示。

图 3-29　自定义过渡类结合 Animate.css 实现的动画效果

5. 列表过渡

在实际开发中，Vue 的 v-for 指令常用于列表数据的批量渲染。当列表中的元素经历添加、删除等操作时，为了增强用户体验，我们往往希望这些变化能以动画的形式呈现。此时，transition-group 组件便派上了用场，其能够便捷地为列表元素的变化添加动画效果。

transition-group 组件与 transition 组件在功能和用法上有很多相似之处，都支持类似的属性、CSS 过渡类和 JavaScript 钩子函数。然而，它们之间也存在以下 4 点显著的区别。

（1）渲染方式。与 transition 组件不同，transition-group 组件在页面中会呈现为一个真实的 DOM 元素，默认是<span>标签。但是，通过 tag 属性，可以轻松地将其替换为其他类型的元素，以适应不同的布局需求。

（2）过渡模式。transition-group 组件主要用于处理列表中的元素变化，而非单个元素的切换，因此其不支持 transition 组件的过渡模式（如"in-out"或"out-in"）。这是因为列表内的元素通常是相互独立的，不需要像单个元素那样进行特有的切换。

（3）key 属性。在 transition-group 组件中，每一个内部元素都必须有一个唯一的 key 属性值。这是因为 Vue 需要依赖 key 来追踪每个节点的身份，从而在列表数据发生变化时能够准确地应用过渡效果。

（4）CSS 过渡类。在 transition-group 组件中，CSS 过渡类将直接应用于内部的列表元素上，而不是作用在 transition-group 容器本身。这意味着可以通过定义特定的 CSS 类来控制列表中每个元素在添加、删除等过程中的动画效果。

transition-group 组件包裹列表项的语法格式如下所示。

```
<transition-group name="过渡名称" tag="标签类型">
    <li v-for="item in list" :key="item">item</li>
</transition-group>
```

接下来通过一个案例演示如何设计列表的进入与离开过渡效果，具体代码如例 3-21 所示。
【例 3-21】使用列表渲染实现列表的进入与离开过渡效果。

```
<div id='app'>
    <input type="text" v-model="newItem" @keyup.enter="addItem" placeholder="添加待办事项" />
    <transition-group name="list" tag="ul">
        <li v-for="(todo, index) in todos" :key="todo.id" @click="removeItem(index)">
```

143

```
            {{ todo.text }}
        </li>
    </transition-group>
</div>
<script>
    const app = Vue.createApp({
        data( ) {
            return {
                newItem: '',
                    todos: [{ id: 1, text: '学习Vue' }{ id: 2, text: '编写文档' },],
            }
        },
        methods: {
            addItem( ) {
                if (this.newItem) {
                    this.todos.push({ id: Date.now( ), text: this.newItem });
                    this.newItem = '';
                }
            },
                removeItem(index) {this.todos.splice(index, 1);},
        },
    })
    app.mount('#app')
</script>
<style>
    li {margin-right: 10px;}
    /* 进入动画开始时和离开动画结束时的效果 */
    .list-enter-from,
    .list-leave-to {
        opacity: 0;
        transform: translateX(30px);
    }
    /* 进入动画和离开动画过程中的效果 */
    .list-enter-active,
    .list-leave-active {
        transition: all 1s;
    }
</style>
```

在上述代码中，定义了进入和离开的过渡效果。.list-enter-active 和.list-leave-active 用于指定过渡效果的持续时间，这里设置为 1 秒；.list-enter-from 和.list-leave-to 用于定义过渡开始和结束时的状态。

在浏览器中运行上述代码，向输入框中输入待办事项并按 Enter 键，新的待办事项将由浅变深向左移动 30 px，并添加到列表中，过渡效果如图 3-30 所示。

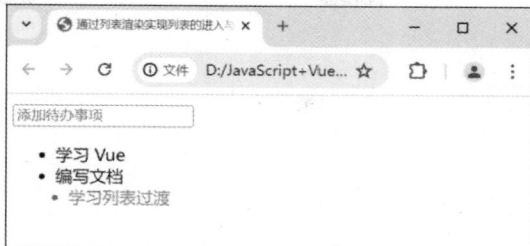

图 3-30　添加待办事项的过渡效果

【任务实施】

要实现本任务，需要在 ch03 文件夹中创建一个 Example3-22.html 文件，并在该文件中引入 Vue.js，具体代码如例 3-22 所示。

【例 3-22】实现列表渲染页面。

```
<div id='app'>
    <div class="layout">
        <div class="menu">
            <div v-for="(item,index) in menuList" :key="index"
                :class="{'active':item.id === clickId ? true : false,'menu-item': true}"
                @click="clickMenu(item.id)">
                <div style="margin-right: 10px;">☰</div>
                <div>{{item.name}}</div>
            </div>
        </div>
        <div class="main-content">
            <div class="main-card ">
                <Transition>
                    <div v-if="isForm" key="form">
                        <form-com :form="form" :submit-form="submitForm" />
                    </div>
                    <div v-show="!isForm" key="list">
                        <list-com :list="list" />
                    </div>
                </Transition>
            </div>
        </div>
    </div>
</div>
<script src="https://unp××.com/vue@3/dist/vue.global.js"></script>
<script>
    //定义FormCom选项对象
    const FormCom = {
        props: ['submitForm'],
```

```
    data( ) {
        return {
            form: {type: '标准间',time: '', name: '',
                phone: '', number: '',email: ''},
        }
    },
    template: '
        <div>
                <form class="form">
                    //form表单代码可参考例3-15，此处不再进行展示
                </form>
                <div class="submit-btn">
                    <p @click="( )=>this.submitForm(form)">提交</p>
                </div>
        </div>'
}
//定义ListCom选项对象
const ListCom = {
    props: ['list'],
    template: '
        <div>
            <div v-for="(item, index) in this.list" :key="index" class="list-container">
                <div>{{item.type}}</div>
                //省略time、imname、phone、number、email的<div>
            </div>
        </div>' }
const app = Vue.createApp({
    components: {
        'form-com': FormCom,'list-com': ListCom
    },
    data( ) {
        return {
            menuList: [{ id: '1', name: '表单' },{ id: '2', name: '列表' },],
            clickId: '1',
            isForm: true,
            list: [
                { id: '0', type: '房间类型', time: '入住时间', name: '姓名', phone:
                    '电话', number: '人数', email: '联系邮箱' },
                { id: '1', type: '标准间', time: '2021-10-25', name: '张三', phone:
                    '13456789098', number: '6', email: '234983298@123.com' },
            ]
        }
    },
    methods: {
        clickMenu(id) { this.clickId = id; },
```

```
        changeContent(id) {
            if (id === '1') { this.isForm = true;
            } else {this.isForm = false;
            }
        },
        submitForm(form) {
            for (let i in form) {
                if (form[i] === '') {
                    alert('请将表单填写完整');
                    return;
                }
            }
            this.list.push({ id: this.list.length, ...form });
            alert('保存成功')
        }
    },
    watch: {
        clickId: {
            handler(newValue, oldValue) { this.changeContent(newValue)}
        }
    },
    computed: {formData( ) { return JSON.stringify(this.form); }},
})
app.mount('#app')
</script>
```

在上述代码中，主内容区根据 isForm 变量的值动态展示 FormCom 组件或 ListCom 组件。FormCom 组件通过 props 接收父组件传递的 submitForm( )方法，并在提交按钮的单击事件中使用该方法，将 FormCom 组件提交的数据传递给父组件，存储在 list 数组内。ListCom 组件通过 props 接收父组件传递过来的 list 数组，遍历 list 数组生成列表信息，以清晰展示列表内容。除此之外，还通过<transition>标签实现了组件切换时的过渡动画效果，提升了用户体验。

项目实现

要实现本项目，需要在 ch03 文件夹中创建一个 Projec3 文件夹，并在该文件夹中创建 index.html 文件与 style.css 文件。

在 HTML 文件中创建一个基本的页面结构，包括一个容器（div）来包裹登录和注册表单，以及相关的元素如按钮、链接等。在<head>标签中，引入 style.css 来定义页面的样式，包括布局、颜色、字体等；引入 Vue.js 库，以便使用 Vue 来构建页面的动态交互。使用 Vue 的基础语法来创建 Vue 实例，并定义相关的数据、方法和组件。使用 Vue 的模板语法来编写登录与注册表单。根据 isActivity 和 isLogin 的值来动态显示登录或注册的表单字段。其具体代码如例 3-23 所示。

3-9 项目实现

【例 3-23】实现登录与注册页面。

index.html 文件的部分示例代码如下所示。

```
<div class="container" id="app">
  <div class="form-container">
    <div class="tab">
      <div>
        <p @click="toggleActivity">账号登录</p>
        <Transition><p class="activity" v-if="isActivity"></p></Transition>
      </div>
      <div>
        <p @click="toggleActivity">注册账号</p>
        <Transition>
          <p class="activity" v-if="!isActivity"></p>
        </Transition>
      </div>
    </div>
    <div>
      <form-com :form="form" />
    </div>
    <button id="_js_loginBtn" @click="submit">{{isLogin ? '登 录' : '注 册'}}</button>
  </div>
  <div class="image">
  </div>
</div>
<script>
  //定义FormCom选项对象
  const FormCom = {
    props: ['form'],
    template: '
      <div>
        <form action="#" class="form">
          <input type="text" placeholder="您的账号/手机号" requiredv- model=
            "form.username">
          <input type="password" placeholder="您的密码" required v- model=
            "form. password">
        </form>
      </div>'
  }
  const app = Vue.createApp({
    components: { 'form-com': FormCom,},
    data( ) {
      return {
        isActivity: true,
        isLogin: true,
        form: {username: '', password: ''},
        account: []
      }
```

```
  },
  methods: {
    toggleActivity( ) {  //省略toggleActivity( )函数的函数体代码},
    submit( ) {           //省略submit( )函数的函数体代码}
  }
})
app.mount('#app')
</script>
```

需要注意的是，上述代码中的 account 数组仅用于演示功能，实际项目中推荐搭建后端 API 来验证和存储用户数据。

项目小结

通过本项目的实施，成功构建了一个功能完善、用户体验良好的智慧公寓管理系统的登录与注册页面。这一页面的实现，不仅体现了前端技术在现代信息化社会中的实际应用价值，也彰显了技术为人、服务民生的设计理念。

页面支持用户进行登录和注册操作，并对输入数据进行验证和绑定，将用户输入的信息与 Vue 实例中的数据进行实时同步，提高了数据的更新效率，保证了页面数据的准确性和一致性。同时，通过组件化开发，提高了代码的可维护性和复用性。此外，巧妙运用过渡与动画效果，在页面切换时为用户带来流畅、自然的视觉体验，进一步提升了用户的满意度和忠诚度。在项目实施过程中，个人与团队成员会进行密切的沟通和协作，提高了自己的团队协作能力和沟通能力。

课后习题

一、填空题

1. Vue.js 是基于_____开发的 JavaScript 前端框架，其支持组件化开发。
2. MVC 设计模式包含 Model（模型）、View（视图）和_____。
3. MVVM 设计模式中的 VM 指的是_____。
4. Vue.js 可以通过 NPM 命令_____进行全局安装。
5. Vue 组件的注册方式分为全局注册和_____注册。
6. Vue 父子组件间传值可以通过_____和_____等方式实现。

二、判断题

1. Vue 中的组件可以无限嵌套。　　　　　　　　　　　　　　　　　　（　　）
2. Vue 的<transition>组件只能用于单个元素的过渡效果。　　　　　（　　）
3. Vue 的过渡类名 v-enter-active 在过渡开始后立即应用。　　　　　（　　）
4. Vue 的列表过渡中，可以使用 transition-group 组件。　　　　　　（　　）
5. Vue.js 是一种渐进式 JavaScript 框架，可以自底向上地逐层应用。（　　）
6. Vue-devtools 是一款基于 Chrome 浏览器的 Vue.js 开发工具，用于调试 Vue 应用。
　　　　　　　　　　　　　　　　　　　　　　　　　　　　　　　（　　）

149

三、选择题

1. 在 Vue 中，以下属于组件间通信的常用方式的是（　　）。
   A. props 和$emit
   B. data
   C. computed
   D. methods
2. 在 Vue 中，以下可用于动态绑定一个或多个 class 的方法是（　　）。
   A. class
   B. v-class
   C. v-cloak
   D. v-bind:class
3. 以下选项中，可以定义进入和离开的过渡时间来实现 Vue 过渡效果的是（　　）。
   A. transition
   B. duration
   C. transition-duration
   D. name
4. 在 Vue 模板中，可用于在元素上绑定事件监听器的指令是（　　）。
   A. v-on
   B. v-event
   C. v-bind
   D. v-model

四、简答题

1. 简述 v-model 指令的常用修饰符及它们各自的含义。
2. 简述 v-if 和 v-show 指令的相同点与不同点。
3. 简述 Vue 实例中的 data、methods、computed 和 watch 等核心选项的作用。
4. 简述 Vue 中 transition-group 组件相对于 transition 组件的主要优势。

五、编程题

1. 使用计算属性（computed）和样式绑定（class 或 style）设计一个用于显示一个用户的个人信息的 Vue 组件。该组件的用户信息中包含一个年龄字段，根据用户的年龄来动态改变指定 div 元素的背景颜色。具体来说，如果用户的年龄小于 30 岁，则 div 元素的背景颜色为绿色；如果年龄在 30~60 岁，则 div 元素的背景颜色为黄色；如果年龄大于 60 岁，则 div 元素的背景颜色为红色。

2. 通过表单绑定实现一个创建商品的功能，商品的属性包括商品名、单价、所属分类、商品介绍、库存、是否发布。单击"创建"按钮，"控制台"面板内会输出所提交对象的信息。

3. 使用组件方式实现一个产品列表页，其效果为卡片效果，每个卡片上都有产品的图片、名称和价格。将鼠标指针移入产品卡片内后，其就会呈现被选中时的阴影效果；单击产品卡片，就会弹出对应的产品 id。

4. 使用组件方式实现可折叠的多级菜单，初次单击菜单项，可展开子菜单；再次单击菜单项，可隐藏子菜单。

项目4
智慧公寓管理系统的前端技术栈

04

在实际应用中，许多企业面临着后台管理系统界面单调、交互体验不佳，以及数据管理效率低下等问题。这些问题不仅影响了管理员的工作效率，也间接制约了企业的业务扩展。为了有效解决这些问题，我们决定启动一个基于 Vue 前端技术栈的后台管理页面项目。

本项目旨在通过 Vue 的强大功能，结合 Element Plus 这一优秀的组件库，为后台管理页面提供丰富的界面元素和流畅的交互体验。同时，引入了 Vue Router 来实现页面间的灵活路由跳转，使得用户可以在不同页面间无缝切换，提升操作效率。此外，Pinia 状态管理库的集成，为用户列表等关键数据的管理提供了强有力的支持，确保数据的一致性和响应性。

项目目标

本项目将深入探讨现代前端开发的基石，从单文件组件与构建工具的基础知识出发，深入解析 Vite 的工作原理及其插件机制，同时掌握 Element Plus 组件库、Vue Router 路由管理及 Pinia 状态管理的应用，全面提升前端项目构建与管理能力。

知识目标

- 了解单文件组件与构建工具的概念。
- 理解 Vite 的工作原理。
- 掌握 Vite 创建项目的步骤。
- 掌握常见 Element Plus 组件的属性和方法。
- 了解 Vue Router 路由的相关概念。
- 掌握动态路由、嵌套路由、编程式导航、路由守卫的使用。
- 了解 Pinia 状态管理的相关概念。

4-1 项目目标

技能目标

- 能够安装并使用 Element Plus 组件库的常用组件，包括基础组件、表单组件、数据展示、导航组件、反馈组件。
- 能够使用 Vite 创建项目、配置项目并运行项目。
- 能够安装并使用路由。
- 能够安装并使用 Pinia，灵活运用 Pinia 实现状态管理。

素质目标

- 培养学生的组件化开发能力，有助于学生理解如何构建可复用、可维护的 UI 组件。
- 培养学生独立解决问题的能力，掌握调试项目的技巧。
- 培养学生坚韧执着、刻苦钻研、迎难而上的品质。

● 培养学生养成规范编码的习惯，提高代码的可读性和维护性。

效果展示

本项目基于 Vue 前端技术栈实现后台管理页面，实现了首页与用户列表页的展示与交互功能。其中，首页仅用于与用户列表页对比实现路由切换；用户列表页面则用于展示用户信息，对用户信息进行编辑与删除等操作。用户列表页面效果如图 4-1 所示。

图 4-1　用户列表页面效果

任务 4.1　构建现代化构建工具 Vite 开发环境

【任务概述】

随着现代前端框架和工具的蓬勃发展，Vite 以其极快的冷启动速度、轻量级的开发体验以及对现代 JavaScript 框架的无缝支持，迅速赢得了开发者的青睐。本任务正是基于这样的背景，旨在引导读者通过实践来掌握 Vite 这一强大构建工具的使用，同时深入理解单文件组件在 Vue 项目中的核心作用。

本任务将从搭建 Vite 开发环境开始，利用 Vite 强大的脚手架功能快速创建一个包含新闻名称列表和内容面板的新闻资讯展示页面。该页面将提供直观的界面和便捷的导航功能，让用户能够轻松浏览并深入了解各类新闻资讯。新闻列表展示的列表项应包含新闻的标题、发布时间等基本信息，并能够通过单击触发详情查看功能。列表项应具有高亮功能，当用户单击某条新闻后，该新闻列表项应显示为选中状态。新闻资讯展示页面应包含新闻的标题、发布时间、内容等信息，具体页面效果如图 4-2 所示。

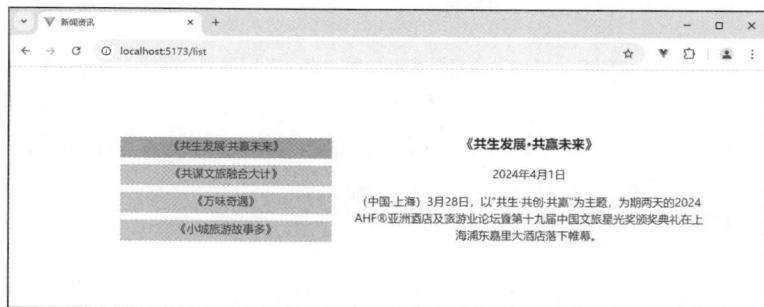

图 4-2　新闻资讯展示页面效果

【知识储备】

4-2 知识储备

4.1.1　单文件组件与构建工具

踏入前端开发的进阶之旅需要从了解单文件组件开始，了解这一现代前端开发模式如何简化组件开发与管理；随后，需要了解构建工具（Build Tools），初探其如何助力项目构建与优化。

1.　单文件组件

任务 3.3 中讲解了关于组件的基础知识，可以将局部的内容封装为组件，供页面或者其他组件复用。任务 3.3 中介绍的方法用于中小规模的项目是可行的，但是用于大规模的项目时仍然存在一些问题，如很难通过 template 属性将所有 HTML 写在一个字符串里。为此，Vue.js 提供了一种称为单文件组件的机制，其可以很好地解决这些问题，即将组件的结构、表现和逻辑这 3 个部分封装在独立的文件中，通过模块机制将应用中的所有组件组织、管理起来。

单文件组件的代码结构如下所示。

```
//HelloWorld.vue文件
<template>
  <div>HelloWorld</div>
</template>
<script>
export default {
  data( ){
    return{ }
  }
}
</script>
<style scoped>  </style>
```

由上述代码结构可知，该.vue 文件由<template></template>、<script></script>和<style></style>这 3 个标签组构成，分别用于定义组件的结构、逻辑和样式。这里要特别说明的是，<style></style>标签组可以通过 scoped 属性将组件中定义样式的作用范围限定在该组件内部，以保证不会干扰任何其他组件的样式。

.vue 文件不是标准的网页文件，浏览器无法将其效果直接显示出来。一个项目中的多个.vue 文件需要编译成标准的 HTML、CSS 和 JavaScript 文件之后，才能在浏览器中显示。因此，一个Vue.js 项目中的文件要能够组织在一起，并能够协同工作，通常还需要一些构建工具的帮助。

2. 构建工具

构建工具是软件开发中用于自动化构建过程的软件工具。构建过程通常包括将源代码（如 Java、C#、JavaScript、TypeScript、CSS、HTML 等）转换成可执行文件、库、Web 应用或其他类型的输出。这些工具能够处理编译、链接、打包、优化、测试、部署等多个步骤，使得整个开发流程更加高效、可管理和可维护。

常见的构建工具如下。

（1）Webpack

Webpack 是一个高度可配置的模块打包器，适用于 Web 应用程序。Webpack 支持多种加载器和插件，可以处理各种类型的文件和资源。

（2）Rollup

Rollup 专注于打包 ES6 模块，特别适用于库和框架的开发。Rollup 支持 tree shaking（消除未使用的代码）和代码分割等优化技术。

（3）Gulp

Gulp 是一个基于流的自动化构建工具，可以通过编写自定义任务来处理文件转换、优化、压缩等任务。

（4）Vite

Vite 是一个现代化的前端构建工具和开发服务器，其使用原生 ES 模块进行开发时的即时编译，并利用 Rollup 进行生产环境的打包。

不同的构建工具有其独特的特点和优势，开发者应根据项目需求选择最适合的构建工具来构建和部署应用程序。

4.1.2 Vite 简介

Vite 是 Vue 的作者开发的一个面向现代浏览器的，更加轻量、快捷的前端构建工具，可以为前端工作者提供良好的开发体验。Vite 采用了基于浏览器原生 ES6 模块导入的方式，利用浏览器解析 import，可实现闪电般的冷服务器启动。

了解 Vite 的定义后，还需要理解 Vite 的工作原理，下面将从以下 5 个方面对其进行解析。

1. 原生 ES 模块支持

Vite 的核心原理之一是原生 ESModules 模块的支持。目前的浏览器都支持 ES 模块，可以使用 import 和 export 语句来导入和导出 JavaScript 模块。Vite 在开发环境中直接利用这一特性，将源代码作为模块直接发送给浏览器。这种做法减少了初始化加载时间，因为浏览器可以直接加载并解析需要的模块，而不是加载整个打包后的文件。同时，由于只加载了需要的模块，也提高了模块更新的速度。

2. 按需编译

当浏览器请求一个模块时，Vite 会实时地将该模块转换成浏览器可理解的格式。这种按需编译的方式避免了传统构建工具在开发环境中的全部构建过程。即使只更改了一个文件，也只有该文件及其相关的依赖会被重新编译和加载，而不是重新编译和加载整个应用程序。

3. 快速热模块替换

Vite 实现了高效的热模块替换（Hot Module Replacement，HMR）机制。当源文件发生更改时，Vite 会立即重新编译更改的模块，并更新浏览器中的相应部分，而无须重新加载整个页面。这进一步提高了开发效率，因为我们可以立即看到代码更改的效果，而无须等待整个页面重新加载。

4. 生产环境构建

虽然 Vite 在开发环境中使用了原生 ES 模块和按需编译的方式，但是在生产环境中，其仍然会进行代码打包和优化。Vite 使用 Rollup 作为生产环境的打包工具，Rollup 是一个专注于打包 ES6 模块的打包器，特别适用于库和框架的开发。

5. 插件和扩展性

Vite 提供了强大的扩展性，可以通过插件 API 和 JavaScript API 进行扩展。我们可以编写自定义插件来扩展 Vite 的功能，或者与其他工具进行集成。这种扩展性使得 Vite 能够适应不同的项目需求，并与其他前端框架和工具无缝集成。

4.1.3　Vite 的安装与使用

Vite 作为构建工具中的一颗璀璨新星，极大地缩短了开发环境。下面将从 Vite 的安装开始，逐步使用 Vite 快速创建一个前端项目，并深入解析 Vite 项目的目录结构，揭示各个文件与文件夹的作用。

1. 安装 Vite

Vite 是一个基于 Node.js 的前端构建工具，因此需要确保当前系统中已经安装了 Node.js。Node.js 是 Vite 运行的基础，其提供了 JavaScript 运行环境以及 NPM 包管理器，用于安装和管理 Vite 及其依赖项。可以通过在终端或命令行界面中输入 node -v 来检查 Node.js 是否已经安装以及安装的版本。

在确保 Node.js 已经安装后，即可使 NPM 全局安装 Vite。在终端或命令行界面中输入以下命令。

```
npm install -g create-vite
```

上述命令将会在全局安装 create-vite，create-vite 是一个用于创建新的 Vite 项目的命令行工具。

2. 使用 Vite 创建项目

使用 create-vite 命令行工具创建一个名为 my-vite-project 的项目，具体步骤如下所示。

（1）在命令行窗口中输入 "create-vite my-vite-project" 命令并按 Enter 键，创建一个名为 my-vite-project 的 Vite 项目。随即会提示选择本项目所使用的框架，此处使用方向键选择 "Vue" 作为本项目的基础框架，如图 4-3 所示。

（2）在图 4-3 中按下 Enter 键，随即会提示选择项目的开发语言，此处使用方向键选择 "JavaScript" 作为本项目的开发语言，如图 4-4 所示。

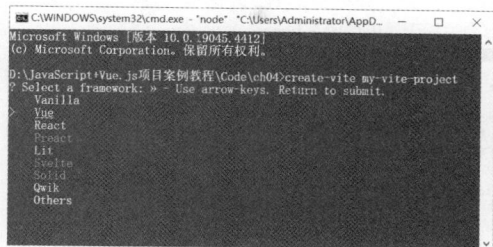

图 4-3　选择项目框架

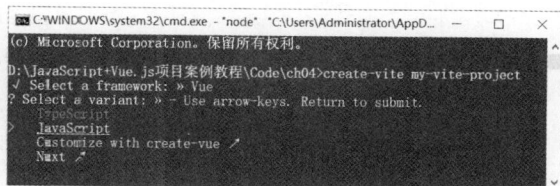

图 4-4　选择开发语言

（3）在图 4-4 中按下 Enter 键，即可创建 my-vite-project 项目。项目创建完成后，会提示启动项目的操作步骤，如图 4-5 所示。

（4）在图 4-5 中的命令行界面中输入"cd my-vite-project"命令，即可进入 my-vite-project 项目。输入"npm install"命令，安装项目依赖。输入"npm run dev"命令，启动项目，待进度加载完成后，项目启动成功，如图 4-6 所示。

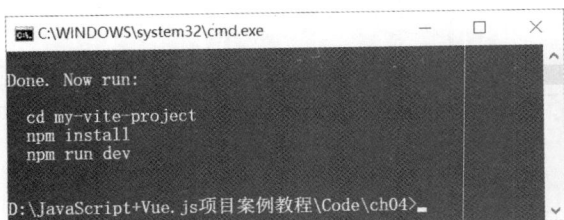

图 4-5　项目启动步骤

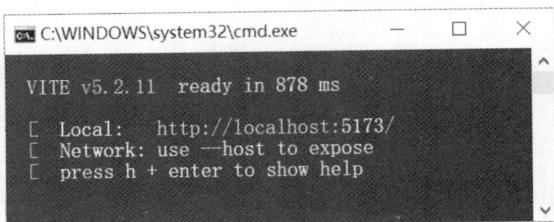

图 4-6　项目启动成功

（5）项目启动成功后，会在命令行窗口中显示项目的 IP 地址和端口号。只需要在浏览器地址栏中输入"http://localhost:5173"，即可在浏览器中访问 Vite 项目，如图 4-7 所示。

3．Vite 项目的目录结构解析

将创建好的项目在 VSCode 开发工具中打开，项目的目录结构如图 4-8 所示。

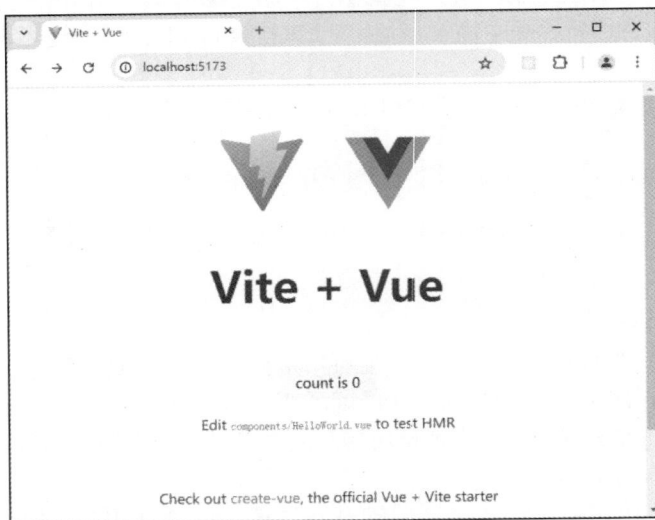

图 4-7　在浏览器中访问 Vite 项目

图 4-8　Vite 项目的目录结构

Vite 工具创建的项目的目录结构、各文件夹和文件的详细说明如下所示。

```
|--.vscode          //该目录通常包含VSCode的配置文件，如设置、调试配置、任务等。这些配置文件可以帮助
                    //我们在不同环境中保持一致的开发体验
|--node_modules     //NPM加载的项目依赖模块。该目录由NPM或Yarn等包管理器自动生成，包含项目所需的
                    //所有第三方库和模块。通常不需要直接操作该目录
|--public           //存放静态资源文件，如图片、字体和公共的HTML文件等
|  |--vite.svg      //示例静态图片文件，可以根据项目需求替换或删除
|--src              //项目的源代码目录，包含应用的主要逻辑和功能代码
|  |--assets        //存放项目中的静态资源，如CSS样式、图片
```

```
|   |--|--vue.svg              //示例图片文件，可能用于项目中的图标或背景等
|   |--components              //存放项目中的vue组件
|      |-HelloWorld.vue        //一个示例的vue组件，展示了如何在Vue中创建一个可复用的组件
|   |--App.vue                 //项目的根vue组件，通常包含应用的整体布局和主要逻辑
|   |--main.js                 //项目的JavaScript入口文件，用于创建Vue应用实例，并挂载到HTML页面的
|                              //指定元素上，加载各种公共组件和所需要用到的插件
|   |--style.css               //包含项目全局或通用的CSS样式，并通过main.js引入
|--.gitignore                  //用于指定git版本控制中应该忽略的文件和目录，以避免提交不必要的文件到
|                              //代码仓库
|--index.html                  //项目的主页面，Vue的组件需要挂载到该文件中
|--package-lock.json           //用于锁定项目实际安装的各个NPM包的具体来源和版本号
|--package.json                //项目的配置文件，包含项目的元信息、依赖项、脚本命令等。可以在这里管理
|                              //项目的依赖、设置脚本命令以及定义项目的其他配置
|--README.md                   //MarkDown格式的项目说明文件
|--vite.config.js              //Vite的配置文件，用于自定义Vite开发服务器和构建过程的行为。可以在这
|                              //里配置别名、插件、代理等高级功能
```

在上述目录结构中，HelloWorld.vue 是子组件，App.vue 是根组件，根组件引入 HelloWorld.vue 组件并使用该组件标签。main.js 是入口文件，main.js 生成根组件实例，并将根组件实例挂载到 index.html 中 id 名为 app 的\<div\>元素上。

上述目录结构为 Vite 项目提供了一个清晰、有序的文件组织方式，有助于高效地管理和维护代码。

4.1.4　Vite 的插件机制

Vite 的插件机制是一个强大且灵活的系统，其允许用户通过插件来扩展 Vite 的功能。

1. 插件的作用

（1）扩展功能

Vite 插件可以在 Vite 的构建生命周期中执行额外的操作，如处理文件、注入代码、自定义构建步骤等。

（2）优化性能

插件可以优化 Vite 的构建和开发过程，如静态资源处理、依赖预构建等。

（3）集成第三方库或工具

插件也可以用于集成第三方库或工具，扩展 Vite 的能力。

2. 安装与配置插件

（1）安装插件

通过 NPM 包管理器，可以将指定插件添加到项目的 package.json 文件的 devDependencies 字段中。接下来通过安装@vitejs/plugin-legacy 插件演示如何在 Vite 项目中安装插件。

在项目终端或命令行窗口中执行"npm i -D @vitejs/plugin-legacy"命令，安装该插件。插件安装成功后，package.json 文件的 devDependencies 字段的代码内自动新增 vitejs/plugin-legacy 插件，示例代码如下所示。

```
"devDependencies": {
    "@vitejs/plugin-legacy": "^5.4.0",
```

```
    "@vitejs/plugin-vue": "^5.0.4",
    "vite": "^5.2.0"
  }
```

（2）配置插件

在 Vite 项目中安装插件后，需要在项目的 vite.config.js 文件中将该指定插件添加到 plugins 数组中，并进行相应的配置。接下来通过配置@vitejs/plugin-legacy 插件演示如何在 Vite 项目中配置插件，示例代码如下所示。

```
import legacy from '@vitejs/plugin-legacy'
import { defineConfig } from 'vite'
export default defineConfig({
  plugins: [
    legacy({
    targets: ['defaults', 'not IE 11']
  })],
})
```

3. Vite 的插件类型

Vite 的插件类型主要分为 Vite 官方插件、社区插件和 Rollup 插件。

（1）Vite 官方插件

Vite 官方提供了一系列插件，用于支持不同的功能和优化。这些插件与 Vite 的核心功能紧密集成，具有较高的兼容性和稳定性。

（2）社区插件

除了官方插件外，还有大量的社区插件可供选择。这些插件由开发者社区贡献，提供了各种扩展功能和优化选项。

（3）Rollup 插件

Vite 基于 Rollup 进行构建，因此也可以利用 Rollup 的插件生态系统。这意味着 Vite 用户可以利用 Rollup 插件的强大功能，同时能够根据需要扩展开发服务器和 SSR（Server-Side Rendering，服务器端渲染）功能。

4. 查找与选择插件

可以通过 Vite 的官方文档、GitHub 仓库、NPM 等渠道查找和了解可用的插件。在选择插件时，应考虑插件的功能、兼容性、稳定性、社区支持等因素。

总的来说，Vite 的插件机制提供了强大的扩展能力，允许用户通过插件来扩展 Vite 的功能、优化性能、集成第三方库或工具等。我们可以根据自己的项目需求选择合适的插件，并按照文档进行配置和使用。

【任务实施】

要实现本任务，需要在 ch04 文件夹中创建一个 Example4-1 文件夹，并在该文件夹中使用 Vite 构建工具创建一个名为"newsVite"的项目，在 newsVite 项目的 components 文件夹下新建一个 News.vue 子组件。

4-3 任务实施

1. 配置 App.vue 组件

（1）在 App 组件中使用 import 语句引入 News 组件，使用 components 选项注册 News 组

件。在 App 组件中定义一个诗歌信息数组 newsList，并使用生命周期函数将 newsList 数组内的第一条信息默认保存在 currentNews 对象中。

（2）在 data 选项中定义一个 getCurrentNews( )方法。当单击诗歌列表项时，获取到该项信息并保存至 currentNews 对象中。

（3）在<News>标签上使用 v-bind 指令，将 currentNews 对象保存的信息传递给 News组件。

具体代码如例 4-1 所示。

【例 4-1】实现新闻资讯展示页面。

App.vue 文件的示例代码如下所示。

```
<template>
  <div id="app">
    <ul>
      <li
        :class="[{ active: currentNews.id === item.id }]"
        v-for="item in newsList"
        :key="item.id"
        @click="getCurrentNews(item)" >
        {{ item.title }}
      </li>
    </ul>
    <News :newsMsg="currentNews"></News>
  </div>
</template>
<script>
import News from "./components/News.vue";
export default {
  name: "App",
  components: { News },
  data( ) {
    return {
      currentNews: {},
      newsList:[
        {
          id: 0,
          title: "《共生发展·共赢未来",
          time: "2024年4月1日",
          content: "为期两天的2024 AHF®亚洲酒店及旅游业论坛暨第十九届中国文旅星光奖颁奖典礼在上
            海浦东嘉里大酒店落下帷幕。",
        },
        //省略其他数据代码
      ],
    };
  },
  methods: {
```

```
      getCurrentNews(params) { this.currentNews = params;},
    },
   mounted( ) { this.currentNews = this.newsList[0];},
  };
</script>
<style scoped>//省略CSS样式代码</style>
```

在上述代码中，在 mounted( )钩子函数中，将 currentNews 初始化为 NewsList 的第一个元素，确保页面加载时有默认的内容显示。

2. 配置 News.vue 组件

News 组件通过 props 选项接收 App 组件传递过来的数据，即 newsMsg，并将 newsMsg 中的数据渲染在 template 模板中。

components/News.vue 文件的示例代码如下所示。

```
<template>
  <div >
    <h3>{{ newsMsg.title }}</h3>
    <p>{{ newsMsg.time }}</p>
    <p class="content">
      {{ newsMsg.content }}
    </p>
  </div>
</template>
<script>
export default {
  name: "News",
  props: ['newsMsg'],
};
</script>
<style scoped>//省略CSS样式代码</style>
```

任务 4.2 启用 Element Plus 组件库增强项目效果

【任务概述】

在持续优化前端项目、提升用户体验的征途中，开发者常常面临对现有功能进行重构与升级的需求。特别是在面对用户交互频繁、界面设计复杂的登录与注册流程时，如何通过技术手段实现更高效、更流畅的用户体验，成为不可回避的课题。

本任务利用 Vite 这一现代化前端构建工具，结合 Element Plus 这一功能丰富的组件库，对项目 3 中的登录与注册页面进行全面的重构与优化，效果如图 4-9 所示。这不仅是对项目代码质量的一次重要提升，更是对用户体验的一次深度革新。

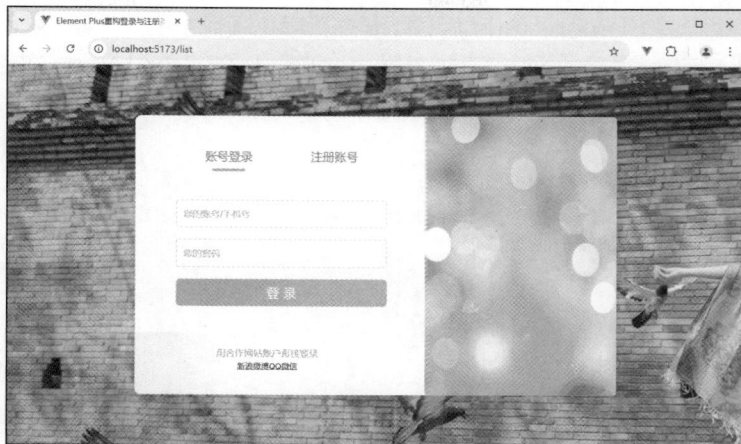

图 4-9　利用 Element Plus 实现的登录与注册页面

【知识储备】

4.2.1　初识 Element Plus 组件库

4-4　初识 Element
Plus 组件库

组件库是界面设计中不可或缺的一部分，在实际开发中，需要结合各种第三方组件库来完成项目。使用组件库可以降低页面的开发成本，提升开发效率。

1．组件库简介

组件库是界面设计中一个非常重要的概念，指的是将界面中具有通用性的元素组件、控件进行归纳整理，形成统一规范的组件集合，以达到快速复用、批量修改的目的。一个优秀的组件库应该具备灵活性、复用性和全面性。其中，灵活性指的是组件的字段、配色等都可以灵活改写，以适应多样化的需求；复用性指的是通用组件可以在不同项目复用；全面性则指一套组件库应当覆盖尽可能多的常用元素。

组件库的应用场景非常广泛，包括但不限于管理后台系统、企业级应用、开源项目、移动端应用以及定制化应用等。合理使用组件库能保持界面视觉效果的一致性，让开发高度还原，还可以为业务带来一致的设计语言，大大提高了团队的工作效率。

市面上的组件库大部分支持国际化功能，即允许根据用户的语言偏好设置界面的显示文本。该功能通常依赖于 vue-i18n 等国际化插件来实现。

2．Element Plus 的安装与使用

Element Plus 是一个基于 Vue 3 的组件库，其由饿了么前端团队开发，特点是易于使用和快速上手，同时支持自定义主题和扩展。

（1）安装 Element Plus

可以使用 NPM 包管理工具在 Vue 项目中安装 Element Plus。

在使用 Vite 构建工具创建的工程化项目中，可以使用 NPM 包管理工具执行 Element Plus 的安装命令，直接安装 Element Plus，命令代码如下所示。

```
npm install element-plus --save
```

通过 NMP 命令安装 Element Plus 后，需要在工程化项目中引入 Element Plus。其常用引入方式分为完整引入与按需引入两种。其中，Element Plus 的完整引入会一次性加载所有组件和样式，简单快捷但会增加打包体积；而按需引入仅加载项目中实际使用的组件和样式，有助于优化性能，但配置稍显复杂。

① 完整引入 Element Plus。

要完整引入 Element Plus，需要在 main.js 文件中挂载 Element Plus，语法格式如下所示。

```
import { createApp } from 'vue'
import ElementPlus from 'element-plus'  //引入element-plus库
import 'element-plus/dist/index.css'    //element-plus的CSS样式
const app = createApp(App)
app.use(ElementPlus)                     //挂载Element Plus
app.mount('#app')
```

在上述语法格式中，通过 import 语法引入 Element Plus 的组件与样式，并通过应用程序实例的 use( )方法成功挂载 Element Plus。

需要注意的是，完整引入 Element Plus 后，在单文件组件中使用其 UI 组件标签时，需要先使用 import 语法引入相应的 UI 组件。

② 按需引入 Element Plus。

要实现 Element Plus 的按需引入，需要使用额外的插件来引入要使用的组件，且无须配置 main.js 文件。使用 NPM 包管理工具安装 unplugin-vue-components 和 unplugin-auto-import 这两款插件，npm 命令如下所示。

```
npm install -D unplugin-vue-components unplugin-auto-import
```

随后，需要在 vite.config.js 文件中将上述插件添加到 plugins 数组中，并进行相应的配置。

```
import AutoImport from 'unplugin-auto-import/vite'
import Components from 'unplugin-vue-components/vite'
import { ElementPlusResolver } from 'unplugin-vue-components/resolvers'
export default defineConfig({
  plugins: [
    AutoImport({resolvers: [ElementPlusResolver( )],}),
    Components({resolvers: [ElementPlusResolver( )],}),
  ],
})
```

需要注意的是，与 Element Plus 的完整引入方式不同，按需引入 Element Plus 后，可以在单文件组件中直接使用 Element Plus 的 UI 组件标签，而无须使用 import 语法在单文件组件中引入相应的 UI 组件。因此，在实际开发中推荐使用该方式引入 Element Plus。

（2）使用 Element Plus

按需引入 Element Plus 后，在单文件组件中使用 Element Plus 的 UI 组件时，只需要在单文件组件的<template>标签内粘贴相应的组件标签即可。

在单文件组件中使用 Element Plus 的 Button（按钮）组件，语法格式如下所示。

```
<template>
<el-row>
    <el-button>默认按钮</el-button>
```

```
    <el-button type="primary">主要按钮</el-button> <el-button type= "success ">成功按
    钮</el-button>
  </el-row>
</template>
```

需要注意的是，<template>标签中只能放置一个直接子元素，因此需要使用<div>标签或 Element Plus 的<el-row>标签对多个直接子元素进行包裹。

（3）Element Plus 国际化

Element Plus 组件库还支持国际化功能，允许根据用户的语言偏好来显示不同的界面文本。Element Plus 的 UI 组件默认使用英语，如果希望使用其他语言进行开发，可通过安装与配置 Element Plus 国际化来设置语言偏好。

Element Plus 的国际化功能依赖于 vue-i18n 库，故在使用 Element Plus 的国际化功能之前，需要先安装 vue-i18n 库。

使用 NPM 包管理工具安装 vue-i18n 库，NPM 命令如下所示。

```
npm install vue-i18n
```

随后，需要在 Vue 项目的 main.js 中引入 vue-i18n 并配置国际化信息。

```
import ElementPlus from 'element-plus'
import zhCn from 'element-plus/es/locale/lang/zh-cn'
app.use(ElementPlus, {
  locale: zhCn,
})
```

除此之外，Element Plus 还提供了一个 Vue 组件 ElConfigProvider，用于全局配置国际化的设置，示例代码如下所示。

```
<template>
  <el-config-provider :locale="locale">
    <app />
  </el-config-provider>
</template>
<script>
  import { ElConfigProvider } from 'element-plus'
  import zhCn from 'element-plus/es/locale/lang/zh-cn'
  export default {
    components: {ElConfigProvider},
    data( ) {
      return {locale: zhCn}
    },
  }
</script>
```

在实际开发中，推荐使用 Element Plus 常规版，我们仅需对 Element Plus 国际版有所了解即可。

4.2.2　Element Plus 常用组件

Element Plus 作为一款强大的 Vue 3 组件库，提供了丰富的组件选择。

4-5 Element
Plus 常用组件

本小节将介绍 Element Plus 的 5 类常用组件：Basic（基础）组件，满足页面搭建的基本需求；Form（表单）组件，助力数据录入与验证；Data（数据展示）组件，让数据可视化更直观；Navigation（导航）组件，提升用户浏览体验；Feedback（反馈）组件，增强用户与应用的交互。这些组件不仅功能强大，而且易于集成，能够满足各种应用场景下的开发需求。

1. Basic 基础组件

Element Plus 中包含众多实用的 Basic 组件，提供了构建现代化前端应用的强大工具。在这些 Basic 组件中，布局（Layout）组件、按钮（Button）组件、文本（Text）组件、滚动条（Scrollbar）组件和图标（Icon）组件是不可或缺的元素，它们共同构成了应用程序的基本框架和交互体验。

（1）Layout 组件

Element Plus 的 Layout 组件是一种基于 24 分栏系统的组件，其使得我们能够迅速且简便地创建复杂的页面布局。Layout 组件默认使用 Flex 布局，并通过 24 分栏的栅格系统（grid system）来实现布局。

el-row 组件和 el-col 组件是 Layout 组件中的核心成员，通过简单的组合和配置 el-row 组件和 el-col 组件，可以快速搭建出结构清晰、易于维护的页面布局。

① Layout 组件的语法格式。

Layout 组件的语法格式主要基于 Vue 的模板语法，通过组合和配置 el-row 和 el-col 组件来实现布局效果，语法格式如下所示。

```
<template>
  <el-row>
    <el-col :span="n">  </el-col>
    <el-col :span="n">  </el-col>
  </el-row>
</template>
```

在上述语法格式中，el-row 组件用于定义行；el-col 组件用于定义列；n 表示该列在行中所占的栅格数，范围通常为 1~24。通过调整 el-col 组件的 span 属性值，可以控制其在行中所占的栅格数，从而实现不同宽度的布局效果。

② Layout 组件的常用属性。

通过设置 el-row 组件和 el-col 组件的常用属性，可以设置 Layout 样式。

a. e-row 组件的常用属性。

el-row 组件主要用于包裹 el-col 组件，其常用属性主要有 gutter、justify、align 和 tag，具体介绍如下。

（a）gutter 属性：用于设置行内列与列之间的间隔大小，单位是像素。该属性可以使列之间有一定的间隔，增加布局的视觉效果。

（b）justify 属性：用于设置子元素的水平排版方式，效果等同于 Flexbox 的 justify-content 属性，其可取属性值为 start、center、end、space-between、space-around 或 space-evenly。

（c）align 属性：用于设置子元素的垂直排版方式，效果等同于 Flexbox 的 align-items 属性，其可取属性值为 start、end、center、baseline 或 stretch。

（d）tag 属性：用于自定义 el-row 组件渲染的 HTML 元素标签。默认情况下，el-row 组件会渲染为一个 div 元素，但可以通过 tag 属性将其更改为其他 HTML 标签。其可取属性值为任何有效的 HTML 元素标签名，如 section、article、header 等。

　　b．e-col 组件的常用属性。

　　el-col 组件的常用属性包括 span、offset、pull、push 和 tag，具体介绍如下所示。

　　（a）span 属性：表示该列在行中所占的栅格数，可选值为数字类型，范围为 1~24。

　　（b）offset 属性：用于设置栅格左侧的间隔格数，可选值为非负整数，默认为 0。

　　（c）pull 与 push 属性：分别用于设置栅格向左或向右移动的格数，可选值为非负整数，默认为 0。

　　（d）tag 属性：用于自定义 el-col 组件渲染的 HTML 元素标签，用法等同于 el-row 组件。

　　（2）Button 组件

　　Button 组件是 Element Plus 基础组件中的一部分，提供了丰富的按钮样式和交互功能。Button 组件支持基础用法、禁用状态、链接按钮、文字按钮、图标按钮、按钮组等多种功能，能够轻松创建符合需求的按钮。

　　① Button 组件的语法格式。

　　Button 组件的语法格式如下所示。

```
<el-button type="primary">Primary按钮</el-button>
<el-button-group>
    <el-button type="primary">Primary按钮</el-button>
    <el-button type="success">success按钮</el-button>
    <el-button type="warning">warning按钮</el-button>
</el-button-group>
```

　　在上述语法格式中，type 属性用于指定按钮的类型，可选属性值有 default、primary、success、warning、danger、info 和 text 等，分别对应按钮不同的颜色和样式。可以使用<el-button-group>对多个按钮进行分组，使其以按钮组的方式出现，常用于多项类似操作。

　　② Button 组件的常用属性。

　　Element Plus 的 Button 组件提供了丰富的样式和交互功能，除了 type 属性外，还可以通过设置 el-button 组件的以下常用属性来定制符合需求的按钮。

　　a．size 属性：用于设置按钮的大小，默认值为 default，其可选属性值还有 large、small。

　　b．plain 属性：是否使用朴素按钮样式，属性值为布尔类型，默认值为 false。当 Plain 属性值设置为 true 时，按钮将没有额外的背景色，仅显示文字。

　　c．round 与 circle 属性：分别用于设置是不是圆角或圆形按钮，属性值为布尔类型，默认值为 false。

　　d．color 属性：用于自定义按钮颜色，可以指定按钮的背景色，属性值为有效的 CSS 颜色值。

　　e．loading 属性：用于设置按钮是不是加载中状态，属性值为布尔类型，默认值为 false。当属性值设置为 true 时，按钮将显示加载效果。

　　f．disabled 属性：用于设置按钮是不是禁用状态，属性值为布尔类型，默认值为 false。当属性值设置为 true 时，按钮将无法被点击。

　　g．icon 属性：用于设置按钮的图标，属性值可以是 Element Plus 提供的图标类名，也可以是自定义的图标。

　　需要注意的是，Button 组件的某些属性可能与其他属性互斥或相互影响，如 plain 和 color 属性。当 plain 属性为 true 时，color 属性可能不会生效，因为朴素按钮可能没有背景色。

　　（3）Text 组件

　　Text 组件是一个用于展示文本的组件，其可以以更加结构化和样式化的方式展示文本内容。

Text 组件的语法格式如下所示。

```
<el-text type="primary">Primary</el-text>
```

在上述语法格式中，type 属性用于指定文本的类型，如 default、primary、success、warning、danger、info 和 text 等，分别对应不同的文本颜色。

除此之外，Text 组件还提供了 truncated 属性与 line-clamp 属性，用于实现文本末尾的省略号样式以及多行文本末尾的省略号样式。

（4）Scrollbar 组件

Scrollbar 组件用于替换浏览器默认的滚动条样式，并实现更丰富的滚动条功能。使用该组件可以自定义滚动条的滚动方向、高度与滚动方式等。

① Scrollbar 组件的语法格式。

Scrollbar 组件的语法格式如下所示。

```
<el-scrollbar height="400px">
    <p v-for="item in 20" :key="item" >{{ item }}</p>
</el-scrollbar>
```

在上述语法格式中，通过 height 属性设置滚动条高度，若不设置则根据父容器的高度自适应。

② Scrollbar 组件的常用属性。

a. height/width 属性：用于设置滚动条容器的高度或宽度。这两个属性可以单独设置，也可以一起设置。

b. native 属性：用于设置使用原生的滚动条而不是自定义的滚动条，属性值为布尔类型，默认为 false。

c. max-height 属性：用于设置当元素高度超过最大高度时，滚动条显示。

d. tag 属性：设置滚动条容器的 HTML 标签类型。tag 属性默认为 div，但也可以根据需要设置为其他标签类型。

（5）Icon 组件

Element Plus 的 Icon 组件是一个功能强大的图标库，提供了丰富的图标选择，以满足在网页和移动端应用中展示图标的开发需求。

① 安装并注册图标。

首先，使用 NPM 包管理工具安装图标，在 Vue 项目终端执行如下命令。

```
npm install @element-plus/icons-vue
```

然后，需要在 Vue 项目的 main.js 文件中引入所有图标，示例代码如下所示。

```
import * as ElementPlusIconsVue from '@element-plus/icons-vue';
const app = createApp(App)
for (const [key, component] of Object.entries(ElementPlusIconsVue)) {
  app.component(key, component)
}
```

② 使用 Icon 组件。

在使用 Element Plus 的图标时，可以结合 el-icon 组件使用，也可以直接使用 SVG 图标，示例代码如下所示。

```
//结合el-icon组件使用
<el-button type="success" icon="el-icon-plus">新建规则</el-button>
```

```
//直接使用SVG图标
<el-button type="success">
  <Plus style="width: 1em; height: 1em; margin-right: 8px"/>
  <span style="vertical-align: middle">新建规则</span>
</el-button>
```

在上述代码中，结合 el-icon 组件使用图标时，可快速、简便地在 Vue 项目中使用 Element Plus 提供的图标库，并允许通过 el-icon 组件提供的属性进行样式调整。直接使用 SVG 图标时，允许通过 CSS 来修改图标的颜色、大小等属性，或者添加动画效果。

Element Plus 提供了丰富的图标集合，在 Element Plus 官网上单击图标，即可复制相应代码。

接下来通过案例演示如何在 Vue 项目中使用 Element Plus 的 Basic 基础组件，具体代码如例 4-2 所示。

【例 4-2】使用 Element Plus 的 Basic 基础组件。

```
//App.vue
<template>
  <div>
    <!-- Layout布局组件 -->
    <el-row>
      <!-- Text文本组件 -->
      <el-text truncated type="primary">Button按钮组件:</el-text>
    </el-row>
    <el-row justify="space-between">
      <!-- Button按钮组件 -->
      <el-col :span="24">
        <el-button type="primary">Primary</el-button>
        <el-button round>Round</el-button>
        <el-button type="success" round>Success</el-button>
        <el-button plain>Plain</el-button>
        <el-button type="info" plain>Info</el-button>
        <el-button-group>
          <el-button icon="Search" circle />
          <el-button type="primary" icon="Edit" circle />
        </el-button-group>
      </el-col>
    </el-row>
    <!-- Text文本组件 -->
    <el-row justify="start">
      <el-text truncated type="primary">Text文本组件:</el-text>
    </el-row>
    <el-row>
      <el-text line-clamp="2">
        好雨知时节，当春乃发生。<br />
        随风潜入夜，润物细无声。<br />
        野径云俱黑，江船火独明。<br />
```

```
        晓看红湿处，花重锦官城。
      </el-text>
    </el-row>
    <!-- Scrollbar滚动条组件 -->
    <el-row justify="start">
      <el-text truncated type="primary">Scrollbar滚动条组件:</el-text>
    </el-row>
    <el-row>
      <el-scrollbar always>
        <div class="scrollbar-flex-content">
          <p v-for="item in 50" :key="item" class="scrollbar-demo-item">
            {{ item }}
          </p>
        </div>
      </el-scrollbar>
    </el-row>
    <!-- Icon图标组件 -->
    <el-row justify="start">
      <el-text truncated type="primary">Icon图标组件:</el-text>
    </el-row>
    <el-row>
      <el-button type="primary">
        <el-icon style="vertical-align: middle">
          <Search />
        </el-icon>
        <span style="vertical-align: middle"> Search </span>
      </el-button>
      <Share style="width: 1em; height: 1em; margin-right: 8px" />
      <Delete style="width: 1em; height: 1em; margin-right: 8px" />
      <Search style="width: 1em; height: 1em; margin-right: 8px" />
    </el-row>
  </div>
</template>
<script >
export default {
  name: "App",
  data( ) {
    return {};
  },
};
</script>
<style scoped>//省略CSS样式代码</style>
```

在当前项目终端执行"npm run dev"命令，启动当前项目，并在浏览器中查看显示效果，如图 4-10 所示。

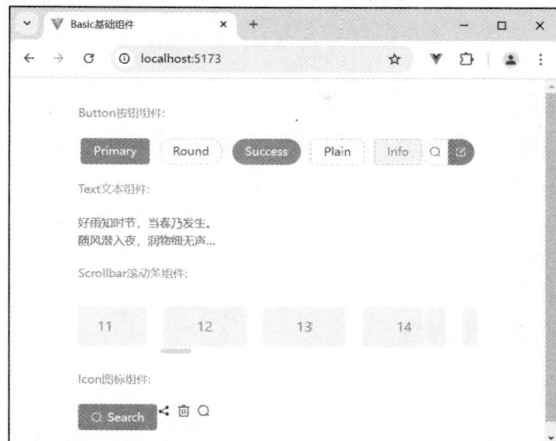

图 4-10　Basic 基础组件的显示效果

2. Form 组件

Element Plus 的 Form 组件是一个强大的工具，用于构建和管理表单数据。Form 组件包含几个关键组件，其中表单项组件如 Input（输入框）组件、Checkbox（多选框）组件、DatePicker（日期选择器）组件等是构建表单的基础组件。

（1）Input 组件

Input 组件指的是 el-input 组件，其允许用户输入和编辑文本。el-input 组件提供了丰富的功能和属性，以满足不同场景下的输入需求。

① Input 组件的语法格式。

Input 组件的语法格式很简单，只需要在模板中引入 el-input 组件，并通过 v-model 指令为其绑定一个数据属性即可，如下所示。

```
<template>
  <el-input :model="inputValue" placeholder="请输入内容"></el-input>
</template>
data( ) {
    return {
      inputValue: ''
    };
  }
```

在上述语法格式中，el-input 组件显示了一个输入框，用户输入的内容会实时更新到 inputValue 数据属性中。

② Input 组件的常用属性。

Input 组件提供了许多属性，用于控制输入框的外观和行为。其常用属性主要有 model-value/v-model、type、placeholder、disabled、clearable、readonly、maxlength 和 minlength 等，具体介绍如下所示。

a. model-value/v-model 属性：用于绑定 data 选项中的数据，实现双向数据绑定。

b. type 属性：用于设置输入框类型，如 text、password、textarea 等。

c. placeholder 属性：用于设置输入框为空时显示的提示文本。

d. disabled 属性：用于设置是否禁用此输入框。

169

e. clearable 属性：用于设置文本框是否显示清除按钮，单击按钮可清空输入框内容。

f. readonly 属性：用于设置输入框是否只读。

g. maxlength 属性：用于设置输入内容的最大长度。

h. minlength 属性：用于设置输入内容的最小长度。

③ Input 组件的常用事件。

Input 组件也提供了一些事件，用于监听用户与输入框的交互，具体介绍如下所示。

a. blur：输入框失去焦点时触发。

b. focus：输入框获得焦点时触发。

c. change：输入框内容改变时触发。

d. clear：单击清除按钮后触发。

e. press-enter：按 Enter 键触发。

（2）Checkbox 组件

Checkbox 组件提供了 el-checkbox 组件与 el-checkbox-group 组件。其中，el-checkbox-group 组件可将多个 el-checkbox 组件组合在一起，适用于将多个复选框绑定到同一个数组的情景。

① Checkbox 组件的语法格式。

Checkbox 组件的语法格式如下所示。

```
<template>
 <el-checkbox-group v-model="checkList">
    <el-checkbox label="Option A" value="Value A" />
    <el-checkbox label="Option B" value="Value B" />
    <el-checkbox label="Option C" value="Value C" />
    <el-checkbox label="disabled" value="Value disabled" disabled />
    <el-checkbox
      label="selected and disabled"
      value="Value selected and disabled"
      disabled
    />
  </el-checkbox-group>
</template>
data( ) {
    return {
      checkList:[ 'Value selected and disabled', 'Value A'],
    };
  }
```

在上述语法格式中，el-checkbox-group 组件使用 v-model 指令绑定一个数组，该数组用于存储用户选中的复选框的值。当用户选中或取消选中一个复选框时，v-model 绑定的数组会自动更新以反映这些变化。在 el-checkbox 组件中，value 是当前复选框的值，是 checkbox 组件的介绍文本，且与数组中的元素值对应。当 el-checkbox 组件的 value 为空时，el-checkbox 组件的 label 属性将会作为 checkbox 的选项标签或描述存在。

② Checkbox 组件的常用属性。

a. el-checkbox-group 组件的常用属性如下所示。

（a）model-value/v-model 属性：Checkbox 组件的绑定值，数据类型为 Object，默认数据类型为 array。

（b）size 属性：用于设置多选框尺寸。

（c）disabled 属性：用于设置多选框为禁用状态，默认值为 false。

（d）min 属性：用于设置可被勾选的 checkbox 的最小数量。

（e）max 属性：用于设置可被勾选的 checkbox 的最大数量。

b. el-checkbox 组件的常用属性如下所示。

（a）model-value/v-model 属性：单一复选框组件的选中项绑定值，数据类型为 string/number/boolean，默认数据类型为数组。

（b）value 属性：复选框选中状态的值，仅在 el-checkbo 组件被 el-checkbox-group 组件包裹或者绑定对象类型为 array 时有效。

（c）disabled 属性：用于设置多选框为禁用状态，默认值为 false。

（d）checked 属性：用于设置当前复选框是否被选中。

（e）label 属性：默认用于设置 checkbox 组件的介绍文本。在 el-checkbox 组件被 el-checkbox-group 组件包裹或者绑定对象类型为 array，且 el-checkbox 组件的 value 值为空时，label 属性作为 value 使用。

（3）DatePicker 组件

DatePicker 组件提供了一个直观、易于使用的界面，让用户可以轻松地选择日期，而无须手动输入。这不仅可以提高了用户体验，还减少了因手动输入错误导致的数据问题。

① DatePicker 组件的语法格式。

DatePicker 组件的语法格式如下所示。

```
<el-date-picker
    v-model="value1"
    type="date"
    placeholder="Pick a day"
/>
```

在上述语法格式中，<el-date-picker>是 DatePicker 组件的标签。通过使用该标签，可以在页面上嵌入一个日期选择器，供用户选择日期。<el-date-picker>标签的 type 属性定义了日期选择器的类型。在这里，type 属性被设置为 date，表示这是一个仅供用户选择日期的选择器，而不包括时间。

Element Plus 还提供了其他类型的选择器，如 datetime 和 daterange 等，其中 daterange 用于实现选择日期范围。通过日期选择器实现选择一段时间的语法格式如下所示。

```
<el-date-picker
    v-model="value2"
    type="daterange"//设置日期选择器的类型为日期范围
    range-separator="至"
    start-placeholder="开始日期"
    end-placeholder="结束日期"
    placeholder="选择日期范围"
/>
```

在上述语法格式中，选择日期范围时，v-model 指令的绑定值 value2 应该是数组格式，用于存储选择的日期范围。数组的第一个元素是开始日期，第二个元素是结束日期。range-separator

属性用于设置日期范围中两个日期之间的分隔符，start-placeholder 属性用于设置开始日期的占位符，end-placeholder 属性用于设置结束日期的占位符。

② DatePicker 组件的常用属性。

DatePicker 组件提供了丰富的属性，除上述属性外，还有一些常用属性，具体介绍如下所示。

a. readonly 属性：用于设置日期选择框是否只读，默认值为 false。

b. disabled 属性：用于设置日期选择框为禁用状态，默认值为 false。

c. size 属性：用于设置日期选择框的尺寸。

d. default-value 属性：用于设置选择器打开时默认显示的日期，属性值为 new Date( )对象。

e. format 属性：用于设置日期在输入框中的显示格式。

f. value-format 属性：用于设置绑定到 v-model 的日期值的格式。若不指定，则绑定值格式默认为 Date 对象。

（4）el-form 与 el-form-item 组件

el-form 组件是表单容器组件，其负责包裹和管理整个表单。el-form 组件通常与 Vue 实例的 data 选项中的数据对象进行绑定，该对象包含表单中所有字段的初始值。el-form-item 组件是表单项容器组件，用于包裹具体的表单项。el-form-item 组件负责显示表单项的标签，并且可以与表单验证规则进行关联。

① el-form 组件与 el-form-item 组件的语法格式。

el-form 组件与 el-form-item 组件的语法格式如下所示。

```
<el-form
  label-width="auto"
  :model="form"
  ref="formRef">
  <el-form-item label="Name">
    <el-input v-model="form.name" />
  </el-form-item>
  <el-form-item label="Type">
    <el-input v-model="form.type" />
  </el-form-item>
</el-form>
data( ){
    return{form:{ name: '', type: [],}}
}
```

在上述代码中，el-form 组件使用:model 绑定了一个名为 form 的数据对象，该对象包含表单的所有字段值。ref="formRef"属性可在 Vue 实例中引用整个表单，以便后续可以使用 this.$refs.formRef 方式操作或访问表单。label-width 属性设置了表单标签的宽度。

② el-form 组件与 el-form-item 组件的常用属性。

a. el-form 组件的常用属性如下所示。

（a）label-position 属性：表单域标签的位置，可以是 left（默认）、right 或 top。

（b）rules 属性：用于绑定 rules 对象，该对象中包含表单验证的规则。

（c）show-message 属性：用于设置是否显示校验错误信息，默认值为 true。

（d）status-icon 属性：用于设置是否在输入框中显示校验结果反馈图标，默认值为 false。

（e）disabled 属性：用于设置是否禁用该表单内的所有组件，默认值为 false。当 disabled 属性值为 true 时，其将覆盖内部组件的 disabled 属性。

b. el-form-item 组件的常用属性如下所示。

（a）label 属性：表单项的标签文本。

（b）prop 属性：表单项在 model 对象中对应的属性名，用于与验证规则进行关联。

接下来通过一个案例演示如何在 Vue 项目中使用 Element Plus 的 Form 表单组件，具体代码如例 4-3 所示。

【例 4-3】使用 Element Plus 的 Form 表单组件。

```
//App.vue
<template>
  <el-row>
    <el-form
      ref="ruleFormRef"
      style="max-width: 600px"
      :model="ruleForm"
      :rules="rules"
      label-width="auto"
      class="demo-ruleForm"
      status-icon>
      <el-form-item label="用户名" prop="name">
        <el-input v-model="ruleForm.name" />
      </el-form-item>
      <el-form-item label="性别" prop="sex">
        <el-select v-model="ruleForm.sex" placeholder="选择性别">
          <el-option label="男" value="男" />
          <el-option label="女" value="女" />
        </el-select>
      </el-form-item>
      <el-form-item label="出生日期" required>
        <el-col :span="11">
          <el-form-item prop="date1">
            <el-date-picker
              v-model="ruleForm.date1"
              type="date"
              placeholder="出生日期"
              style="width: 100%"
              format="YYYY/MM/DD"
              value-format="YYYY-MM-DD"
            />
          </el-form-item>
        </el-col>
      </el-form-item>
      <el-form-item label="爱好" prop="hobby">
        <el-checkbox-group v-model="ruleForm.hobby">
```

```
                <el-checkbox value="跑步" name="hobby"> 跑步 </el-checkbox>
                <el-checkbox value="养花" name="hobby"> 养花 </el-checkbox>
                <el-checkbox value="阅读" name="hobby"> 阅读 </el-checkbox>
                <el-checkbox value="打羽毛球" name="hobby"> 打羽毛球 </el-checkbox>
            </el-checkbox-group>
        </el-form-item>
        <el-form-item label="描述" prop="desc">
            <el-input v-model="ruleForm.desc" type="textarea" />
        </el-form-item>
        <el-form-item>
            <el-button type="primary" @click="submitForm( )"> Create </el-button>
        </el-form-item>
    </el-form>
    <!-- 数据展示区域 -->
    <div v-if="submittedData" class="dataBox">
        <h3>提交的表单数据</h3>
        <p>姓名：{{ submittedData.name }}</p>
        <p>性别：{{ submittedData.sex }}</p>
        <p>出生日期：{{ submittedData.date1 }}</p>
        <p>爱好：{{ submittedData.hobby.join(", ") }}</p>
        <p>描述：{{ submittedData.desc }}</p>
    </div>
  </el-row>
</template>
<script >
export default {
  name: "App",
  data( ) {
    return {
        ruleForm: {  name: "Hello", sex: "", date1: "",hobby: [],desc: "",},
        submittedData: null,//用于存储提交的表单数据
        rules: //省略name、sex、hobby、desc字段校验规则
      },
    };
  },
  methods: {
    submitForm( ) {
      this.$refs.ruleFormRef.validate((valid) => {
          if (valid) {this.submittedData= {...this.ruleForm}; }
                else { return false;}
      });
    },
  },
};
</script>
```

```
<style scoped>//省略CSS样式代码</style>
```

在上述代码中，使用 Form 表单组件实现了表单校验功能。通过定义 rules 对象，为表单中的每个字段指定了相应的校验规则。在提交表单时，通过调用 this.$refs.ruleFormRef.validate( )方法来引用表单组件实例，触发该实例的校验方法。validate( )方法会按照定义的规则对表单字段逐一进行校验，并返回一个布尔值 valid 指示校验结果。根据 valid 的值，可以在回调函数中执行相应的逻辑，如提交表单或显示错误信息。

运行上述代码，Form 表单组件的显示效果如图 4-11 所示。

图 4-11　Form 表单组件的显示效果

3. Data 组件

Element Plus 的 Data 组件提供了丰富多样的选择，可以帮助用户直观地呈现和交互数据。Element Plus 的常用 Data 组件有 Tag（标签）组件、Card（卡片）组件、Table（表格）组件等，它们各具特色，可以满足不同的数据展示需求。

（1）Tag 组件

Tag 组件是一种简洁的标记方式，可以用来标记数据的状态、分类或标签，让用户在浏览数据时能够快速识别和理解数据状态。

① Tag 组件的语法格式。

Tag 组件的语法格式很简单，直接在 Vue 模板中使用<el-tag>标签即可，并可以通过设置不同的属性来改变其外观和行为，如下所示。

```
<template>
  <div class="flex gap-2">
    <el-tag type="primary">Tag 1</el-tag>
  </div>
</template>
```

② Tag 组件的常用属性。

Tag 组件的常用属性如下所示。

a. size 属性：用于设置标签的大小，默认值为 default，其可选属性值还有 large、small。

b. closable 属性：用于设置一个标签是否可移除，默认值为 false。当标签被移除时会触发 close 事件，可以在此事件中执行自定义操作，如从数组中移除对应的标签数据。

c. effect 属性：用于设置标签主题，默认值为 light，其可选属性值还有 dark 和 plain。

d. round 属性：用于设置是不是圆角标签，属性值为布尔类型，默认值为 false。

（2）Card 组件

Card 组件是一种轻量级的数据展示容器，其可以承载图片、标题、描述等多种内容，非常适用于展示单个数据项或数据块。

① Card 组件的语法格式。

Card 组件通过<el-card>标签包裹卡片内容，卡片内容可以是文本、图像、按钮或其他 HTML 元素。Card 组件由 header、body 和 footer 组成，其中 header 和 footer 是可选的。Card 组件的语法格式如下所示。

```
<template>
  <el-card style="max-width: 480px" >
    <template #header>
      <div class="card-header">
        <span>卡片标题</span>
      </div>
    </template>
    <p>卡片内容</p>
    <template #footer>卡片页脚</template>
  </el-card>
</template>
```

在上述语法格式中，header 和 footer 的内容取决于具名插槽（Slots）。插槽是 Vue 框架提供的一种强大机制，用于在组件内部预留一些占位符，允许父组件在这些占位符中插入自定义的内容或模板。<template #header></ template>标签与<template #footer></ template>标签实现了在<el-card>组件内部自定义 header 和 footer 的内容。

② Card 组件的常用属性。

Card 组件的常用属性如下所示。

a. header 属性：用于设置卡片标题内容。可以通过直接设置 header 属性来修改卡片标题，也可以通过 slot#header 插槽来传入自定义的 DOM 节点或组件，以实现更复杂的标题布局。

b. footer 属性：用于设置卡片页脚内容。和 header 属性类似，可以通过直接设置 footer 属性来修改页脚内容，也可以通过 slot#footer 插槽来传入自定义的 DOM 节点或组件。

c. body-style 属性：用于设置卡片主体内容的 CSS 样式。body-style 属性值为对象格式，其中可以包含任意有效的 CSS 样式属性。

d. body-class 属性：用于设置为卡片主体内容添加的自定义过渡类，其允许使用外部的 CSS 来进一步定制卡片的样式。

e. shadow 属性：用于设置卡片阴影的显示时机。当 shadow 属性值为 always 时，表示始终显示阴影；当其值为 hover 时，表示在鼠标指针悬停时显示阴影；当其值为 never 时，表示从不显示阴影。

（3）Table 组件

Table 组件是一个功能强大且易于使用的组件，用于展示和处理大量数据。Table 组件由多个 el-table-column 子组件构成，每个 el-table-column 子组件表示表格的一列。

① Table 组件的语法格式如下所示。

```
<template>
<el-table :data="tableData" style="width: 100%">
  <el-table-column prop="date" label="日期" width="180"></el-table-column>
  <el-table-column prop="name" label="姓名" width="180"></el-table-column>
  <el-table-column prop="address" label="地址"></el-table-column>
```

```
</el-table>
</template>
```

在上述语法格式中，当通过 data 属性向 el-table 组件注入数据对象后，在 el-table-column 组件中可以使用 prop 属性与数据对象中的键名保持一致，实现在列内填入数据；可以使用 label 属性来定义表格的列名；可以使用 width 属性来定义表格的列宽。

② Table 组件的常用属性。

a. el-table 组件的常用属性如下所示。

（a）stripe 属性：用于创建带斑马纹的表格。当 stripe 属性值为 true 时，表格将会带有斑马纹效果。

（b）border 属性：用于设置表格是否带有纵向边框，默认值为 false。

（c）row-class-name 属性：用于为表格中的某一行添加 class 样式，实现自定义每一行的样式。

（d）height 属性：表格纵向内容过多时，可选择设置 height 属性实现固定表头。

（e）max-height 属性：用于指定表格最大高度。当表格所需的高度大于最大高度时，会显示滚动条。

b. el-table-column 组件的常用属性如下所示。

（a）prop 属性：用于设置列的字段名称，该字段对应 data 数据的键名。

（b）label 属性：用于设置列的标题名称。

（c）width 属性：用于设置列的宽度。

（d）min-width 属性：用于设置列的最小宽度。

（e）fixed 属性：用于设置列是否固定。fixed 属性值为 true 或 left，列将被固定在左侧；属性值为 right，列将被固定在右侧。

（f）sortable 属性：用于设置对应列是否可以排序，默认值为 false，属性值可以是布尔类型和字符串类型。当 sortable 属性值为 custom 时，代表用户希望远程排序，需要监听 Table 组件的 sort-change 事件。

（g）sort-method 属性：用于自定义列的排序规则，可指定数据按照哪个属性进行排序，仅当 sortable 属性设置为 true 时有效。

（h）filters 属性：属性值为数组类型，用于定义筛选菜单的选项列表。数组内的每个选项都是一个对象，通常包含 text 和 value 两个属性。其中，text 是筛选选项的显示文本；value 是筛选选项的值，用于在 filter-method( )方法中进行比较。

（i）filter-method 属性：属性值为函数类型，用于自定义筛选逻辑。filter-method 属性接收用户选择的筛选选项值（value）、当前行数据（row）和当前列定义（column）作为参数，并返回一个布尔值，表示该行是否应该被包含在筛选结果中。

接下来通过一个用户信息列表展示案例，演示如何在 Vue 项目中使用 Element Plus 的 Data 数据展示组件，具体代码如例 4-4 所示。

【例 4-4】使用 Element Plus 的 Data 数据展示组件。

```
//App.vue
<template>
  <el-col>
    <el-button @click="resetDateFilter">清除籍贯过滤器</el-button>
    <el-button @click="clearFilter">清除所有过滤器</el-button>
    <el-table ref="filterTable" :data="tableData" style="width: 100%" stripe >
```

```
            <el-table-column
              prop="address"
              label="籍贯"
              sortable
              width="80"
              column-key="address"
              :filters="[
                { text: '北京', value: '北京' },
                { text: '山东', value: '山东' },
                { text: '河北', value: '河北' },
              ]"
              :filter-method="filterHandler"
            >
            </el-table-column>
            <el-table-column prop="name" label="姓名"> </el-table-column>
            <el-table-column prop="birth" label="出生日期"  width="180" ></el-table-column>
            <el-table-column prop="hobby" label="爱好" >
            </el-table-column>
            <el-table-column
              prop="sex"
              label="sex"
              width="100"
              :filters="[{ text: '男', value: '男' },{ text: '女', value: '女' },
              ]"
              :filter-method="filterSex"
              filter-placement="bottom-end">
              <template #default="scope">
                <el-tag
                  :type="scope.row.sex === '男' ? 'primary' : 'danger'"
                  disable-transitions
                  >{{ scope.row.sex }}</el-tag
                >
              </template>
            </el-table-column>
          </el-table>
      </el-col>
</template>
<script>
export default {
  data( ) {
    return {
      tableData: [],//省略tableData数据代码
    };
  },
  methods: {
```

```
                //清除筛选籍贯数据效果
                resetDateFilter( ) { this.$refs.filterTable.clearFilter("date");},
                //清除全部筛选效果
                clearFilter( ) { this.$refs.filterTable.clearFilter( );},
                filterSex(value, row) {return row.sex === value;},
                filterHandler(value, row, column) {
                    const property = column["property"];
                    return row[property] === value;
                },
            },
        };
</script>
```

在上述代码中，通过 el-table 和 el-table-column 组件来创建带有过滤功能的表格。上述代码中定义了一个表格，包含籍贯、姓名、出生日期、爱好和性别等列。其中，籍贯和性别列支持过滤功能。籍贯列使用了一个数组来定义可选的过滤选项，并指定了 filterHandler( )方法处理过滤逻辑；性别列也定义了两个过滤选项，并使用了 filterSex( )方法进行过滤。

运行上述代码，Data 数据展示组件的显示效果如图 4-12 所示。

图 4-12　Data 数据展示组件的显示效果

4．Navigation 组件

在 Element Plus 中，Navigation 组件是构建页面导航结构的重要组成部分，包括 Backtop（回到顶部）组件、Breadcrumb（面包屑）组件以及 Menu（菜单）组件。

（1）Backtop 组件

Backtop 组件是一个便捷的导航工具，当用户浏览页面至底部时，该组件会自动出现在视窗右下角。用户单击该组件后，页面会迅速滚动至顶部，方便用户快速回到页面起始位置。Backtop 组件具有简洁的样式和流畅的动画效果，能够为用户带来良好的使用体验。

① Backtop 组件的语法格式。

Backtop 组件的语法格式如下所示。

```
<template>
<el-backtop :right="100" :bottom="100" />        //默认语法
</template>
```

在上述语法格式中，right 和 bottom 分别用于控制按钮距离页面右侧或底部的距离，单位是像素。

可以在 el-backtop 组件内自定义回到顶部按钮的内容与样式，语法格式如下所示。

```
<el-backtop :bottom="100">        //自定义按钮内容
  <div>UP</div>
</el-backtop>
```

在上述语法格式中，el-backtop 组件的默认内容（通常是一个箭头图标）被替换为一个包含文本"UP"的 div 元素。

② Backtop 组件的常用属性与事件。

a. target 属性：用于设置触发滚动的对象，通常传入 CSS 元素选择器，默认值为整个文档对象。

b. visibility-height 属性：只有当滚动高度达到此参数值时，el-backtop 组件才会显示。这意味着当用户向下滚动页面超过此参数值时，返回顶部的按钮会出现。

c. click 事件：单击 el-backtop 组件时触发的事件。可以在该事件的处理函数中定义单击组件后的行为，如滚动到页面顶部等。

（2）Breadcrumb 组件

Breadcrumb 组件用于显示当前页面的层级结构，可以快速定位到其他相关页面，通常位于页面顶部或侧边栏。

要使用 Breadcrumb 组件，需要使用 el-breadcrumb 组件包裹 el-breadcrumb-item 子组件，该子组件用于表示从首页开始的每一个面包屑项。

Breadcrumb 组件的语法格式如下所示。

```
<template>
  <el-breadcrumb separator="/">
    <el-breadcrumb-item :to="{ path: '/' }">首页</el-breadcrumb-item>
    <el-breadcrumb-item>
      <a href="/user">用户管理</a>
    </el-breadcrumb-item>
    <el-breadcrumb-item>商品管理</el-breadcrumb-item>
  </el-breadcrumb>
</template>
```

在上述语法格式中，el-breadcrumb 组件使用 separator 属性来设置面包屑项之间的分隔符，默认分隔符为"/"。to 属性用于指定当单击该面包屑项时，应导航到的路由路径。

除此之外，还可以通过设置 el-breadcrumb 组件的 separator-class 属性自定义分隔符，使用 Icon 组件或组件名作为分隔符，注意这将使 separator 属性失效。

（3）Menu 组件

Menu 组件是 Element Plus 中常用的导航组件之一，其支持多级菜单项的嵌套，可以方便地构建复杂的菜单结构。

① Menu 组件的语法格式。

Menu 组件的结构一般由 el-menu、el-menu-item 与 el-sub-menu 组件共同组成。其中，el-menu 组件表示整个菜单容器，el-menu-item 组件表示一个菜单项，el-sub-menu 组件表示一个含有子菜单的菜单项。可以使用 el-sub-menu 组件包裹 el-menu-item 组件生成二级菜单，并在 el-sub-menu 中使用#title 插槽定义二级菜单的标题。

Menu 组件的语法格式如下所示。

```
<el-menu
    default-active="2"
    class="el-menu-vertical-demo">
    <el-sub-menu index="1">
      <template #title>
        <el-icon><location /></el-icon>
        <span>一级菜单标题 </span>
      </template>
      <el-menu-item index="1-1">第一个二级菜单标题</el-menu-item>
      <el-menu-item index="1-2">第二个二级菜单标题</el-menu-item>
      <el-menu-item index="1-3">第三个二级菜单标题</el-menu-item>
    </el-sub-menu>
    <el-menu-item index="2">
      <el-icon><icon-menu /></el-icon>
      <span>一级菜单标题</span>
    </el-menu-item>
</el-menu>
```

在上述语法格式中，使用 el-menu 组件的 default-active 属性设置默认激活的菜单项的索引为 2，使用 el-sub-menu 组件的 index 属性设置子菜单的唯一标识，使用 el-menu-item 组件的 index 属性设置菜单项的唯一标识。

除此之外，还可以通过 el-menu-item-group 组件对菜单项进行分组，组名可以通过 title 属性直接设置，也可以与 el-sub-menu 组件一样通过#title 插槽来设置。为菜单项分组的语法格式如下所示。

```
<el-menu-item-group title="组名">
    <el-menu-item index="1-1">菜单项1/el-menu-item>
    <el-menu-item index="1-2">菜单项2</el-menu-item>
</el-menu-item-group>
```

② Menu 组件的常用属性。

a. mode 属性：用于设置菜单的模式，属性值为 horizontal 时菜单水平展示，属性值为默认的 vertical 时表示菜单垂直展示。

b. collapse 属性：用于设置菜单是否水平折叠收起，仅在 mode 属性值为 vertical 时可用。

c. default-active 属性：用于设置页面加载时默认激活菜单项的 index（索引值）。

d. default-openeds 属性：用于设置需要在组件加载时默认展开的 el-submenu 组件。该属性接收一个数组，数组中的元素是字符串或数字，表示需要默认展开的 el-sub-menu 组件的索引值。

e. unique-opened 属性：用于设置是否只保持一个子菜单的展开，默认值为 false。

f. menu-trigger 属性：用于设置子菜单打开的触发方式，仅在 mode 属性值为 horizontal 时有效。其可选属性值为 hover、click，默认值为 hover。

g. router 属性：是否启用菜单的 vue-router 模式，默认值为 false。当启用 vue-router 模式时，会在激活导航时以菜单项的 index 作为 path 进行路由跳转。

接下来通过案例演示如何在 Vue 项目中使用 Element Plus 的 Navigation 导航组件，具体代码如例 4-5 所示。

【例 4-5】使用 Element Plus 的 Navigation 导航组件。

```
<template>
  <el-row>
    <el-menu default-active="2-1" class="el-menu-vertical-demo">
      <el-menu-item index="1">
        <template #title>
          <el-icon><House /></el-icon>
          <span>首页</span>
        </template>
      </el-menu-item>
      <el-sub-menu index="2">
        <template #title>
          <el-icon><OfficeBuilding /></el-icon>
          <span>房间管理</span>
        </template>
          <el-menu-item index="2-1">房间列表</el-menu-item>
          <el-menu-item index="2-2">房间状态</el-menu-item>
          <el-menu-item index="2-3">房间信息</el-menu-item>
      </el-sub-menu>
      <el-sub-menu index="3">
        <template #title>
          <el-icon><User /></el-icon>
          <span>用户入住管理</span>
        </template>
          <el-menu-item index="3-1">用户入住</el-menu-item>
          <el-menu-item index="3-2">用户退房</el-menu-item>
      </el-sub-menu>
      <el-menu-item index="2">
        <el-icon><PieChart /></el-icon>
        <span>入住统计</span>
      </el-menu-item>
    </el-menu>
    <el-breadcrumb separator="/">
      <el-breadcrumb-item>首页</el-breadcrumb-item>
      <el-breadcrumb-item>房间管理</el-breadcrumb-item>
      <el-breadcrumb-item>
        <a href="/roomList">房间列表</a>
      </el-breadcrumb-item>
    </el-breadcrumb>
    <el-backtop :bottom="100" visibility-height="20">
      <div>UP</div>
    </el-backtop>
  </el-row>
</template>
```

```
<script >
export default {
  name:"App",
  data( ){return{}}
};
</script>
<style scoped>
.el-breadcrumb { margin-left: 20px;}
</style>
```

在上述代码中，实现了一个垂直布局的导航菜单、一个面包屑导航和一个回到顶部的按钮。默认激活的菜单项是房间管理下的房间列表，当页面向下滚动超过 20px 时，返回顶部按钮显示。

运行上述代码，Navigation 导航组件的显示效果如图 4-13 所示。

图 4-13　Navigation 导航组件的显示效果

5. Feedback 组件

Element Plus 的 Feedback 组件是一套用于向用户提供实时反馈的 UI 组件集合。这些组件旨在通过清晰的界面样式和交互动效，使用户能够清晰地感知自己的操作结果，从而提高用户体验和操作效率。Feedback 组件包括 Dialog（对话框）组件、Loading（加载）组件、MessageBox（消息弹出框）组件等多种类型，每种类型都有其特定的用途和场景。

（1）Dialog 组件

Dialog 组件是在保留当前页面状态的情况下，告知用户并承载相关操作的组件。Dialog 组件分为 body 和 footer 两个部分，其中 body 用于展示对话框的主要内容，footer 用于放置操作按钮。对话框的 body 内容可以是任意的，如文本、表单、表格等；footer 内容则需使用<template #footer>标签在 Dialog 组件内部自定义。

① Dialog 组件的语法格式。

Dialog 组件需要使用<el-dialog>标签来定义对话框，语法格式如下所示。

```
<template>
  <el-button plain @click="dialogVisible = true"> 触发按钮</el-button>
<el-dialog
    v-model="dialogVisible"
    title="标题" >
```

```
    //对话框body内容
    <span>文本</span>
    //自定义对话框的footer
    <template #footer>
      <div class="dialog-footer">
        <el-button @click="dialogVisible = false">取消</el-button>
        <el-button type="primary" @click="dialogVisible = false"> 确定
        </el-button>
      </div>
    </template>
  </el-dialog>
</template>
```

在上述语法格式中，对话框的显示或隐藏需要通过 v-model 属性进行控制。当单击触发按钮时，设置 dialogVisible 的值为 true，使得<el-dialog>组件显示在页面上。使用插槽自定义对话框的 footer 区域，在该区域布局两个<el-button>组件，分别用于触发"取消"和"确定"操作。

② Dialog 组件的常用属性。

a. v-model 指令/model-value 属性：用于控制对话框的显示与隐藏，属性值为布尔类型。

b. title 属性：用于设置对话框的标题，属性值为字符串类型。

c. width 属性：用于设置对话框的宽度，默认值为 50%。

d. fullscreen 属性：用于设置对话框是不是全屏效果，默认值为 false。

e. top 属性：用于设置对话框 CSS 中 margin-top 的值，默认值为 15vh。

f. modal 属性：用于设置对话框是否需要遮罩层，默认值为 true。

g. show-close 属性：用于设置对话框是否显示关闭按钮，默认值为 true。

h. draggable 属性：用于设置是否为对话框开启可拖曳功能，默认值为 false。

i. overflow 属性：用于设置对话框的可拖动范围是否可以超出可视区，默认值为 false。

j. center 属性：用于设置是否让对话框的标题与 footer 居中排列，默认值为 false。

（2）Loading 组件

Loading 组件用于在加载数据时显示动效，防止页面失去响应，提高用户体验。与其他组件不同的是，Loading 组件没有具体的组件标签，其可以通过指令或服务的方式进行调用。

① 使用指令方式调用 Loading 组件。

在任意 DOM 元素上绑定自定义指令 v-loading，只需为该指令绑定一个布尔值，即可控制 Loading 组件的显示和隐藏。

使用指令方式调用 Loading 组件的语法格式如下所示。

```
<template>
  <el-table v-loading="loading" :data="tableData" style="width: 100%">
    <el-table-column prop="date" label="Date" width="180" />
  </el-table>
</template>
```

默认情况下，Loading 组件的遮罩会插入已绑定元素的子节点。还可以通过添加 body 修饰符使其插入 DOM 中的 body 上。

当使用指令方式调用 Loading 组件时，实现加载效果的全屏遮罩需要为 v-loading 指令添加 fullscreen 修饰符。在全屏遮罩的状态下，如果需要锁定遮罩屏幕的滚动，可以为 v-loading 指令链式添加 lock 修饰符。

② 使用服务方式调用 Loading 组件。

要以服务方式调用 Loading 组件，需要先在对应单文件组件内引入 Loading 组件，随后调用 Loading 组件。

以服务方式引入并调用 Loading 组件的语法格式如下所示。

```
import { ElLoading } from 'element-plus'
ElLoading.service(options)
```

在上述语法格式中，options 参数为 Loading 组件的配置项，用于定制加载效果的样式、文字等信息。

ElLoading.service( )函数会返回一个 Loading 实例，可通过调用该实例的 close( )方法来关闭 Loading 效果，语法格式如下所示。

```
const loadingInstance = ElLoading.service(options)
nextTick(( ) => {loadingInstance.close( )})
```

需要注意的是，当使用服务方式时，遮罩默认为全屏，无须额外设置。以服务方式调用的全屏 Loading 组件是单例的，因此在之前的 Loading 实例尚未关闭的情况下再次调用 ElLoading.service( ) 函数时不会创建新的实例，而是返回现有的 Loading 实例。

（3）MessageBox 组件

MessageBox 组件是一个模拟系统消息提示框的模态对话框组件，实现了对系统自带的 alert、confirm 和 prompt 等方法的美化。因此，与 Dialog 组件相比，MessageBox 组件更适合展示较为简单的内容。

① MessageBox 组件的语法格式。

MessageBox 组件没有具体的组件标签，使用 MessageBox 组件前需要在对应单文件组件中引入 MessageBox 组件与 ElMessage 组件，其中 ElMessage 组件用于提示用户主动操作 MessageBox 组件后的反馈信息。除此之外，还要在 main.js 文件中引入 Elelment Plus 的组件库样式。

MessageBox 组件与 ElMessage 组件的语法格式如下所示。

```
import { ElMessage, ElMessageBox } from 'element-plus'
  methods: {
    open( ) {
ElMessageBox.confirm((
message,
title,
options)
.then(( ) => {
        ElMessage({
          type: "success",
          message: "Delete completed",
        });
        }).catch(( ) => {
        ElMessage({
          type: "info",
          message: "Delete canceled",
```

```
            });
        });
    }
}
```

在上述语法格式中，调用了 ElMessageBox.confirm( )方法以打开 confirm（确认）消息对话框。confirm( )方法接收 3 个参数，其中 message 用于设置要在对话框中显示的询问文本；title 用于设置对话框标题；options 是一个字面量对象，可以自定义 ElMessageBox 的文本与样式等内容。

options 的常用参数如下所示。

a. type：消息类型，可选值包括 success、warning、info、error。

b. message：用于设置对话框中显示的主要消息或文本。

c. confirmButtonText：用于设置确认按钮的文本。

d. cancelButtonText：用于设置取消按钮的文本。

需要注意的是，由于 ElMessageBox.confirm( )方法会返回一个 Promise 对象。该对象会在用户单击"确认"或"取消"按钮时解析（resolve）或拒绝（reject），因此需要利用.then( )和.catch( )这两个 Promise 链式调用方法分别处理上述两种情况。其中，.then( )方法在用户单击"确认"按钮后被调用，通常用于执行后续的操作或显示成功的消息；.catch( )方法在用户单击"取消"按钮后被调用，通常用于处理取消操作或显示相关的消息。

ElMessage 组件用于在用户主动操作 MessageBox 组件后，根据处理结果显示操作的提示信息。

ElMessage 组件的 type 参数可用于设置 ElMessage 消息提示的类型，可选值有 success、warning、info、error 等；message 参数可用于设置提示信息中显示的主要文本内容。

② MessageBox 组件的常用方法。

除了 confirm( )方法外，ElMessageBox 组件还提供了 MessageBox.alert(message, title, options)方法，用于显示一个消息提示框；还提供了一个 MessageBox.prompt(message, title, options)方法，用于显示一个输入框。

接下来通过案例演示如何在 Vue 项目中组合使用 Element Plus 的 Data 组件与 Feedback 组件，通过 Feedback 组件的 Dialog 组件修改列表信息，具体代码如例 4-6 所示。

【例 4-6】组合使用 Element Plus 的 Data 组件与 Feedback 组件。

```
<template>
  <div>
    <el-table :data="tableData" style="width: 100%">
      <el-table-column prop="name" label="姓名" width="180"> </el-table-column>
      <el-table-column prop="tel" label="联系方式" width="180"> </el-table-column>
      <el-table-column label="操作">
      <template #default="scope" >
        <el-button size="small" type="primary" @click="handleEdit(scope.$index,
          scope.row)">编辑</el-button>
      </template>
    </el-table-column>
    </el-table>
    <el-dialog
```

```
        title="编辑信息"
        v-model="dialogVisible"
        width="50%"
        @close="dialogVisible = false"  center >
        <el-form :model="editForm" label-width="80px" label-position="right">
          <el-form-item label="姓名">
            <el-input v-model="editForm.name"></el-input>
          </el-form-item>
          <el-form-item label="联系方式">
            <el-input v-model="editForm.tel" ></el-input>
          </el-form-item>
        </el-form>
        <template #footer>
        <div >
          <el-button @click="dialogVisible = false">取消</el-button>
          <el-button type="primary" @click="updateItem">
            确认
          </el-button>
        </div>
      </template>
      </el-dialog>
    </div>
</template>
<script>
export default {
  data( ) {
    return {
      tableData: [
        {  name: '张三' ,tel: '1234567890',},
        { name: '李四' , tel: '0987654321',},
      ],
      dialogVisible: false,
      editForm: {  tel: '',   name: '',   },
      editIndex: -1, // 当前编辑列表的索引
    };
  },
  methods: {
    handleEdit(index, row) {
      this.editIndex = index;
      this.dialogVisible = true;
      this.editForm = { ...row };
    },
    updateItem( ) {
      if (this.editIndex !== -1) {
        this.tableData.splice(this.editIndex, 1, this.editForm);
```

```
            this.dialogVisible = false;
        }
    }
  },
};
</script>
<style scoped></style>
```

在上述代码中，实现了一个包含编辑功能的表格。表格显示两条数据，每一条数据的末尾都有一个"编辑"按钮，单击后触发 handleEdit( )方法，该方法将控制 Dialog 组件的显示与隐藏。Dialog 组件内包含一个<el-form>表单组件，用于修改"姓名"和"联系方式"。Dialog 组件底部有两个按钮，即"取消"按钮和"确认"按钮。单击"取消"按钮，将关闭对话框；单击"确认"按钮，将触发 updateItem( )方法，更新 tableData 数组中的对应数据。

运行上述代码，Feedback 反馈组件的显示效果如图 4-14 所示。

图 4-14　Feedback 反馈组件的显示效果

【任务实施】

要实现本任务，需要在 ch04 文件夹中创建一个 Example4-7 文件夹，并在该文件夹中使用 Vite 构建工具创建一个 loginAndRegister 的 Vue 项目。

在 App 组件中使用 el-form 组件重构登录与注册页面的信息收集表单，同时使用 Element Plus 的 ElNotification 组件提示用户登录与注册的操作结果，具体代码如例 4-7 所示。

【例 4-7】使用 Element Plus 组件库重构登录与注册页面。

App.vue 文件的示例代码如下所示。

```
<div id='app'>
<template>
  <div class="web">
    <div class="container" id="app">
    <div class="form-container">
      <div class="tab">
        <div>
          <p @click="toggleActivity">账号登录</p>
          <Transition>
```

```
              <p class="activity" v-if="isActivity"></p>
            </Transition>
          </div>
       //省略"注册账号"的<div>代码
       </div>
       <div>
         <el-form :model="form" label-width="auto" style="max-width: 600px">
           <el-form-item>
             <el-input v-model="form.username" placeholder="您的账号/手机号" />
           </el-form-item>
           <el-form-item>
             <el-input v-model="form.password" placeholder="您的密码" />
           </el-form-item>
         </el-form>
       </div>
       <button id="_js_loginBtn" @click="submit">{{ isLogin ? '登 录' : '注 册'
         }}</button>

    </div>
    <div class="image">
    </div>
  </div>
  </div>
</template>
<script>
import { ElNotification } from 'element-plus'
export default {
  data( ) {
    return {
      isActivity: true,
      isLogin: true,
      form: { username: '', password: ''},
      account: [{username:'admin',password:'9521'}]
    }
  },
  methods: {
    toggleActivity( ) {
      //省略 toggleActivity()方法的函数体代码
    },
    submit( ) {
      //省略"submit()方法的函数体代码
    }
  }
}
</script>
```

```
<style scoped>
//省略CSS样式
</style>
```

任务 4.3　集成 Vue Router 与 Pinia，构建动态应用

【任务概述】

在开发一个现代化的 Web 应用时，特别是在构建涉及多个页面和复杂数据交互的应用时，合理地管理路由和状态尤为重要。Vue Router 和 Pinia 作为 Vue 生态中的两大关键库，分别提供了强大的路由管理和状态管理解决方案。本任务将通过构建一个房间列表页面，深入介绍路由导航与 Pinia 状态管理。

本任务的目标是构建一个包含首页、房间列表页和房间详情页的应用。首页作为入口点，用户可以通过它导航到房间列表页，查看所有可用的房间。房间列表页将展示一系列的房间列表项，每个列表项都包含一个"查看详情"按钮。当用户单击"查看详请"按钮时，应用将利用 Vue Router 的动态路由功能，携带房间的唯一标识符（如 ID）跳转到详情页面，在详情页面中通过 Pinia 访问并展示该房间的具体信息。房间列表页面效果如图 4-15 所示。

图 4-15　房间列表页面效果

【知识储备】

4.3.1　Vue Router

Vue Router 是 Vue.js 官方的路由管理器，能够在单页面应用中定义路由，以便用户可以通过浏览器的地址栏或页面上的链接导航到不同的页面。Vue Router 与 Vue.js 核心深度集成，使构建单页面应用变得轻而易举。Vue Router 能够根据用户请求的不同路径，动态地切换并渲染相应的组件，以此来更新视图内容，而无须重新加载整个页面。

1. 路由的分类

在一个全栈项目中，路由的架构通常分为后端路由和前端路由两大部分。

（1）后端路由

后端路由专注于处理客户端发起的 HTTP 请求。当用户在浏览器的地址栏中更改 URL 时，浏览器会向服务器发送一个请求。服务器接收到请求后，会基于请求的路径找到对应的处理函数，执行相应的逻辑操作，并返回响应数据。后端路由有效减轻了前端负担，HTML 页面的构建和数据的拼接均在服务器端完成。然而，这种模式下，每次视图的更新都会导致浏览器刷新整个页面，形成前后端紧密耦合的架构。当项目规模扩大时，不仅会增加服务器的压力，还会限制浏览器端通过输入特定路径直接访问指定模块的功能。此外，在网络条件不佳的情况下，页面加载的延迟会严重影响用户体验。

例如，假设一个项目的服务器地址是 http://192.168.1.10:8080，其提供了 3 个页面：页面 1，地址为 http://192.168.1.10:8080/index.html；页面 2，地址为 http://192.168.1.10:8080/home.html；页面 3，地址为 http://192.168.1.10:8080/footer.html。

当用户访问 http://192.168.1.10:8080/index.html 时，服务器会解析出/index.html 路径，找到对应的 index.html 文件，并发送给浏览器，这就是后端路由的基本工作流程。

（2）前端路由

前端路由主要负责在客户端展示页面内容。当用户更改浏览器的 URL 时，前端路由会根据新的路径展示对应的组件或页面内容。这种架构特别适用于单页面应用，因为其提供了更快的页面加载速度和更佳的用户体验，即页面切换时无须重新加载整个页面。Vue Router 和 React Router 是前端路由的两大主流框架。

2. 路由模式

Vue Router 支持两种路由模式，即 Hash 模式和 History 模式。

Hash 模式是 Vue Router 的默认模式。在这种模式下，前端路由的路径会被添加到 URL 的"#"符号后面，形成 Hash 值。Vue Router 利用 JavaScript 的 onhashchange 事件监听 Hash 值的变化，并根据不同的 Hash 值切换不同的路由。Hash 值的改变不会引起页面的整体刷新，因此 Hash 模式可以避免页面刷新带来的性能问题。

History 模式利用 HTML5 的 History API 管理 URL 地址。与 Hash 模式不同，History 模式下的 URL 看起来更"正常"，其不包含"#"符号。在这种模式下，用户可以使用浏览器的前进和后退按钮切换页面，也可以通过编程式方法触发路由的切换。但是，History 模式需要服务器端的支持，以确保当用户直接访问路由地址时，能够正确地返回相应的页面内容。此外，由于 HTML5 History API 在某些旧版浏览器中可能不被支持，因此在使用 History 模式时需要注意兼容性问题。

3. 安装与使用路由

（1）安装路由

路由有 3 种安装方式，具体如下。

① 使用 CDN 在页面中引入路由，具体代码如下所示。

```
<script src="https://unp××.com/vue-router@4"></script>
```

在 CDN 引入方式中，unp××.com 提供了基于 NPM 的 CDN 链接，该链接将始终指向 NPM 上 Vue Router 的最新版本。CDN 引入更适用于在 HTML 页面中使用路由。

② 使用 NPM 的方式安装路由，在项目根目录下执行如下命令。

```
npm install vue-router@4
```

③ 在使用 create-vue 工具创建一个基于 Vite 的项目时，在创建过程中为项目配置所需的 Vue Router 选项。

执行"npm create vue@latest"命令并定义项目名称为"router-projext"，按 Enter 键，即可进入配置项选择页面，如图 4-16 所示。

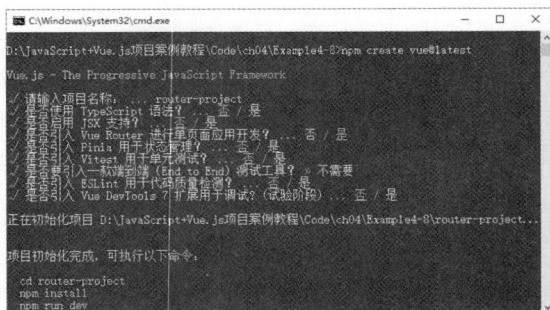

图 4-16　配置项选择页面

根据图 4-16 中的配置项提示，使用方向键选择是否引入上述配置项。在该项目中需要使用方向键确定引入 Vue Router 选项，按 Enter 键进行其他选项配置，直至项目创建完成，即可创建一个具有路由功能的 Vue 项目。

一个通过 Vite 创建的、具备路由功能的 Vue 项目，会在其 src 目录下自动生成一个 router 文件夹。这个文件夹专门用于存放与用户路由配置相关的文件，便于集中管理和维护项目的路由设置。

（2）使用路由

创建第一个路由项目，使用 Vue Router 改写例 4-1 中的新闻资讯展示页面。

在创建好的 router-project 项目中，使用 Vue Router 实现项目中不同视图组件的切换。当单击"万味奇遇"导航时，显示万味奇遇的介绍页面；当单击"小城旅游故事多"导航时，显示小城旅游故事多介绍页面。实现 router-project 项目的步骤如下。

① 创建路由组件。

在项目的 views 文件夹下新建 4 个组件，分别命名为 FirstView、SecondView、ThirdView 和 FourView，分别用于渲染对应新闻标题的介绍页面。其具体代码如例 4-8 所示。

【例 4-8】使用 Vue Router 重构新闻资讯展示页面。

FirstView.vue 文件的代码如下所示。

```
<template>
  <main>
    <div>
      <h3>{{ title }}</h3>
      <p>{{ time }}</p>
      <p class="content">  {{ content }} </p>
    </div>
  </main>
</template>
<script >
export default {
```

```
  data( ) {
    return {
      id: 0,  title: "《共生发展·共赢未来》",time: "2024年4月1日",
      content:"为期两天的2024 AHF®亚洲酒店及旅游业论坛暨第十九届中国文旅星光奖颁奖典礼在上海浦东嘉
        里大酒店落下帷幕。",
    };
  },
};
</script>
```

SecondView、ThirdView 和 FourView 组件的<template>模板代码完全相同，仅 data 选项中的数据不同，故此处不再对 SecondView、ThirdView 和 FourView 组件内的代码进行赘述。

② 创建路由器实例。

在 router 文件夹下的 index.js 文件中调用 createRouter( )函数，创建 router 路由器实例，并配置路由信息，步骤如下。

首先，通过 import 语句引入创建 router 路由器实例所需的函数与 views 文件夹中的视图组件。

其次，在 router 路由器实例的 routes 数组内定义一组路由规则，将 URL 路径与引入的视图组件形成映射关系。routes 数组中的每个路由规则都是一个对象，其内部包含多个属性。其中，path 属性用于设置数组路由的路径；name 属性用于设置路由的名称，可实现路由的编程式导航；component 属性用于设置当路由被匹配时要渲染的组件。

最后，将创建的 router 路由器实例导出。

router/index.js 文件的代码如下所示。

```
import { createRouter, createWebHistory } from 'vue-router'
import FirstView from "../views/FirstView.vue"
const router = createRouter({
  history: createWebHistory(import.meta.env.BASE_URL),
  routes: [
    {path: '/', redirect: '/first',},
    {path: '/first', name: 'first', component:FirstView},
    {path: '/second',name: 'second',
      component: ( ) => import('../views/SecondView.vue')},//动态导入语法
    {path: '/third',name: 'third',
      component: ( ) => import('../views/ThirdView.vue')},
    {path: '/four',name: 'four',
      component: ( ) => import('../views/FourView.vue')}
  ]
})
export default router
```

在上述代码中，第一个路由规则是一个重定向规则，当用户访问根路径 "/" 时，会被重定向到 "/first" 路径，而 "/first" 路由则会映射到 FirstView 组件上，在页面上显示 FirstView 组件；除此之外，还使用了动态导入语法来异步加载组件，优化性能。

③ 使用路由组件。

在 App 组件中使用 Vue Router 提供的 RouterLink 组件与 RouterView 组件，实现路由规则与视图匹配的跳转功能。

首先，在 App 组件中编写页面的基本结构，在页面中添加一个导航栏，用于切换新闻资讯的介绍页面。

其次，使用 RouterLink 组件实现路由跳转，该标签默认被渲染为一个<a>标签。当用户单击该超链接时，Vue Router 不会重新加载页面，而是会导航到与 to 属性对应的路由，并渲染与该路由匹配的组件。

最后，使用 RouterView 组件渲染当前 URL 路径对应的视图组件。可以将其理解为占位符，其是路由匹配到的组件的渲染出口。当路由变化时，RouterView 会自动更新为与当前路由匹配的组件。

App.vue 文件的代码如下所示。

```
<template>
  <el-row justify="center">
    <el-col :span="6">
      <ul>
        <RouterLink to="/">共生发展·共赢未来     </RouterLink>
        <RouterLink to="/second">共谋文旅融合大计</RouterLink>
        <RouterLink to="/third">万味奇遇</RouterLink>
        <RouterLink to="/four">小城旅游故事多</RouterLink>
      </ul>
    </el-col>
    <el-col :span="18"> <RouterView />   </el-col>
  </el-row>
</template>
```

（3）注册路由器

一旦创建了路由器实例，就需要将其在 main.js 中引入并注册。使用 create-vue 工具安装路由的项目会自动引入并注册路由器实例，而使用 NPM 方式安装的 Vue Router 则需要在 main.js 文件中调用 use( )方法注册路由器实例。

main.js 文件的代码如下所示。

```
import router from './router'
const app = createApp(App)
app.use(router)
app.mount('#app')
```

router 和大多数的 Vue 插件一样，需要在 mount( )方法之前调用 use( )方法。

在浏览器中查看项目页面效果，Vue Router 重构后的新闻资讯展示页面的显示效果如图 4-17 所示。

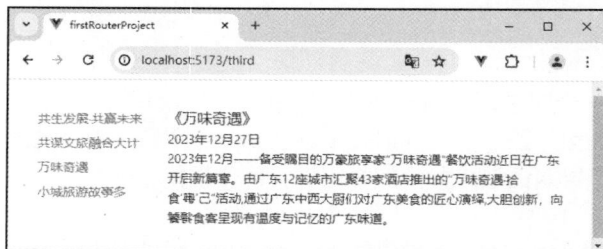

图 4-17　Vue Router 重构后的新闻资讯展示页面的显示效果

4. 动态路由

动态路由意味着路由规则不是静态定义的，而是可根据应用的状态或用户的行为动态改变。这允许我们根据不同的用户角色、权限或请求来呈现不同的页面内容或结构。

例如，一个 User 组件应该能够根据用户的 ID 对所有用户进行渲染。可以在路径中使用一个动态字段来实现动态渲染用户，该动态字段被称为路径参数。

（1）定义动态路由

在 router 路由器实例的 routes 数组中，可以通过在路由路径中使用冒号（:）来定义参数化的路由，语法格式如下所示。

```
const routes = [
  { path: '/user/:id', component: User },
  // 其他路由对象
];
```

在上述语法格式中，/user/:id 是一个动态路由，其中的:id 是一个参数占位符，可以匹配任何字符串。当用户访问/users/johnny 和/users/jolyne 等 URL 时，都会映射到同一个路由组件 User 上。

（2）在组件中访问动态路由参数

在 Vue Router 中，router 路由器实例是 Vue Router 的管理者，负责创建和管理路由映射，提供导航功能，并监听路由变化。route（当前路由）表示当前激活的路由状态信息，包含当前 URL 解析得到的信息以及匹配的路由记录。在 Vue 组件中，可以通过 this.$route 访问当前路由对象中存储的信息。

当一个路由被匹配时，其 params 的值将在匹配的组件中以 this.$route.params 的形式暴露出来。因此，可以通过 this.$route.params 对象访问路径参数，语法格式如下所示。

```
mounted( ) {
    console.log(this.$route.params.id); //输出访问的ID
  },
```

除了$route.params 之外，$route 对象还公开了其他有用的信息，如$route.query（如果 URL 中存在参数）、$route.hash 等。

5. 嵌套路由

嵌套路由也称为多级路由，是 Vue Router 提供的一种路由组织方式。嵌套路由允许将子路由嵌套在父路由下，形成层次化的路由结构。这种结构有助于更好地组织和管理复杂的应用程序。在 Vue.js 应用程序中，特别是在单页面应用中，嵌套路由是实现复杂页面结构和功能的重要工具。

（1）嵌套路由的路由规则配置

在 Vue Router 中，嵌套路由的路由规则配置是在父路由的配置对象中添加 children 属性来实现的。children 属性的值是一个包含子路由配置的数组。每个子路由配置对象与顶级路由配置对象类似，具有 path、component、name 等属性。

```
const routes = [
  {
    path: '/user',component: User,
    children: [
      {
        path: 'profile',
```

```
        component: UserProfile,
      },
      {

        path: 'posts',
        component: UserPosts,
      },
    ],
  },
]
```

需要注意的是，子路由的 path 是相对于父路由的，而不是相对于根路径的。此外，子路由的 path 可以省略开头的斜杠"/"，因为 Vue Router 会自动将父路由的路径和子路由的路径拼接起来。

（2）在父路由匹配的组件中定义子路由的渲染位置

在 User 父组件中，使用 RouterLink 组件定义跳转链接，使用 RouterView 组件定义 UserPosts 子组件的渲染位置，示例代码如下所示。

```
//User.vue
<template>
  <div>
    <h2>父组件页面</h2>
    <RouterLink to="/user/posts">跳转至子组件</RouterLink >
    <RouterView></RouterView>
  </div>
</template>
```

在上述代码中，/user 是父路由的路径，User 是父路由对应的组件。在嵌套路由的路由规则配置代码中，children 数组中定义了两个子路由，即/user/profile 和/user/posts，它们分别对应 UserProfile 和 UserPosts 组件。以 UserProfile 组件为例，当用户访问/user/profile 时，将渲染 User 组件，并在其中嵌套渲染 UserProfile 组件。

子路由匹配的视图组件的<template>模板的代码如下所示。

```
//UserPosts.vue
<template>
  <div>
    <h3>UserPosts页面</h3>
    <p>UserPosts内容</p>
  </div>
</template>
```

6. 编程式导航

Vue Router 提供了两种导航方式：声明式导航和编程式导航。声明式导航通常通过 RouterLink 组件来实现，而编程式导航则需要借助 router 路由器实例对象提供的路由方法进行路由跳转。编程式导航的优点是更加灵活，可以根据逻辑动态地进行页面跳转，并且可以方便地获取当前路由信息。

在 Vue Router 中，编程式导航通过 this.$router.push( )、this.$router.replace( )和 this.

$router.go( )这 3 种方法实现路由跳转。

（1）this.$router.push( )方法

this.$router.push( )方法用于跳转到指定的路由地址，可以在该方法中传入一个字符串路径或者一个描述地址的对象。使用 this.$router.push( )方法进行路由跳转时，该方法会向 history 属性的地址栈添加一个新的路径记录，因此当用户单击浏览器的后退按钮时，会退回到上一条路径记录。

单击<RouterLink>组件，会在内部自动调用 this.$router.push( )方法，即单击<RouterLink :to="…">等同于调用 this.$router.push(…)方法。

this.$router.push( )方法的参数可以是一个字符串路径，也可以是一个描述地址的对象，代码如下。

```
this.$router.push('home')//字符串
this.$router.push({ path: 'home' })//对象
this.$router.push({ name: 'user', params: { userId: '123' }})//命名的路由
//带查询参数，结果是/register?plan=private
this.$router.push({ path: 'register', query: { plan: 'private' }})
```

（2）this.$router.replace( )方法

this.$router.replace( )方法用于替换当前路由，可以在该方法中传入一个字符串路径或者一个描述地址的对象。使用 this.$router.replace( )方法进行路由跳转时，该方法不会向浏览器的历史记录中添加新的地址记录，而是直接替换当前的路径记录。因此，当用户单击浏览器的后退按钮时，无法再退回到被替换前的页面。this.$router.replace( )方法对应的声明式导航的代码为<RouterLink :to="…" replace>。

this.$router.replace( )方法与 this.$router.push( )方法也可以相互转换，即在 this.$router.push( )方法中增加一个属性 replace: true，代码如下所示。

```
this.$router.push({ path: '/home', replace: true })
this.$router.replace({ path: '/home' })
```

（3）this.$router.go( )方法

this.$router.go( )方法用于跳转到地址栈中指定的路径记录，可以向该方法传入一个整数 n，表示需要前进或后退的步数。其代码如下所示。

```
this.$router.go(1)//向前移动1条记录
this.$router.go(-1)// 返回（后退）1条记录
this.$router.go(3)//前进3条记录
this.$router.go(-100)//如果没有那么多条记录，则静默失败
this.$router.go(100)
```

7. 导航守卫

Vue Router 中的导航守卫也称为路由守卫，用来实时监控路由跳转的过程，在路由跳转的各个过程中执行相应的操作。Vue Router 有 3 种导航守卫，即全局守卫、路由独享守卫和组件内守卫，这 3 种导航守卫都有各自不同的应用场景。

（1）全局守卫

全局守卫作用于整个应用的所有路由。Vue Router 提供了 3 个全局守卫函数，具体介绍如下。

① beforeEach( )函数。

beforeEach( )是全局前置守卫函数，该函数在进入目标路由前执行，是 Vue Router 中常用的路由守卫之一。beforeEach( )函数接收 3 个参数：to、from 和 next，其中 to 指的是即将进入的路

由对象；from 指的是当前导航正要离开的路由对象；next 为可选参数，是一个函数对象，要求必须调用该方法才可进入下一个路由守卫函数。可以在该守卫中进行权限验证、登录判断等操作。

使用 router.beforeEach( )函数注册一个全局前置守卫，示例代码如下所示。

```
const router = createRouter({ ... })
router.beforeEach((to, from, next) => {
  if (to.name !== 'Login' && !isAuthenticated) //检查用户是否已登录
    {next({ name: 'Login' })}//将用户重定向到登录页面
  else {next( )}
})
```

② beforeResolve( )函数。

beforeResolve( )是全局解析守卫函数，在路由解析之前执行，也在全局守卫中被最后调用。beforeResolve( )函数同样接收 to、from 和 next 这 3 个参数。与 beforeEach( )函数不同的是，beforeResolve( )函数在所有路由组件内的守卫和异步路由组件被解析之后才被调用。

beforeResolve( )函数常用于在导航被确认之前进行某些异步操作。例如，在用户尝试导航到一个新的路由时检查是否需要相机权限，并据此进行相应的处理，示例代码如下所示。

```
const router = createRouter({ ... })
router.beforeResolve(async to => {
  if (to.meta.requiresCamera) {
    try { await askForCameraPermission( )
    } catch (error) {
      if (error instanceof NotAllowedError) {return false}
          else { throw error}//意料之外的错误，取消导航并把错误传给全局处理器
    }
  }
})
```

在上述代码中，通过 beforeResolve( )函数在导航到一个需要相机权限的页面之前，检查即将导航到的路由（to）的元信息（meta 字段）中是否有一个 requiresCamera 属性，并且该属性的值为 true。这通常意味着该路由对应的页面或组件需要相机权限，此时需要请求用户的相机权限，如果用户拒绝权限请求或发生其他意料之外的错误，那么该路由导航将被取消。

③ afterEach( )函数。

afterEach( )是全局后置守卫函数，在进入路由后执行。afterEach( )函数既不接收 next( )函数，也不能改变导航，通常用于记录页面访问统计等。使用 router.afterEach( )函数注册一个全局后置守卫，示例代码如下。

```
const router = createRouter({ ... })
router.afterEach((to, from) => {  // ...  })
```

（2）路由独享守卫

beforeEnter( )是路由独享守卫函数，该函数针对某个具体的路由实例生效，可对其进行拦截和控制。路由独享守卫会在路由被激活之前调用。beforeEnter( )函数的参数与全局前置守卫函数beforeEach( )的相同，但是该函数仅对指定路由生效。可以在路由规则配置中直接使用beforeEnter( )函数定义路由独享守卫，示例代码如下。

```
  {
```

```
      path: '/users/:id',
      component: UserPosts,
      beforeEnter: (to, from) => {return false},
   }
```

需要注意的是，beforeEnter( )函数仅在初次进入指定路由时触发，而不会在路由的 params 参数、query 参数或 hash 值发生变化时再次触发。如当用户从/users/2 导航到/users/3，或者从 /users/2#info 切换到/users/2#projects 时，如果这两个 URL 都映射到同一个路由配置，那么 beforeEnter 守卫将不会被再次执行。beforeEnter( )函数仅会在用户从一个完全不同的路由导航 到当前路由时才会触发。

（3）组件内守卫

组件内守卫指的是在路由组件内执行的钩子函数，类似于路由组件内的生命周期，主要有以下 3 个函数。

① beforeRouteEnter( )函数。

beforeRouteEnter( )函数在渲染该组件的对应路由被确认前调用，因为在守卫执行前，该组 件实例还未创建，不能获取组件实例的 this。可以通过传一个回调函数给 next 实现访问组件实 例，示例代码如下所示。

```
export default {   //不能访问组件实例this
  beforeRouteEnter(to, from, next) {    next(vm => { })},//此时 vm 就是组件实例
}
```

② beforeRouteUpdate( )函数。

beforeRouteUpdate( )函数在当前路由的动态组件参数值发生改变，即组件被复用时执行，可 以访问到组件实例和上一个路由的信息。例如，对于带有动态参数的路径/foo/:id，在/foo/1 和/foo/2 之间跳转时，由于会渲染同样的 Foo 组件，因此 Foo 组件实例会被复用，beforeRouteUpdate( )函 数会在该情况下被调用。beforeRouteUpdate( )函数的示例代码如下所示。

```
export default {
  beforeRouteUpdate(to, from) {},//可访问组件实例this
}
```

③ beforeRouteLeave( ) 函数。

beforeRouteLeave( )函数在离开当前路由组件时执行，可以访问到组件实例和下一个路由的 信息，示例代码如下所示。

```
export default {
  beforeRouteLeave(to, from) { }, //可访问组件实例this
}
```

需要注意的是，beforeRouteEnter( )函数是唯一支持将回调传递给 next( )函数的导航守卫。 对于 beforeRouteUpdate( )函数和 beforeRouteLeave( )函数，由于 this 已经可用，因此不需要 传递回调，自然也没有必要支持向 next( )函数传递回调。

4.3.2　Pinia 状态管理

在构建大型 Vue.js 应用时，状态管理成为一个不可或缺的部分。Pinia 作为一种全新的状态管理库应运而生，为开发者提供了更加简洁、直观和强 大的状态管理解决方案。

4-8 Pinia 状态管理

1. Pinia 简介

Pinia 是一个基于 Vue.js 的状态管理库，专为 Vue 3 设计。Pinia 提供了一种简单、直观且可扩展的方式来组织和访问应用程序的状态。Pinia 的 API 设计灵感来源于 Vuex，但相比 Vuex，Pinia 去除了 mutations 的概念，并提供了更加简洁和直观的 API。Pinia 使用 Vue 3 的响应性系统，确保状态的变化能够自动追踪和响应，从而实现了高效的状态管理。

2. 安装 Pinia

Pinia 有两种安装方式，具体如下。

① 使用 NPM 的方式安装 Pinia。打开项目终端，在项目根目录下执行如下命令。

```
npm install pinia
```

② 使用 create-vue 工具创建一个基于 Vite 的项目，并在创建过程中为项目配置所需的 Pinia 选项。

执行 "npm create vue@latest" 命令并定义项目名称为 "pinia-project"，按 Enter 键，即可进入配置项选择页面。使用方向键选择引入 Pinia 进行状态管理，即可创建一个具有 Pinia 功能的 Vue 项目。

3. Pinia 的核心概念

本节将聚焦于 Pinia 的核心概念——Store。Store 由 State、Getter 和 Action 这些概念共同构成。

Store 是 Pinia 中用于保存状态和业务逻辑的实体。每个 Store 都是一个独立的模块，不与组件绑定，但承载着全局状态。可将 Store 视作一个永远存在的组件，每个组件都可以对其进行读取和写入操作。Store 有 3 个概念，即 state、getters 和 actions，这些概念相当于组件实例中的 data、computed 和 methods 选项。

Store 通常是通过 Pinia 的 defineStore( )函数来定义的，其接收至少 2 个参数，第一个参数是应用中 Store 的唯一 ID，第二个参数是一个包含 state、getters、actions 等选项的对象。

定义 Store 的语法格式如下所示。

```
import { defineStore } from 'pinia'
export const useUserStore = defineStore('user', {
  //包含state、getters、actions等选项
})
```

在上述语法格式中，可以任意命名 defineStore( )函数的返回值，但最好使用含有 Store 的名字，同时以 use 开头且以 Store 结尾。

（1）State

State 是 Store 中的状态数据，其是一个返回初始状态的函数。State 返回一个对象，该对象包含希望存储在 Store 中的所有状态数据。

① 定义 State。

在 Store 中定义 State 的语法格式如下所示。

```
import { defineStore } from 'pinia';
export const useCounterStore= defineStore('count', {
  state: ( ) => {
    return {        count: 0, //示例状态属性
      };
```

```
    },
});
```

② 在组件中访问 State。

要在组件中访问 State，需要使用 mapState( )辅助函数将 state 属性映射为只读的计算属性，或使用 mapWritableState( )辅助函数映射可修改的 state 属性，示例代码如下所示。

```
import { mapState } from 'pinia'
import { useCounterStore } from '../stores/store
export default {
  computed: {
    ...mapState(useCounterStore, ['count'])
    ...mapState(useCounterStore, {
    myOwnName: 'count',//将useCounterStore中的count命名为myOwnName
      double: store => store.count * 2, }},
    //可修改的state属性
    //mapWritableState允许以this.count的形式访问并修改Store中的count
    ...mapWritableState(useCounterStore, ['count'])
    ...mapWritableState(useCounterStore, {myOwnName: 'count',}),
  },
}
```

（2）Getter

Pinia 的 Getter 允许基于 Store 中的状态定义计算属性。Getter 可以有效地避免数据冗余和复杂的组件逻辑。当 Store 中的相关状态发生变化时，依赖于这些状态的 getters 会自动重新计算。

① 定义 Getter。

可以使用 defineStore( )函数中的 getters 选项来定义 Getter。每个 Getter 都是一个函数，该函数接收 state 作为第一个参数，其语法格式如下所示。

```
export const useMainStore = defineStore('main', {
  state: ( ) => ({ count: 0, }),
  getters: { doubleCount: (state) => state.count * 2, },
})
```

② 访问 Getter。

访问 Getter 时，可以使用 mapState( )辅助函数将 Getter 映射为只读的计算属性。

```
import { mapState } from 'pinia'
import { useMainStore } from '../stores/main'
export default {
  computed: {
    //与从store.doubleCount 中读取的相同
    ...mapState(useMainStore ,['doubleCount']),//通过this.doubleCount访问
    ...mapState(useCounterStore, {
      myOwnName: 'doubleCount',//注册为this.myOwnName
      double: (store) => store.doubleCount,//通过函数获得对store的访问权
    }),
  },
}
```

③ 传递参数给 Getter。

如果需要传递参数给 Getter，可以使 Getter 返回一个函数，该函数可以接收参数并返回相应的计算结果。

```
//定义可携带参数的Getter
getters: {
  plusAgeBy: (state) => {return (moreAge: number) => state.age + moreAge  }
}
//在组件中使用Getter并向其传递参数
...mapState(useMainStore ,['plusAgeBy'])
console.log(this.plusAgeBy(5))  //假设state中有一个age属性
```

④ 访问其他 Getter。

在 Pinia 中，可以在一个 Getter 中访问另一个 Getter，这样可以组合多个 Getter 的结果。由于 Getter 是定义在 getters 选项中的函数，因此可以通过 this 关键字访问同一个 Store 中的其他 Getter，示例代码如下所示。

```
getters: {
  doubleCount: (state) => state.count * 2,
  quadrupleCount( ) {  return this.doubleCount * 2 }
}
```

⑤ 访问其他 Store 的 Getter。

在 Pinia 中，如果需要在一个 Store 中访问另一个 Store 的 Getter，需要首先确保已经定义并导出了该 Store，并且在需要访问它的地方导入了该 Store 的实例；然后，可以直接通过该 Store 实例来访问其内部的 Getter，示例代码如下所示。

```
import { useOtherStore } from './other-store'//导入Store
export const useMainStore = defineStore('main', {
  state: ( ) => ({
    // …
  }),
  getters: {
    otherGetter(state) {
      const otherStore = useOtherStore( )
      return state.localData + otherStore.data
    },
  },
})
```

（3）Action

Action 是 Pinia 中用于处理复杂业务逻辑的方法，其相当于 Vue 组件中的 methods 选项，但其具有更强大的功能。actions 选项中的 Action 可以通过 this 访问 Store 中的状态、可以访问 Getter 以及其他 Action。

① 定义 Action。

在 Pinia 中，需要通过 defineStore( )方法中的 actions 选项来定义 Action，语法格式如下所示。

```
export const useMainStore = defineStore('main', {
```

```
    state: ( ) => ({count: 0,}),
    actions: {
      increment( ) {this.count++},
      randomizeCounter( ) { this.count = Math.round(100 * Math.random( ))},
    },
})
```

② 处理异步逻辑。

Action 是处理异步操作（如 API 调用）的理想场所。可以在其中执行异步任务，并在完成后更新状态，示例代码如下所示。

```
import { mande } from 'mande'
const api = mande('/api/users')
export const useMainStore = defineStore('main', {
  state: ( ) => ({ userData: null, }),
  actions: {
    async registerUser(login, password) {
      try {
        this.userData = await api.post({ login, password })
        showTooltip(`Welcome back ${this.userData.name}!`)
      } catch (error) {showTooltip(error);    return error}
    },
  },
})
```

③ 访问其他 Store 的 Action。

在 Pinia 中，如果需要在一个 Store 中访问另一个 Store 的 Action，直接在需要的 Store 中导入并使用那个 Store，即可像调用当前 Store 的 Action 一样调用另一个 Store 的 Action。

访问其他 Store 的 Action 的示例代码如下所示。

```
import { useAuthStore } from './auth-store'
export const useMainStore = defineStore('main', {
  state: ( ) => ({
    preferences: null,
  }),
  actions: {
    async fetchUserPreferences( ) {
      const auth = useAuthStore( )          //其他Store
      if (auth.isAuthenticated) {           //其他Store的Action方法
        this.preferences = await fetchPreferences( )
      } else {
        throw new Error('User must be authenticated')
      }
    },
  },
})
```

④ 在组件中访问 Action。

在组件中访问 Action 时，可以使用 mapActions( )辅助函数将 actions 选项中的方法映射为组件中的方法。

在组件中访问 Action 的示例代码如下所示。

```
import { mapActions } from 'pinia'
import { useMainStore } from '../stores/main'
export default {
  methods: {
    //与从 store.increment( ) 调用相同
    ...mapActions(useMainStore , ['increment'])            //通过this.increment( )访问
    ...mapActions(useMainStore,{myOwnName:'increment'})   //注册为this.myOwnName( )
  },
}
```

接下来通过简单的案例演示如何在 Vue 项目中使用 Pinia 的核心概念，具体代码如例 4-9 所示。

【例 4-9】使用 Pinia 的核心概念。

stores/main.js 文件的代码如下所示。

```
import { defineStore } from 'pinia'
export const useMainStore = defineStore('main', {
  state: ( ) => ({ id:"1001", count: 0,num1:1,num2:2,name:"小明" }),
  getters:{ sum:(state)=>{return (paras)=>state.num2 + paras},},
  actions: { increment(num) {this.count=this.count + num },},
})
```

App.vue 文件的代码如下所示。

```
<template>
  <header>
    <button @click="clickHandle">变更</button>
  </header>
</template>
<script >
import { mapStores, mapState, mapWritableState, mapActions } from "pinia";
import { useMainStore } from "./stores/main"
export default {
  computed: {
    ...mapStores(useMainStore),
    ...mapState(useMainStore, ["num1"]),
    ...mapWritableState(useMainStore, ["count",'name']),
    ...mapState(useMainStore,['sum'])
  },
  methods: {
    ...mapActions(useMainStore, ["increment"]),
    clickHandle( ){
      console.log("mapStores函数:访问id", this.mainStore.id);
      console.log("mapState函数:访问num1", this.num1);
```

```
        this.name = "小白";
        this.num1 = "2";
        console.log("mapState函数:修改num1", this.num1);
        //该函数映射的state是只读的,不可修改,否则提示警告
        console.log("mapWritableState函数:修改name", this.name);
        console.log("mapState函数映射Getter:sum", this.sum(2));
        //传参并将参数与num2相加
        this.increment(2);
        console.log("mapActions函数:increment(2)" ,this.count);
        //传参并将参数与count相加
      },
    },
};
</script>
```

运行上述代码,Pinia 核心概念的显示效果如图 4-18 所示。

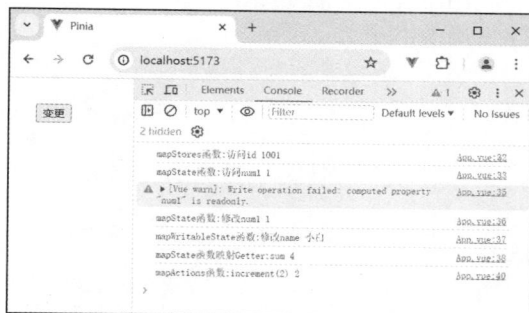

图 4-18　Pinia 核心概念的显示效果

【任务实施】

要实现该任务,需要在 ch04 文件夹中创建一个 Example4-10 文件夹,并在该文件夹中使用 Vite 构建工具创建一个名为 roomList 的 Vue 项目。在 roomList 项目的 views 文件夹下新建 HomeView.vue 、ListView.vue 和 DetailView.vue 等视图组件。

4-9 任务实施

1. 配置 App.vue 组件

App 组件用于创建导航链接,允许用户单击超链接并在 Vue Router 管理的路由之间进行导航,具体代码如例 4-10 所示。

【例 4-10】实现房间列表页面。

App.vue 文件的示例代码如下所示。

```
<template>
  <div>
    <div>
      <RouterLink to="/">首页</RouterLink>
      <RouterLink to="/list">房间列表页面</RouterLink>
```

```
    </div>
    <div><RouterView /></div>
  </div>
</template>
```

2. 配置 HomeView.vue 组件

HomeView.vue 组件的主要目的是与 ListView.vue 组件进行对比，实现 Vue Router 的路由切换功能。本任务不对其页面内容进行详细设计。

views/HomeView.vue 文件的示例代码如下所示。

```
<template>
    <div class="about"><h1>首页</h1></div>
  </template>
```

3. 配置 ListView.vue 组件

ListView.vue 组件使用 Pinia 状态管理库来获取房间列表 roomList，并在模板中遍历显示每个房间的图片、标题，以及一个用于查看详情的按钮。

views/ListView.vue 文件的示例代码如下所示。

```
<template>
  <div class="about">
    <ul>
      <li v-for="item in roomList" :key="item.id">
        <img :src="item.img" alt="" />
        <p>{{ item.title }}</p>
        <button @click="clickHandle(item.id)">查看详情</button>
      </li>
    </ul>
    <RouterView />
  </div>
</template>
<script>
import { mapState } from "pinia";
import { useRoomStore } from "../stores/counter";
export default {
  computed: {...mapState(useRoomStore, ["roomList"]),},
  methods: {
    clickHandle(id) { this.$router.push(`/list/detail?id=${id}`);},
  },
};
</script>
```

4. 配置 DetailView.vue 组件

DetailView.vue 组件从路由查询中获取 ID，根据 ID 向 Pinia 状态管理库获取该条房间信息，并渲染在页面上。

views/DetailView.vue 文件的示例代码如下所示。

```
<template>
  <div class="detail">
    <div class="box">
      <h1>详情页面</h1>
      <img :src="roomList[this.$route.query.id - 1].img" alt="" />
      <h3>{{roomList[this.$route.query.id - 1].title}}</h3>
      <p>房间介绍: {{roomList[this.$route.query.id - 1].introduce}}</p>
      <p>价格: {{roomList[this.$route.query.id - 1].price}}</p>
    </div>
  </div>
</template>
<script>
import { mapState } from "pinia";
import { useRoomStore } from "../stores/counter";
export default {
  computed: {...mapState(useRoomStore, ["rcomList"]),},
};
</script>
```

5. 创建路由器实例

在 router/index.js 文件中创建路由器实例，设置 Vue 应用的路由规则，定义用户可以通过哪些 URL 访问哪些视图组件，并指定当访问这些 URL 时应该如何加载和显示这些组件。

router/index.js 文件的示例代码如下所示。

```
import { createRouter, createWebHistory } from 'vue-router'
import ListView from "../views/ListView.vue"
import DetailView from "../views/DetailView.vue"
const router = createRouter({
  history: createWebHistory(import.meta.env.BASE_URL),
  routes: [
    {path: '/', redirect: '/home',},
    { path: '/list',component: ListView,
      children: [{ path: 'detail', component: DetailView,}]
    },
    { path: '/home',name: 'home',
      component: ( ) => import('../views/HomeView.vue'),},
  ]
})
export default router
```

6. 创建 Store

在 stores/counter.js 文件中使用 Pinia 定义一个名为 room 的 Store，该 Store 包含多个房间信息，并允许其他 Vue 组件访问该 Store。

stores/counter.js 文件的示例代码如下所示。

```
import { defineStore } from 'pinia'
```

```
export const useRoomStore = defineStore('room', {
  state: ( ) => ({
    roomList:[
      {id:1,title:"房间A",introduce:"商务大床房,提供24小时热水,支持无线WIFI",price:'229',img:
        'https://cdn.pixab××.com/photo/2020/10/18/09/16/bedroom-5664221_1280.jpg'},
      //省略其他数据

    ]
  }),
})
```

项目实现

4-10 项目实现

　　要实现本项目，需要在 ch04 文件夹中创建一个 Project4 文件夹，并在该文件夹中使用 Vite 构建工具创建一个名为 userList 的 Vue 项目。在 userList 项目的 views 文件夹下新建 HomeView.vue 和 ListView.vue 视图组件。

1. 配置 App.vue 组件

　　在 App.vue 文件中定义页面的主体结构。通过引入 RouterLink 和 RouterView 组件，实现页面间的导航与内容的动态渲染。在页面顶部使用 Element Plus 的<el-menu>组件构建一个导航菜单，菜单项包括"首页"和"用户列表页面"。通过监听<el-menu>组件的 select 事件，并根据传入的 key 值动态改变路由，实现页面间的切换。当加载 userList 项目时，会自动跳转到"首页"，具体代码如例 4-11 所示。

【例 4-11】实现用户列表页面。

App.vue 文件的示例代码如下所示。

```
<template>
  <el-row>
    <el-menu
      :default-active="activeIndex" class="el-menu-demo"@select="handleSelect">
      <el-menu-item index="1">首页</el-menu-item>
      <el-menu-item index="2">用户列表页面</el-menu-item>
    </el-menu>
    <RouterView />
  </el-row>
</template>
<script>
export default {
  data( ) {return { activeIndex: "1",};},
  methods: {
    handleSelect(key) {
      switch (key) {
        case "1":return this.$router.push("/");
        case "2":return this.$router.push("/list");
```

```
    }
  },
 },
 mounted( ) { this.$router.push("/");},
};
</script>
```

2. 配置 HomeView.vue 组件

HomeView.vue 组件是首页的路由组件，页面初次渲染时默认跳转至该页面。可以在该页面渲染一张欢迎图片，用于欢迎进入本页面。

views/HomeView.vue 文件的示例代码如下所示。

```
<template>
  <div>
    <img src="https://cdn.pixab××.com/photo/2015/04/15/21/31/welcome-sign-724689_1280.jpg
      " alt="">
  </div>
</template>
```

3. 配置 ListView.vue 组件

在 ListView.vue 组件中使用 Element Plus 的<el-table>组件展示用户列表数据。在表格的"操作"列中，通过插槽的方式为每个用户行添加"编辑"和"删除"按钮。

views/ListView.vue 文件的示例代码如下所示。

```
<template>
  <div>
    <el-table :data="tableData" style="width: 1000px">
    //省略 "id" "用户名" "联系方式" "密码" "性别" "住址" 列
      <el-table-column fixed="right" label="Operations" width="100">
        <template #default="scope">
          <el-button  link type="primary"  size="small"
            @click="showModal(scope.row)">编辑</el-button>
          <el-button link type="primary"size='small'
            @click="handleDelete(scope.row.id, ( ) =>this.$message.success('删除成功')
              ) ">删除</el-button>
        </template>
      </el-table-column>
    </el-table>
    <el-dialog v-model="dialogVisible" title="Warning" width="500" center>
      <el-form :model="detailForm" label-width="auto" style="max-width: 600px">
        //省略 "username" "tel" "password" "sex" "address" 表单项代码
      </el-form>
      <template #footer>
        <div class="dialog-footer">
          <el-button @click="dialogVisible = false">取消</el-button>
          <el-button type="primary" @click="save"> 保存 </el-button>
```

```
        </div>
      </template>
    </el-dialog>
  </div>
</template>
<script>
import { useCounterStore } from "@/stores/counter";
import { mapState, mapActions } from "pinia"; //引入映射函数
export default {
  data( ) {return {  dialogVisible: false, detailForm: {},};},
  computed: {...mapState(useCounterStore, ["tableData"]),},
  methods: {
    ...mapActions(useCounterStore, ["handleDelete", "handleEdit"]),
    showModal(row) {  this.detailForm = { ...row }; this.dialogVisible = true; },
    save( ) {
      this.handleEdit(this.detailForm, ( ) => this.$message.success("编辑成功"));
      this.dialogVisible = false;
    },
  },
};
</script>
```

4. 创建路由器实例

在 router/index.js 文件中创建路由器实例，设置首页与用户列表页面对应的路由规则。规定用户可以通过 "/" 与 "/list" 分别访问首页与用户列表页的视图组件。

router/index.js 文件的示例代码如下所示。

```
import { createRouter, createWebHistory } from 'vue-router'
const router = createRouter({
  history: createWebHistory(import.meta.env.BASE_URL),
  routes: [
    { path: '/',  name: 'home',
      component: ( ) => import('../views/HomeView.vue')},
    { path: '/list',name: 'list',
      component: ( ) => import('../views/ListView.vue') },
  ]
})
export default router
```

5. 创建 Store

在 stores/user.js 文件中，使用 Pinia 定义一个名为 user 的 Store，用于管理用户数据。Store 中包含一个 tableData 状态，该状态是一个包含用户数据的数组。此外，Store 还提供了两个 Actions 方法，其中 handleEdit( )方法用于编辑用户数据，handleDelete( )方法用于删除用户数据。这两个方法都接收一个用户 id 和一个回调函数作为参数，以便在成功修改状态后执行一些操作，如显示成功消息。

stores/user.js 文件的示例代码如下所示。

```javascript
import { defineStore } from 'pinia'
export const useUserStore = defineStore('user', {
  state: ( ) => ({
    tableData: [
      //省略 tableData内存储的用户数据代码
    ]
  }),
  actions: {
    handleEdit(row, handleMessage) {
      this.tableData.forEach((item, index) => {
        if (item.id === row.id) {
          this.tableData.splice(index, 1, row);
      handleMessage( )
        }
      })
    },
    handleDelete(id, handleMessage) {
      this.tableData.forEach((item, index) => {
        if (item.id === id) {
          this.tableData.splice(index, 1); handleMessage( )
        }
      })
    }
  },
})
```

整个项目结构清晰，功能明确，通过 Element Plus 提供的组件和 Vue Router 的路由管理，实现了用户界面的快速搭建和页面间的流畅跳转；同时，通过 Vue.js 的响应式数据绑定和组件化开发，提高了代码的复用性和可维护性。

项目小结

通过实施本项目，我们成功实现了一个基于 Vue 技术栈的用户列表页面，特别强调了 Vite 构建工具、Element Plus 组件库、Vue Router 路由管理以及 Pinia 状态管理的整合使用。这一系统的构建不仅展现了前端技术在管理平台中的实际应用价值，也体现了技术服务于民生、提升用户体验的核心理念。在项目实施过程中，应与团队成员进行密切的沟通和协作，共同解决面临的技术难题。通过项目实施，我们不仅能够提高技术能力和团队协作能力，也能够进一步体会到前端技术在现代信息化社会中的重要性和价值。

课后习题

一、填空题

1. 一个单文件组件一般由＿＿＿＿＿、＿＿＿＿＿和＿＿＿＿＿3 个标记构成。

2. Vite 采用了基于浏览器原生_____模块导入的方式。

3. Element Plus 是基于_____的 UI 组件库。

4. Element Plus 支持国际化功能，该功能依赖于_____库。

5. Vue Router 本质上是在不同的_____与页面之间建立映射关系。

6. Pinia 是一个基于 Vue.js 的_____库。

二、判断题

1. Vue 中的组件可以无限嵌套。　　　　　　　　　　　　　　（　　）

2. Vue Router 的动态路由可以通过冒号（：）来标记参数化的路径部分。（　　）

3. Vite 的安装需要 Node.js 环境。　　　　　　　　　　　　　（　　）

4. Vite 不支持插件机制，所有的功能都是内置的。　　　　　　（　　）

5. Element Plus 是专门为 Vite 设计的组件库。　　　　　　　（　　）

三、选择题

1. 在单文件组件内，可以通过（　　　）属性将组件中定义样式的作用范围限定在该组件内部。
   A. scoped　　　　B. space　　　　C. script　　　　D. start

2. Vite 的工作原理主要依赖于（　　　）技术。
   A. Webpack　　　B. ES Modules　　C. Babel　　　　D. TypeScript

3. 以下属于 Vue Router 支持的路由模式的是（　　　）。
   A. Hash　　　　B. Normal　　　C. Current　　　D. Hard

4. 在 Vue Router 中，以下可用于定义嵌套路由的选项是（　　　）。
   A. Routes　　　B. children　　　C. Components　D. Nested

四、简答题

1. 简述 Vite 插件的作用，并列举两种常见的 Vite 插件。

2. 简述在 Vite 项目中安装和配置一个插件的基本步骤。

3. 简述如何在 Vue Router 中实现编程式导航。

4. 简述 Pinia 的核心概念。

五、编程题

1. 使用 Pinia 作为状态管理库，实现一个简单的状态持久化功能。当用户离开页面时，将 Pinia Store 中的状态保存到本地存储，并在用户返回时恢复这些状态。

2. 使用 Vite 作为构建工具，使用 Vue Router 管理页面路由，使用 Pinia 作为状态管理核心，并结合 Element Plus UI 组件库，构建一个灵活的动态权限路由系统。该系统可根据用户角色或权限的不同生成路由配置，角色不同则可访问的路由链接也不同。

项目5
智慧公寓管理系统的
设计与实现

05

本项目是一个基于 Vue.js 框架和 Node.js 框架实现的单页面应用，即智慧公寓管理系统。该系统由 Express 框架搭建的服务器模块、Vue.js 框架实现的前台页面模块与后台页面模块构成。其中，可视的前台页面模块与后台页面模块利用 Vue 的组件化开发来实现，页面之间的跳转利用 Vue Router 的路由操作来实现，状态管理则利用 Pinia 来实现。页面中渲染的数据通过调用后端服务器提供的 API 接口获取。

项目组织架构

本项目由服务器模块、前台页面模块和后台页面模块构成，其组织架构如图 5-1 所示。

5-1 项目组织架构

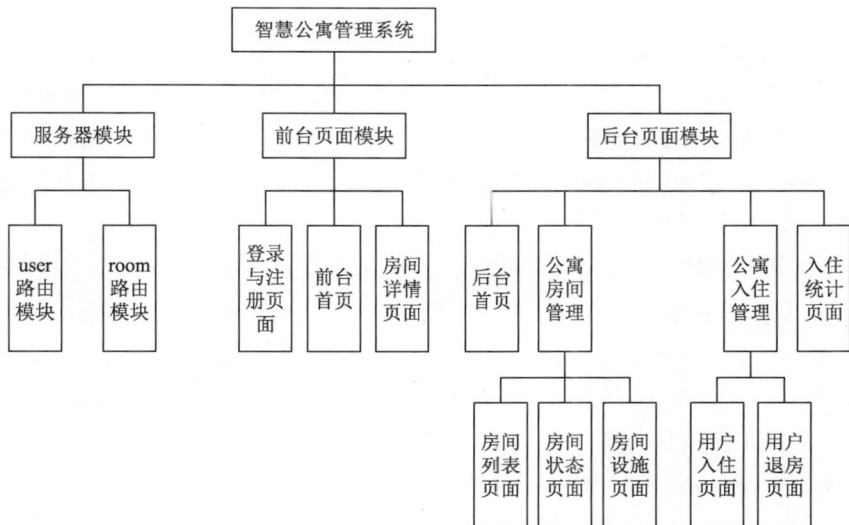

图 5-1 智慧公寓管理系统的组织架构

在智慧公寓管理系统的组织架构中，服务器模块负责处理前端发送的请求，返回相应的数据。本项目使用 Express 框架搭建服务器，在 user 路由模块与 room 路由模块中设计 API 来处理前端发送的 HTTP 请求。Express 的路由实例将解析前端请求的 URL 路径，并根据路径调用对应的路由处理函数。

前台页面模块是用户直接交互的界面，包括登录与注册页面、前台首页和房间详情页面等。其中，前台首页由头部信息栏、导航、轮播图、房间列表与页脚等功能构成，房间详情页面由房间详细信息展示与房间预订等功能构成。

后台页面模块是管理员用于管理公寓信息的界面，包括后台首页、公寓房间管理（由房间列表页面、房间状态页面与房间设施页面组成）、公寓入住管理（由用户入住页面与用户退房页面组成）和入住统计页面组成。

项目环境

在打造一套完整的智慧公寓管理系统时，环境配置是项目启动的首要步骤。为了确保系统的稳定、高效运行，并优化开发体验，本项目将采用业界广泛认可且功能强大的技术栈来搭建项目环境，具体内容如下所示。

1. 安装 Node.js

由于 Node.js 对于本项目的后端（服务器）环境与前端环境而言是必需的，需要先安装 Node.js。推荐在 Node.js 官网下载对应的安装包，按照安装步骤有序安装 Node.js。由于 Node.js 中已经继承了 NPM，用户无须再单独安装 NPM。

2. 服务器端安装 express-generator

本项目服务器模块需要使用 Expresss 框架实现，因此需要通过 NPM 命令安装 express-generator 应用程序生成器，进而使用 express 命令创建一个 Express 项目，安装命令如下所示。

```
npm install -g express-generator
express 项目名称
```

3. 客户端基于 Vite 创建并配置 Vue 项目

使用 create-vue 工具创建一个基于 Vite 的项目，并在创建过程中为项目配置所需的 Vue Router 与 Pinia 选项，安装命令如下所示。

```
npm create vue@latest
```

4. 客户端安装第三方库

在 Vite 创建的 Vue 项目根目录下，使用 NPM 命令安装 Element Plus、Axios、Swiper、Echarts 等第三方库。这些库提供了丰富的 API 和功能，可以大大简化开发过程，并提升应用的质量和用户体验，安装命令如下所示。

```
npm install element-plus --save
npm install axios
npm install swiper --save
npm install echarts --save
```

完成上述第三方库的安装后，即可根据开发需求选择合适的方式挂载 Element Plus 与 Axios，也可以通过 import 语句在合适的单文件组件内引入 Swiper、Echarts 组件，具体引入代码见 Code/ch05/web 项目的代码包。

任务 5.1　实现服务器模块

【任务概述】

5-2 实现服务器
模块

　　智慧公寓管理系统的服务器模块负责处理来自前台页面和后台页面的各类请求，如用户登录验证、用户注册验证等与用户相关的请求，查询全部房间信息、查询指定房间详细信息、删除指定房间、编辑指定房间信息、新增一条房间信息等与房间列表相关的请求，查询全部房间（订单）状态、查询预订状态的订单、查询入住状态的订单、查询已完成状态的订单、预订房间、删除订单、编辑订单等与房间或订单状态相关的请求，查询全部房间类型、新增房间类型、编辑房间类型、删除房间类型等与房间类型（设施）相关的请求，办理入住、办理退房等与用户入住相关的请求。

【任务实施】

　　要实现本任务，需要在 ch05 文件夹下使用 Express 应用程序生成器创建一个名为 server 的 Express 项目。

1. 创建 server 项目

　　执行"express server"命令，创建一个名为 server 的 Express 项目，server 项目的目录结构如图 5-2 所示。

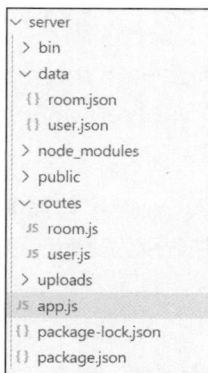

图 5-2　server 项目的目录结构

2. 创建 JSON 数据源

　　在 server 项目根目录下创建 data 目录，用于保存 JSON 数据；在该目录下新建 user.json 文件，用于存储用户信息；新建 room.json 文件，用于存储与房间相关的信息，该文件在本任务中作为服务器所请求的本地数据源。

　　data/user.json 文件用于保存用户注册的信息，并作为用户登录校验的数据源。data/user.json 文件的示例代码如下所示。

```
{
    "account": [
        {
            "userName": "admin",
```

```
            "passWord": "123456"
        },
        //省略其余用户信息
    ]
}
```

data/room.json 文件用于保存全部房间列表信息、全部房间状态信息与全部房间类型信息。data/room.json 文件的详细代码见 Code/ch05/server 代码包，此处不再进行展示。

3. 创建路由模块

在智慧公寓管理系统的服务器模块中，与用户相关的请求存储在 user.js 路由模块中，其他与房间相关的请求则存储在 room.js 路由模块中。

在 server 项目的 routes 目录下新建一个 user.js 文件，用于实现用户登录验证 API 与用户注册 API。

routes/user.js 文件的示例代码如下所示。

```
const express = require('express');
const router = express.Router( );
const fs = require('fs')
const path = require('path')
const userPath = path.resolve(__dirname, '../data/user.json')
router.post('/login', function (req, res, next) {      //省略函数体代码});
router.post('/register', function (req, res, next) {      //省略函数体代码})
module.exports = router;
```

在 server 项目的 routes 目录下新建一个 room.js 文件，用于实现与房间相关的 API。routes/room.js 文件的代码见 Code/ch05/server/routes/room.js 文件。

4. 挂载路由模块

在 server 项目的 app.js 文件中引入 routes 目录下的路由模块，使用 app.use( )方法挂载 user.js 路由模块与 room.js 路由模块，并分别为其指定路由的匹配路径。

app.js 文件中的新增代码如下所示。

```
//引入路由模块
var userRouter = require('./routes/user');
var roomRouter = require('./routes/room');
//挂载并指定路由匹配路径
app.use('/', userRouter);
app.use('/room', roomRouter);
```

在 server 项目根目录下执行 "npm start" 命令，即可启动 server 项目，从而为智慧公寓管理系统的前台页面模块与后台页面模块提供数据支持。

任务 5.2   实现前台页面模块

【任务概述】

智慧公寓管理系统的前台页面模块由登录与注册页面、前台首页、房间

5-3 实现前台
页面模块

详情页面构成。在智慧公寓管理系统的登录与注册页面中，用户输入正确的登录信息即可进入前台首页。当用户单击前台首页的房间列表项时，可携带该房间列表项 id 跳转至房间详情页面。

1. 登录与注册页面的效果展示

登录与注册页面的实现效果如图 5-3 所示。

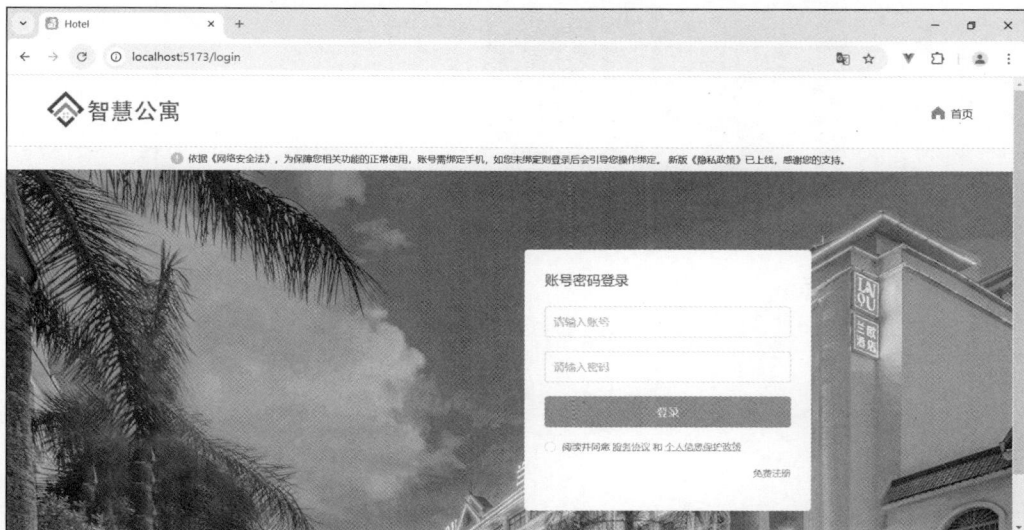

图 5-3　登录与注册页面的实现效果

2. 前台首页的房间列表模块的效果展示

前台首页的房间列表模块的实现效果如图 5-4 所示。

图 5-4　前台首页的房间列表模块的实现效果

3. 房间详情页面的效果展示

房间详情页面的实现效果如图 5-5 所示。

图 5-5　房间详情页面的实现效果

【任务实施】

要实现本任务，需要在 ch05 文件夹下使用 create-vue 工具创建一个 Web 的 Vue 项目，并在创建过程中为项目配置所需的 Vue Router 与 Pinia 选项。项目创建完成后，即可引入所需的第三方库。

1. 配置程序入口文件

main.js 是程序的入口文件，主要用于加载各种公共组件和初始化 Vue 实例。本项目中的 Vue、引用的 Element Plus 组件库、Vue Router 实例与 Pinia 就是在该文件中定义的。

main.js 文件的代码如下所示。

```
import './assets/base.css'
import { createApp } from 'vue'
import { createPinia } from 'pinia'
import piniaPluginPersist from "pinia-plugin-persistedstate";
import ElementPlus from 'element-plus'
import 'element-plus/dist/index.css'
import * as ElementPlusIconsVue from '@element-plus/icons-vue'
```

```
import * as L from 'leaflet';
import 'leaflet/dist/leaflet.css';
import '@/assets/js/index.js'
import App from './App.vue'
import router from './router'
const app = createApp(App)
const pinia = createPinia( )
pinia.use(piniaPluginPersist)
for (const [key, component] of Object.entries(ElementPlusIconsVue)) {
  app.component(key, component)
}
app.use(pinia)
app.use(router)
app.use(ElementPlus)
app.mount('#app')
```

2. 配置组件入口文件

App.vue 是项目的根组件，所有的页面都是在 App.vue 组件内切换的，所有的页面组件都是 App.vue 的子组件。在 App.vue 组件内只需使用 router-view 组件作为占位符，就可以实现各个页面的引入。App.vue 文件的代码如下所示。

```
<template> <RouterView /></template>
```

3. 创建路由实例对象

在 routes/index.js 文件内创建路由实例对象，该文件定义了整个应用程序的路由规则和导航逻辑，确保用户能够顺畅地在不同的视图组件之间切换。

routes/index.js 文件的代码如下所示。

```
import { createRouter, createWebHistory } from 'vue-router'
import HomeView from '../views/admin/HomePage.vue'
const router = createRouter({
  history: createWebHistory(import.meta.env.BASE_URL),
  routes: [
    { path: '/admin',name: 'admin', component: HomeView,
      redirect: to => {return '/admin/home'},
      children: [
        {
          path: 'home',
          component: ( ) => import('../components/admin/Home.vue'),
        },
        //省略 "list" "status" "facility" "in" 与 "out" 路径的嵌套路由代码
      ]
    },
    { path: '/',name: 'user',
      component: ( ) => import('../views/user/UserPage.vue'),redirect: to =>
      {return 'main'},
      children: [
```

```
      {path: 'main',
        component: ( ) => import('../components/user/Main.vue'), },
      { path: 'detail/:id',
        component: ( ) => import('../components/user/Detail.vue'),},
    ]
  },
  { path: '/login', name: 'login',
    component: ( ) => import('../components/common/Login.vue'),}
  ]
})
export default router
```

4. 创建 Store

在 stores/index.js 文件内定义 Store，在 State 内定义 isLogin 与 username，分别用于保存用户的登录状态与登录的用户名。当用户登录或退出系统时，调用在 Actions 内定义的方法，实现在全局保存当前登录状态与登录的用户名，从而使登录状态与登录的用户名能够被任意组件调用。

stores/index.js 文件的代码如下所示。

```
import { defineStore } from 'pinia'
export const useStore = defineStore('default', {
  state: ( ) => ({isLogin: false, userName: '游客9521'}),
  actions: {
    changeIsLogin(isLogin) {this.isLogin = isLogin },
    changeUserName(userName) { this.userName = userName}
  },
  persist: true,
})
```

5. 实现登录与注册页面

在 src 目录下的 common 文件夹内新建 Login.vue 组件，用于实现登录与注册页面。

在<template>模板中，使用 Element Plus 组件库的表单、输入框、按钮等组件来构建界面。

在<script>脚本中，通过 Pinia 管理登录状态和登录的用户名，使得组件之间能够共享状态，便于维护。定义登录表单的数据模型以及事件处理函数。定义 register( )函数，用于处理注册逻辑；定义 handleReset( )函数，用于重置表单字段；定义 toHome( )函数，用于跳转到前台首页。

src/common/Login.vue 组件的代码如下所示。

```
<template>
  <div class="container">
    <div class="header">
      <div class="main-header">
        <img src="../../assets/image/logo.png" alt="" />
        <div class="back" @click="toHome">
          <el-icon :size="22"><HomeFilled /></el-icon> <p>首页</p>
        </div>
      </div>
      <div class="topic">
        <el-icon :size="18"><WarningFilled /></el-icon>
        <p>依据《网络安全法》，为保障您相关功能的正常使用，账号需绑定手机，如您未绑定则登录后会引导
```

```
              您操作绑定。 新版《隐私政策》已上线，感谢您的支持。</p>
       </div>
     </div>
     <div class="content">
       <div class="form">
         <h3>账号密码{{ submitBtn }}</h3>
         <el-form :model="loginForm" :rules="rules" ref="loginForm">
           //省略 username、password
         </el-form>
         <div class="button-container">
           <el-button type="primary" @click="handleSubmit">{{ submitBtn }}</el-button>
         </div>
         <div class="radio-style">
           <el-radio v-model="radio" label="1"><span>阅读并同意</span><a
               href="https://contents.ctr××.com/huodong/privacypolicypc/index?type=0">
               服务协议</a>和<ahref="https://contents.ctr××.com/huodong/privacypolicypc/
               index?type=1">个人信息保护政策</a></el-radio>
         </div>
         <div class="form-options">
           <div class="forget"></div>
           <div @click="register('注册')">免费注册</div>
         </div>
       </div>
     </div>
   </div>
</template>
<script>
import http from '@/request/http.js'
import { useStore } from '@/stores/index.js'
import { mapActions } from 'pinia'
export default {
  data( ) {
    return {
      loginForm: {username: '',password: '',},
      radio: false,submitBtn: '登录' };
  },
  methods: {
    ...mapActions(useStore, ['changeIsLogin', 'changeUserName']),
    register(title) { this.submitBtn = title },
    async handleSubmit(formName) {        //省略handleSubmit( )方法的函数体代码},
    handleReset(formName) {this.$refs[formName].resetFields( );},
    toHome( ) {this.$router.push('/')  }
  },
};
</script>
<style scoped>                          //省略CSS样式代码</style>
```

6. 实现前台首页

在 src/views/user 文件夹下的 UserPage.vue 组件内实现智慧公寓管理系统的前台首页，该页面由<Header>头部信息栏、<Nav>导航栏、<RouterView>核心内容区与<Footer>页脚构成。UserPage.vue 组件的代码如下所示。

```
<template>
  <div class="container">
    <header><Header class="header" /><Nav /> </header>
    <main><RouterView /></main>
    <footer><Footer /></footer>
  </div>
</template>
<script>
import Header from "@/components/user/Header.vue";
import Nav from "@/components/user/Nav.vue";
import Footer from "@/components/user/Footer.vue";
export default {
  components: { Header,Footer,Nav},
};
</script>
<style scoped>            //省略CSS样式代码</style>
```

在上述代码中，通过 import 语法引入了 3 个简单的子组件，但 UserPage.vue 组件的核心功能是<main>标签包裹的<RouterView />组件。因此，此处将重点介绍<main>标签包裹的<RouterView />组件，该组件可根据路由路径的不同来动态渲染核心内容区的内容。

当用户登录并进入前台首页时，通过重定向将路由路径设为"/main"，则<RouterView />组件默认渲染 components/user/Main.vue 组件的内容。

Main.vue 组件由轮播图和房间列表两个区域构成，Main.vue 组件的代码如下所示。

```
<template>
  <div>
    <div class="swiper-container">
    <swiper :modules="modules" :autoplay="{delay: 3000,disableOnInteraction: false,}" loop>
      <swiper-slide><img src="@/assets/image/banner1.jpg" /></swiper-slide>
      <swiper-slide><img src="@/assets/image/banner2.jpg"/></swiper-slide>
      <swiper-slide><img src="@/assets/image/banner3.jpg"/></swiper-slide>
    </swiper>
  </div>
  <div class="list-container">
    <h1 class="title">特色房间</h1>
    <div class="list"><RoomItem v-for="item in roomList" :data="item"  :key="item"/></div>
  </div>
  </div>
</template>
<script>
import { Swiper, SwiperSlide } from "swiper/vue";
import { Navigation, Pagination, Scrollbar, A11y ,Autoplay} from "swiper/modules";
import 'swiper/css';
```

```
import 'swiper/css/navigation';
import 'swiper/css/pagination';
import 'swiper/css/scrollbar';
import RoomItem from "./RoomItem.vue";
import http from '@/request/http.js'
export default {
  components: {Swiper, SwiperSlide,RoomItem},
  data( ) {
    return {
      modules: [Navigation, Pagination, Scrollbar, Ally,Autoplay],
      roomList: [],
    };
  },
  async mounted( ) {
    const res = await http.get('/room/type/list?page=1&pageSize=10')
    this.roomList = res.data.data
  },
};
</script>
<style scoped>            //省略CSS样式代码</style>
```

在上述代码中，房间列表区域由众多房间列表项构成，将单一列表项抽离为可复用的子组件RoomItem.vue。该方式不仅可以提高代码的可维护性和可读性，还可以增强应用的灵活性和可扩展性，同时有助于优化应用的性能。

RoomItem.vue 组件的代码如下所示。

```
<template>
  <div class="container">
    <div class="img-container">
      <img :src="'http://localhost:3000/' + data.imageList[0]" alt="">
    </div>
    <p class="price">{{ data.price }}</p>
    <div class="message-container">
      <div>
        <p class="type">{{ data.type }}</p>
        <p class="people">{{ data.introduce }}</p>
      </div>
      <div class="detail-button" @click="toDetail(data.id)"> 立即预订 ></div>
    </div>
  </div>
</template>
<script>
export default {
  props: ['data'],
  methods: {    toDetail(id) { this.$router.push(`/detail/${id}`)}}
}
</script>
<style scoped>                  //省略CSS样式代码</style>
```

7. 实现房间详情页面

当用户单击房间列表项的"立即预订"按钮时，RoomItem 组件调用 toDetail( )方法跳转至房间详情页面。此时前台路由路径变为"/detail:id"，UserPage.vue 组件的<RouterView />组件根据路由路径的匹配规则自动替换为 Detail.vue 组件。

Detail.vue 组件的代码如下所示。

```html
<template>
  <div class="detail-container">
    <div class="detail-nav">
      <div class="back" @click="back">首页</div> <div>|</div>
      <div class="detail-tab">房间详情页</div>
    </div>
    <div class="detail-main">
      <DetailSwiper :detailMessage="detailMessage" />
      <DetailItem :detailMessage="detailMessage" />
    </div>
    <div class="detail-calendar">
      <div class="calendar">
        <h1><Label></Label>酒店位置</h1>
        <div id="mapContainer" style="width: 100%; height: 87%"></div>
      </div>
      <div class="calendar-form">
        <h1>预订房间信息</h1>
        <h3>必填项后带有*</h3>
        <el-form :model="form">
          <h4>入住日期:*</h4>
          <el-form-item>
            <el-date-picker v-model="form.dateIn" type="date" style="width: 100%"
              format="YYYY/MM/DD"
              value-format="YYYY-MM-DD" placeholder="选择入住日期" />
          </el-form-item>
          //省略退房日期等其他表单项
        </el-form>
        <div class="form-btn" @click="submitForm">提交订单</div>
      </div>
    </div>
  </div>
</template>
<script>
import DetailSwiper from './detail/DetailItem.vue'
import DetailItem from './detail/DetailItem.vue'
import { useStore } from '@/stores/index.js'
import { mapState } from 'pinia'
import http from '@/request/http.js'
export default {
  components: { DetailSwiper, DetailItem},
  data( ) {
```

```
      return {
        calendarValue: new Date( ),
        form: {dateIn: '',dateOut: '',people: '',userName: '',tel: ''},
        detailMessage: {}
      }
    },
    computed: {  ...mapState(useStore, ['isLogin', 'userName'])},
    methods: {
      back( ) {this.$router.push('/main')},
      async submitForm( ) {            //省略submitForm( )方法的函数体代码}},
      async mounted( ) {               //省略mounted选项内的代码}
}
</script>
<style scoped>
```

在 Detail.vue 组件中，将房间的轮播图与详细信息展示分别封装为 DetailSwiper、DetailItem 组件，从而提升代码的可读性。DetailSwiper 组件与 DetailItem 组件的详细代码见 Code/ch05/web 代码包，此处不再进行展示。

任务 5.3 实现后台页面模块

5-4 实现后台
页面模块

【任务概述】

在智慧公寓管理系统的后台页面模块中，公寓房间管理菜单下包含房间列表页面、房间状态页面与房间设施页面等二级路由，公寓入住管理菜单下包含用户入住页面与用户退房页面等二级路由。

1. 后台首页的效果展示

后台首页的实现效果如图 5-6 所示。

图 5-6　后台首页的实现效果

2. 房间列表页面的效果展示

房间列表页面的实现效果如图 5-7 所示。

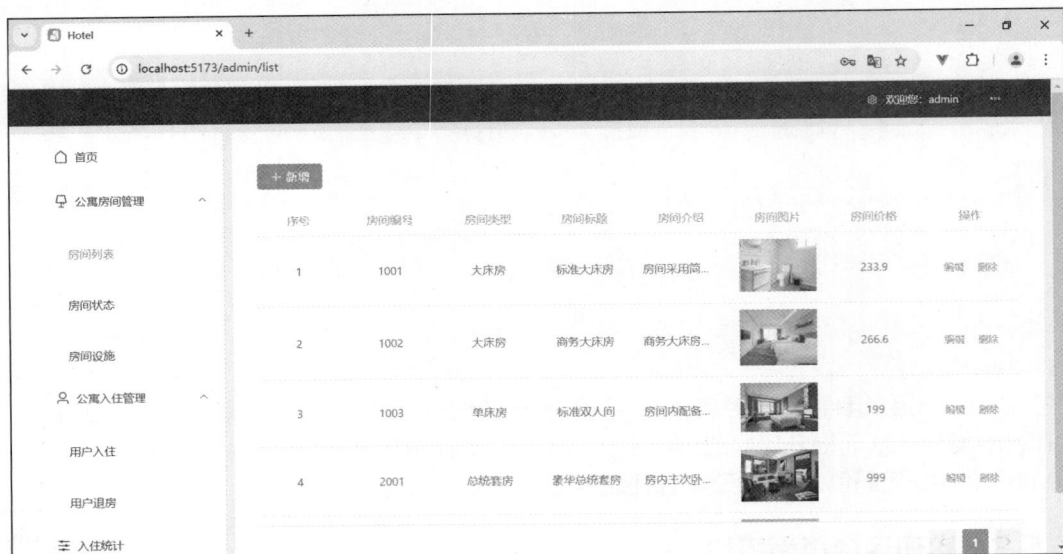

图 5-7　房间列表页面的实现效果

3. 房间状态页面的效果展示

房间状态页面的实现效果如图 5-8 所示。

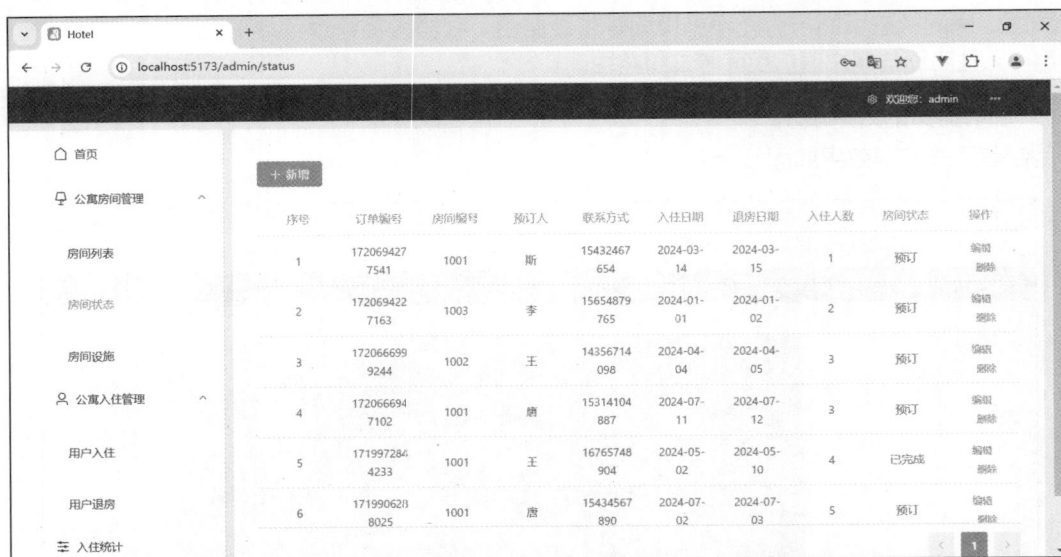

图 5-8　房间状态页面的实现效果

4. 房间设施页面的效果展示

房间设施页面的实现效果如图 5-9 所示。

图 5-9　房间设施页面的实现效果

5. 用户入住页面的效果展示

用户入住页面的实现效果如图 5-10 所示。

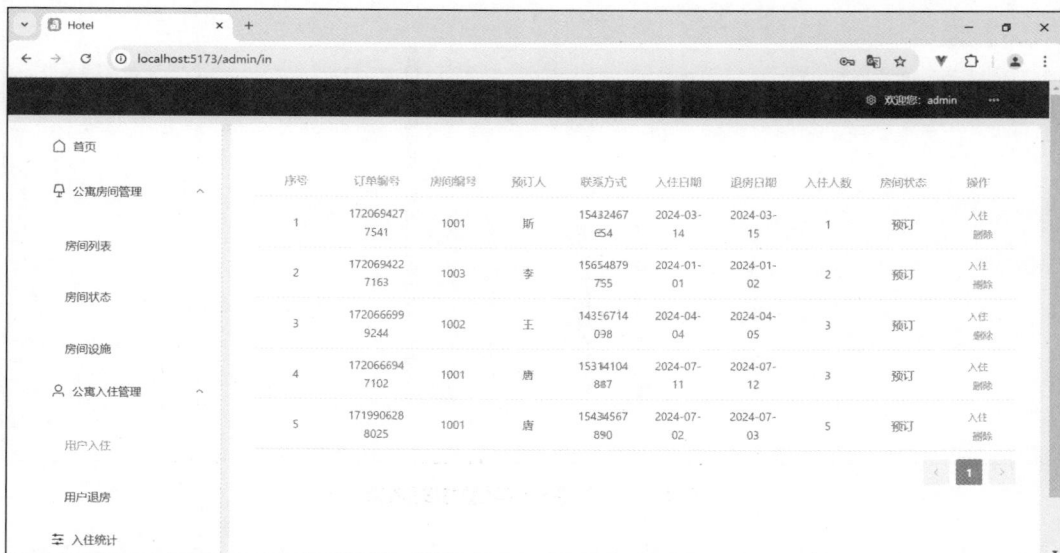

图 5-10　用户入住页面的实现效果

6. 用户退房页面的效果展示

用户退房页面的实现效果如图 5-11 所示。

7. 入住统计页面的效果展示

入住统计页面的实现效果如图 5-12 所示。

图 5-11　用户退房页面的实现效果

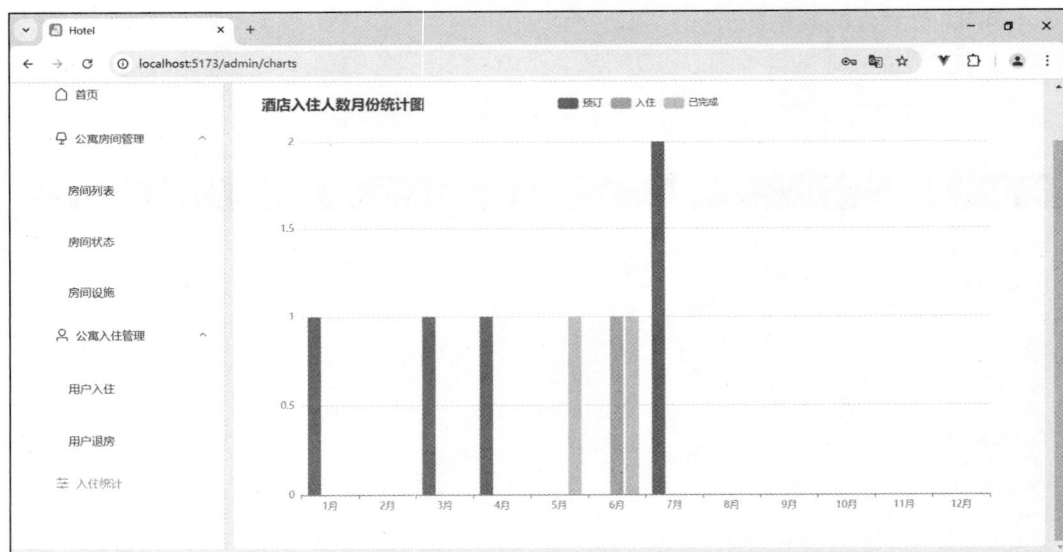

图 5-12　入住统计页面的实现效果

【任务实施】

1. 封装公共组件

在后台页面中有两个公共组件，即 Header 组件与 TableList 组件。其中，Header 组件是前台页面与后台页面的公共的头部信息栏组件。当管理员或用户登录时，Header 组件会判断登录账号是否为"admin"。当登录者为管理员时，赋予管理员切换至后台系统的能力，并在头部信息栏中显示管理员信息；当登录者为用户时，仅在头部信息栏中显示当前登录的用户名。

Header.vue 组件的代码如下所示。

```
<template>
  <div>
    <div class="header-container">
      <div class="header-nav">
        <div class="setting">
          <div class="flex-style">
            <el-icon size="13px"> <Setting /></el-icon>
            <p class="admin-name">欢迎您: {{ userName }}</p>
          </div>
          <div class="dropdown" v-if="isLogin">
            <el-dropdown trigger="click" placement="top-start" :teleported="true">
              <span class="el-dropdown-link">
                <el-icon class="el-icon--right"> <More /> </el-icon>
              </span>
              <template #dropdown>
                <el-dropdown-menu>
                  <el-dropdown-item icon="SwitchButton" @click=logout>退出登录
                    </el-dropdown-item>
                  <el-dropdown-item icon="TurnOff" @click="changeSystem"
                    v-if="userName === 'admin'">切换系统</el-dropdown-item>
                </el-dropdown-menu>
              </template>
            </el-dropdown>
          </div>
        </div>
      </div>
    </div>
  </div>
</template>
<script>
import { useStore } from '@/stores/index.js'
import { mapState, mapActions } from 'pinia'
export default {
  computed: { ...mapState(useStore, ['isLogin', 'userName'])},
  methods: {
    ...mapActions(useStore, ['changeIsLogin', 'changeUserName']),
    changeSystem( ) {
      let path = this.$router.currentRoute.value.path
      if (path.split('/')[1] === 'admin') {this.$router.push('/main')
      } else {this.$router.push('/admin')}
    },
    toLogin( ) {this.$router.push('/login');},
    logout( ) {
      this.$router.push('/main')
      this.changeIsLogin(false)
```

229

```
        this.changeUserName('游客9521')
      }
    }
  }
}
</script>
```

TableList 组件用于动态渲染表格。TableList 组件可根据传入数据的不同，动态渲染出各个房间列表页面、房间状态页面、房间设施页面、用户入住页面与用户退房页面的表格。

TableList.vue 组件的代码如下所示。

```
<template>
  <div class="com-container">
    <div class="option-button">
      <el-button v-if="this.btnOptions && this.btnOptions.add" type="primary" @click=
      "openAddModal"
        :icon="Plus">新增</el-button>
    </div>
    <el-table :data="dataList" style="width: 100%" max-height="68vh" :row-style=
    "{ overflow: 'hidden' }">
      <el-table-column type="index" label="序号" width="100px">
        <template #default="{ row, column, $index }">
          {{ ($index + 1) + (this.page.currentPage - 1) * this.page.pageSize }}
        </template>
      </el-table-column>
      <el-table-column v-for="(item, index) in this.columns" :prop="item.prop"
        :label="item.label">
        <template v-if="item.type === 'img'" #default="scope">
          <img :src="'http://localhost:3000/' + scope.row.imageList[scope.row.imageList.
            length - 1]" alt=""
            style="width: 100%; height: auto;">
        </template>
        <template #default="{ row }" v-if="item.prop === 'introduce'">
          <div class="ellipsis">{{ row.introduce }}</div>
        </template>
        <template v-if="item.prop === 'options'" #default="scope">
          <el-button link type="primary" size="small" v-if="this.apiOptions.edit"
            @click="editList(scope.row)">编辑</el-button>
          <el-button link type="primary" size="small" v-if="this.apiOptions.checkIn"
            @click="checkIn(scope.row)">入住</el-button>
          <el-popconfirm title="确认退房吗？" @confirm="checkoutHandle(scope.row)" v-if=
            "this.apiOptions.checkOut">
            <template #reference>
              <el-button link type="primary" size="small">退房</el-button>
            </template>
          </el-popconfirm>
          <el-button link type="primary" size="small" v-if="this.apiOptions.delete"
```

```
                @click="deleteList(scope.row)">删除</el-button>
          </template>
        </el-table-column>
      </el-table>
      <div class="pagination">
        <el-pagination background layout="prev, pager, next" :total="this.page.total" :
          default-page-size="this.pagination.pageSize" @current-change="changePageSize" />
      </div>
      <el-dialog v-model="dialogVisible" :title="isAdd ? '新增' : '编辑'" width="500">
        <el-form :model="formData" :label-position="labelPosition" label-width="auto"
          style="max-width: 600px" ref="formRef">
          //省略"请选择日期" <el-date-picker>与"选择照片" <el-upload>的表单项代码
        </el-form>
      </el-dialog>
      <el-dialog v-model="ruleDialogVisible" title="入住验证" width="500">
        <p style="margin-bottom: 16px">请输入住户手机号进行入住验证</p>
        <el-input v-model="ruleTel" clearable />
        <template #footer>
          <div class="dialog-footer">
            <el-button @click="ruleDialogVisible = false">取消</el-button>
            <el-button type="primary" @click="checkInHandle">入住</el-button>
          </div>
        </template>
      </el-dialog>
    </div>
</template>
<script>
import { Plus, Search, } from '@element-plus/icons-vue'
import http from '@/request/http.js'
export default {
  props: {formSearch: { type: Array,default: ( ) => []},
  //此处省略接收来自父组件的数据代码
  },
  mounted( ) {this.getList( )},
  data( ) {
    return {
      searchFormData: {},
      formData: {},
      dataList: [],
      dialogVisible: false,
      Search, Plus,
      page: {currentPage: 1, pageSize: this.pagination.pageSize, total: 0},
      isAdd: true,
      ruleDialogVisible: false,
      ruleTel: '',
```

```
      tempRow: null,
      selectMessage: []
    }
  },
  methods: {
    onSearch( ) {this.getList( )},
    changePageSize(page) {this.page.currentPage = page;this.getList(page)},
    editList(row) {
      this.isAdd = false
      this.formData = { ...row }
      if (this.apiOptions.list === '/room/type/list') this.getTypeList( )
      this.dialogVisible = true;
    },
    checkIn(row) {
      this.ruleDialogVisible = true;
      this.formData = { ...row };
    },
    async checkInHandle(row) {                    //省略checkInHandle( )方法的函数体代码},
    async checkoutHandle(row) {                   //省略checkoutHandle( )方法的函数体代码},
    isValidChinesePhoneNumber(phoneNumber) {
      return /^1[3-9]\d{9}$/.test(phoneNumber); },
    openAddModal( ) {
      this.formData = {}
      this.isAdd = true
      this.getTypeList( )
      this.dialogVisible = true;
    },
    async getTypeList( ) {                        //省略getTypeList( )方法的函数体代码},
    async removeImage(file, fileList) {           //省略removeImage( )方法的函数体代码},
    async getList(page = 1, pageSize = 10) {  //省略getList( )方法的函数体代码},
    async addForm( ) {                           //省略addForm( )方法的函数体代码},
    async deleteList(row) {                       //省略deleteList( )方法的函数体代码}
  }
}
</script>
```

2. 搭建后台页面框架

完成公共组件开发后，需要在 src/views/user 文件夹下的 HomePage.vue 组件内搭建智慧公寓管理系统的后台页面框架。后台页面由头部信息栏、左侧菜单栏与右侧路由页面组成。HomePage.vue 组件的代码如下所示。

```
<template>
  <div class="home-container">
    <header><Header /></header>
    <main>
```

```
            <div class="main-container">
              <div class="main-body">
                <div class="body-left"> <Menu /></div>
                <div class="body-right"> <RouterView /></div>
              </div>
            </div>
          </main>
        </div>
</template>
<script>
import Menu from "../../components/admin/Menu.vue";
import Header from "@/components/user/Header.vue";
export default {
  data( ) { return {};},
  methods: {},
  components: {  Menu, Header},
};
</script>
```

在上述代码中，通过 import 语法引入了一个<Header>头部信息栏组件与<Menu>菜单栏组件，其中 Header 组件是公共组件，此处不再进行介绍。

对于 Menu 组件与 RouterView 组件而言，Menu 组件提供了导航功能，允许用户通过单击菜单项来切换到不同的路由；而 RouterView 组件则负责根据当前路由渲染对应的组件内容。

Menu.vue 组件的代码如下所示。

```
<template>
  <div class="menu-container">
    <el-col :span="12">
      <el-menu default-active="1" class="el-menu-vertical-demo">
        <el-menu-item index="1" @click="$router.push('/admin/home')">
          <el-icon><House /></el-icon><span>首页</span>
        </el-menu-item>
        <el-sub-menu index="3">
          <template #title>
            <el-icon> <ReadingLamp /></el-icon><span>公寓房间管理</span>
          </template>
          <el-menu-item-group @click="$router.push('/admin/list')">
            <el-menu-item index="3-1">房间列表</el-menu-item>
          </el-menu-item-group>
          //省略"房间状态"与"房间设施"的<el-menu-item>菜单项代码
        </el-sub-menu>
        <el-sub-menu index="4">
          <template #title><el-icon><User /></el-icon>
            <span>公寓入住管理</span>
          </template>
          <el-menu-item-group @click="$router.push('/admin/in')">
```

```
                <el-menu-item index="4-1">用户入住</el-menu-item>
            </el-menu-item-group>
            <el-menu-item-group @click="$router.push('/admin/out')">
                <el-menu-item index="4-2">用户退房</el-menu-item>
            </el-menu-item-group>
        </el-sub-menu>
        <el-menu-item index="2" @click="this.$router.push('/admin/charts')">
            <el-icon><Operation /> </el-icon><span>入住统计</span>
        </el-menu-item>
    </el-menu>
  </el-col>
 </div>
</template>
<script>
export default{mounted( ){this.$router.push('/admin/home')}}
</script>
```

需要注意，Menu.vue 组件中导航链接的地址与路由规则中的 path 应保持一致。

3. 实现后台首页

当管理员登录并进入后台页面时，路由规则将路由路径重定向为"/admin/home"，则 RouterView 组件默认渲染 components/admin/Home.vue 组件的内容，设置后台首页为默认页面。

Home.vue 组件的代码如下所示。

```
<template>
  <div class="home">
  </div>
</template>
<style scoped>          //省略CSS样式代码</style>
```

4. 实现房间列表页面

当管理员单击后台页面中的"房间列表"菜单项时，路由路径变为"/admin/list"，则 RouterView 组件默认渲染 components/admin/RoomList.vue 组件的内容。在房间列表页面中，管理员不仅可以新增一条房间列表项，还可以编辑或删除房间列表项的信息。

RoomList.vue 组件的代码如下所示。

```
<template>
  <div class="container">
    <TableList :columns :btnOptions="{ add: true }"
      :apiOptions="{ add: '/room/type/add', list: '/room/type/list', delete:
      '/room/type/delete', edit: '/room/type/edit' }" :pagination />
  </div>
</template>
<script>
import TableList from '../common/TableList.vue'
export default {
```

```
    components: {TableList},
    data( ) {
      return {
        formRef: {},
        formSearch: [
          { label: '房间编号:', value: 'number' },
          { label: '房间类型:', value: 'type' },
          { label: '房间标题:', value: 'title' },
        ],
        columns: [
          { label: '房间编号', prop: 'number' },
          { label: '房间类型', prop: 'type', selectList: []},
          { label: '房间标题', prop: 'title' },
          { label: '房间介绍', prop: 'introduce' },
          { label: '房间图片', prop: 'image', type: 'img' },
          { label: '房间价格', prop: 'price' },
          { label: '操作', prop: 'options',
            btnArr: [
              { text: '编辑', click: ( ) => { console.log('编辑') } },
              { text: '删除', click: this.deleteList }
            ]
          },
        ],
        dataList: [],
        pagination: {pageSize: 10, total: 100}
      }
    },
  }
</script>
```

5. 实现房间状态页面

当管理员单击后台页面中的"房间状态"菜单项时，路由路径变为"/admin/status"，则 RouterView 组件默认渲染 components/admin/RoomStatus.vue 组件的内容，实现切换至房间状态页面。

房间状态页面主要用于渲染用户预订的房间订单，订单可分为 3 种状态，即"预订"、"入住"和"已完成"。在房间状态页面中，管理员不仅可以新增一条房间订单，还可以编辑或删除订单信息。

RoomList.vue 组件的代码如下所示。

```
<template>
  <div class="container">
    <TableList :columns :btnOptions="{ add: true }"
      :apiOptions="{ add: '/room/status/add', list: '/room/status/list', delete:
       '/room/status/delete', edit: '/room/status/edit' }" />
  </div>
```

```
</template>
<script>              //省略RoomStatus组件中的脚本代码</script>
```

6. 实现房间设施页面

当管理员单击后台页面中的"房间设施"菜单项时，路由路径变为"/admin/facility"，则 RouterView 组件默认渲染 components/admin/RoomFacility.vue 组件的内容。

房间设施页面主要用于对房间进行分类，不同类型的房间具有不同的房间设施。

RoomFacility.vue 组件的代码如下所示。

```
<template>
  <div class="container">
    <TableList :columns :btnOptions="{ add: true }"
      :apiOptions="{ add: '/room/facility/add', list: '/room/facility/list', delete:
      '/room/facility/delete', edit: '/room/facility/edit' }" />
  </div>
</template>
<script>              //省略RoomFacility组件中的脚本代码</script>
```

需要注意，此处仅展示 RoomFacility.vue 组件向<TableList/>标签传递的参数，<script>标签中的具体内容见 Code/web 代码包内的 RoomFacility.vue 文件。

7. 实现用户入住页面与用户退房页面

当管理员单击后台页面中的"用户入住"或"用户退房"菜单项时，路由路径变为"/admin/in"或"/admin/out"，则 RouterView 组件默认渲染 components/admin/UserIn.vue 组件的内容或 components/admin/UserOut.vue 组件的内容。

用户入住页面主要用于将处于"预订"状态的房间订单改为"入住"状态，帮助用户完成入住操作。进行入住操作时，需要输入用户提供的验证信息，验证通过后才可办理入住。

用户退房页面主要用于将处于"入住"状态的房间订单改为"已完成"状态，帮助用户完成退房操作。

UserIn.vue 组件的代码如下所示。

```
<template>
  <div class="container">
    <TableList :columns
      :apiOptions="{ add: '/room/status/add', list: '/room/status/reserve/list',
      delete: '/room/status/delete', checkIn: '/room/status/check/in' }" />
  </div>
</template>
<script>              //省略UserIn组件中的脚本代码
</script>
```

UserOut.vue 组件的代码如下所示。

```
<template>
  <div class="container">
    <TableList :columns :apiOptions="{ list: '/room/status/in/list', checkOut:
      '/room/status/check/out' }" />
  </div>
```

```
</template>
<script>                        //省略UserOut组件中的脚本代码
</script>
```

8. 实现入住统计页面

当管理员单击后台页面中的"入住统计"菜单项时，路由路径变为"/admin/charts"，则 RouterView 组件默认渲染 components/admin/Charts.vue 组件的内容。

入住统计页面是一个直观展示房间订单状态的数据可视化界面。其基于房间状态页面中记录的 3 种不同状态（如预订、入住、已完成等）的订单数据，利用第三方库 ECharts 生成柱状图进行可视化呈现。

Charts.vue 组件的代码如下所示。

```html
<template><div id="chart"></div></template>
<script>
import * as echarts from 'echarts';
import http from '@/request/http.js'
export default {
  data( ) {
    return {
      chartData: {
        reserve: [0, 0, 0, 0, 0, 0, 0, 0, 0, 0, 0, 0],
        checkIn: [0, 0, 0, 0, 0, 0, 0, 0, 0, 0, 0, 0],
        checkOut: [0, 0, 0, 0, 0, 0, 0, 0, 0, 0, 0, 0],
      }
    }
  },
  async created( ) {
    const res = await http.get('/room/status/list' + `?page=${1}&pageSize=${999}`)
    console.log(res, 'res')
    this.changeChartValue(res.data.data)
  },
  mounted( ) {
    console.log(this.chartData.reserve, 'mounted')
    const that = this
    var myChart = echarts.init(document.getElementById('chart'));
    setTimeout(( ) => {          // 绘制图表
      myChart.setOption({
        title: {text: '酒店入住人数月份统计图'},
        tooltip: {trigger: 'axis', axisPointer: {type: 'shadow' }  },
        legend: {},
        grid: {
          left: '3%',
          right: '4%',
          bottom: '3%',
          containLabel: true
```

```
      },
      xAxis: {
        data: ['1月', '2月', '3月', '4月', '5月', '6月', '7月', '8月', '9月', '10月',
        '11月', '12月']
      },
      yAxis: {},
      series: [
        {name: '预订', type: 'bar', data: that.chartData.reserve},
        {name: '入住',type: 'bar',data: that.chartData.checkIn},
        {name: '已完成',type: 'bar',data: that.chartData.checkOut},
      ]
    });
  }, 100);
},
methods: {
  changeChartValue(data) {
    for (let i in this.chartData.reserve) {
      this.chartData.reserve[i] = data.filter(item => (item.status === '预订') &&
      (item.month == i)).length
    }
    for (let i in this.chartData.checkIn) {
      this.chartData.checkIn[i] = data.filter(item => (item.status === '入住') &&
      (item.month == i)).length
    }
    for (let i in this.chartData.checkOut) {
      this.chartData.checkOut[i] = data.filter(item => (item.status === '已完成') &&
      (item.month == i)).length
    }
  }
}
}
</script>
```

项目总结

本项目"智慧公寓管理系统"的设计与实现，旨在打造一个基于 Vue.js 和 Node.js 技术的现代化公寓管理平台。通过 Express 框架搭建的服务器模块、Vue.js 框架实现的前台与后台页面模块，该系统实现了公寓信息的全面数字化管理，为用户和管理员提供了便捷、高效的服务体验。系统的服务器模块、前台页面模块和后台页面模块共同协作，确保了系统的稳定运行，并为公寓的日常管理提供了有力的支持。本项目的实践成果展示了现代技术在公寓管理领域的广泛应用与前景。